光盘使用说明

光盘主要内容

本光盘为《无师自通》丛书的配套多媒体教学光盘，光盘中的内容包括20小时与图书内容同步的视频教学录像、相关素材和源文件以及模拟练习。光盘采用全程语音讲解、互动练习、真实详细的操作演示等方式，详细讲解了电脑以及各种应用软件的使用方法和技巧。此外，本光盘附赠大量学习资料，其中包括4～5套与本书内容相关的多媒体教学演示视频。

光盘操作方法

将DVD光盘放入DVD光驱，几秒钟后光盘将自动运行。如果光盘没有自动运行，可双击桌面上的【我的电脑】图标，在打开的窗口中双击DVD光驱所在盘符，或者右击该盘符，在弹出的快捷菜单中选择【自动播放】命令，即可启动光盘进入多媒体互动教学光盘主界面。

光盘运行后会自动播放一段片头动画，若您想直接进入主界面，可单击鼠标跳过片头动画。

光盘运行环境

★ 赛扬1.0

★ 512MB

★ 500MB

★ Windows XP/Vista/7操作系统

★ 屏幕分辨率1024×768以上

★ 8倍速以上的DVD光驱

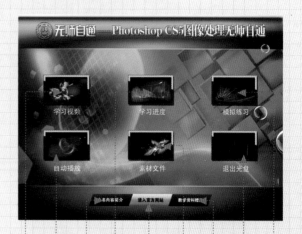

进入普通视频教学模式

进入自动播放演示模式

阅读本书内容介绍

进入学习进度查看模式

点击进入官方学习论坛

打开素材文件夹

打开赠送的学习资料文件夹

退出光盘学习

进入模拟练习操作模式

普通视频教学模式

图-01

单击【学习视频】按钮

图-02

① 单击章节名称

② 单击实例名称

图-03

进入普通视频教学界面

控制视频教学播放　同步显示解说文字

光盘使用说明

模拟练习操作模式

图-01
单击【模拟练习】按钮

图-02
① 单击章节名称
② 单击实例名称

图-03
进入模拟练习界面
在练习界面中根据提示进行操作

学习进度查看模式

图-01
单击【学习进度】按钮

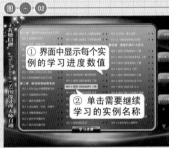
图-02
① 界面中显示每个实例的学习进度数值
② 单击需要继续学习的实例名称

图-03
此时从上次结束部分继续学习

自动播放演示模式

图-01
单击【自动播放】按钮

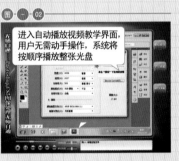
图-02
进入自动播放视频教学界面，用户无需动手操作，系统将按顺序播放整张光盘

赠送的教学资料

在播放视频动画时，单击播放界面右侧的【模拟练习】、【学习进度】和【返回主界面】按钮，即可快速执行相应的操作。

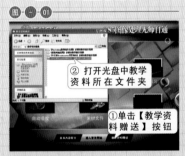
图-01
② 打开光盘中教学资料所在文件夹
①单击【教学资料赠送】按钮

图-02
②显示视频教学播放界面
①双击需要学习的视频教学文件

视频播放控制进度条

在Photoshop CS8中，【颜色替换】工具能够简化图像中特定颜色的替换操作，并可以通过选项栏设置其属性。

播放　暂停　上一节　后退　快进　下一节　控制背景和解说音量大小　同步显示解说文字内容

无师自通

电脑办公
无师自通

杨涛 ◎ 编著

赠：超值光盘

清華大學出版社
北京

内 容 简 介

本书是《无师自通》系列丛书之一,全书以通俗易懂的语言、翔实生动的实例,全面介绍了电脑在办公领域各方面的应用。本书共分 12 章,内容涵盖了电脑办公入门知识,管理文件系统,办公软硬件相关常识,Word 2010 初级的应用,Word 2010 高级应用,Excel 2010 初级应用,Excel 2010 高级应用,PowerPoint 2010 初级应用,PowerPoint 2010 高级应用,网络办公基础,常用的办公软件和如何营造安全的办公环境等内容。

本书采用图文并茂的方式,使读者能够轻松上手,无师自通。全书双栏紧排,双色印刷,同时配以制作精良的多媒体互动教学光盘,方便读者扩展学习。此外,附赠的 DVD 光盘中除了包含 20 小时与图书内容同步的视频教学录像外,还免费赠送 4~5 套与本书内容相关的多媒体教学演示视频。

本书面向电脑初学者,是广大电脑初级、中级、家庭电脑用户,以及不同年龄阶段电脑爱好者的首选参考书。

本书封面贴有清华大学出版社防伪标签,无标签者不得销售。

版权所有,侵权必究。侵权举报电话:010-62782989　13701121933

图书在版编目(CIP)数据

电脑办公无师自通/杨涛　编著. —北京:清华大学出版社,2012.1
(无师自通)
ISBN 978-7-302-26705-8

Ⅰ. 电…　Ⅱ. 杨…　Ⅲ. 办公自动化—应用软件　Ⅳ. TP317.1

中国版本图书馆 CIP 数据核字(2011)第 181048 号

责任编辑:胡辰浩(huchenhao@263.net)　袁建华
装帧设计:孔祥丰
责任校对:蔡　娟
责任印制:王秀菊

出版发行:清华大学出版社　　　　　　　　地　　　址:北京清华大学学研大厦 A 座
　　　　　http://www.tup.com.cn　　　　　邮　　　编:100084
　　　　　社　总　机:010-62770175　　　　邮　　　购:010-62786544
　　　　　投稿与读者服务:010-62776969,c-service@tup.tsinghua.edu.cn
　　　　　质 量 反 馈:010-62772015,zhiliang@tup.tsinghua.edu.cn
印 刷 者:清华大学印刷厂
装 订 者:三河市李旗庄少明印装厂
经　　销:全国新华书店
开　　本:190×260　印　张:17.75　彩　插:2　字　数:454 千字
　　　　　附光盘 1 张
版　　次:2012 年 1 月第 1 版　　　印　　次:2012 年 1 月第 1 次印刷
印　　数:1~5000
定　　价:38.00 元

产品编号:039788-01

首先，感谢并恭喜您选择本系列丛书！《无师自通》系列丛书挑选了目前人们最关心的方向，通过实用精炼的讲解、大量的实际应用案例、完整的多媒体互动视频演示、强大的网络售后教学服务，让读者从零开始、轻松上手、快速掌握，让所有人都能看得懂、学得会、用得好电脑知识，真正做到满足工作和生活的需要！

丛书、光盘和网络服务特色

(1) 双栏紧排，双色印刷，超大容量：本丛书采用双栏紧排的格式，使图文排版紧凑实用，其中 260 多页的篇幅容纳了传统图书 500 多页的内容。从而在有限的篇幅内为读者奉献更多的电脑知识和实战案例，让读者的学习效率达到事半功倍的效果。

(2) 结构合理，内容精炼，技巧实用：本丛书紧密结合自学的特点，由浅入深地安排章节内容，让读者能够一学就会、即学即用。书中的范例都以应用为主导思想，通过添加大量的"经验谈"和"专家解读"的注释方式突出重要知识点，使读者轻松领悟每一个范例的精髓所在，真正达到学习电脑无师自通。

(3) 书盘结合，互动教学，操作简单：丛书附赠一张精心开发的 DVD 多媒体教学光盘，其中包含了 20 小时左右与图书内容同步的视频教学录像。光盘采用全程语音讲解、真实详细的操作演示等方式，紧密结合书中的内容对各个知识点进行深入的讲解。光盘界面注重人性化设计，读者只需单击相应的按钮，即可方便地进入相关程序或执行相关操作。

(4) 免费赠品，素材丰富，量大超值：附赠光盘采用大容量 DVD 光盘，收录书中实例视频、素材和源文件、模拟练习。此外，赠送的学习资料包括 4～5 套与本书教学内容相关的多媒体教学演示视频。让读者花最少的钱学到最多的电脑知识，真正做到物超所值。

(5) 特色论坛，在线服务，贴心周到：本丛书通过技术交流 QQ 群(101617400)和精心构建的特色服务论坛(http://bbs.btbook.com.cn)，为读者提供 24 小时便捷的在线服务。用户登录官方论坛不但可以下载大量免费的网络教学资源，还可以参加丰富多彩的有奖活动。

读者对象和售后服务

本丛书是广大电脑初级、中级、家庭电脑用户和中老年电脑爱好者，或学习某一应用软件的用户的首选参考书。

最后感谢您对本丛书的支持和信任，我们将再接再厉，继续为读者奉献更多更好的优秀图书，并祝愿您早日成为电脑高手！

如果您在阅读图书或使用电脑的过程中有疑惑或需要帮助，可以登录本丛书的信息支持网站 http://www.tupwk.com.cn/learning 或通过 E-mail(wkservice@vip.163.com)联系，也可以在《无师自通》系列官方论坛 http://bbs.btbook.com.cn 上留言，本丛书的作者或技术人员会提供相应的技术支持。

电脑操作能力已经成为当今社会不同年龄层次的人群必须掌握的一门技能。为了使读者在短时间内轻松掌握电脑各方面应用的基本知识，并快速解决生活和工作中遇到的各种问题，我们组织了一批教学精英和业内专家特别为电脑学习用户量身定制了这套《无师自通》系列丛书。

《电脑办公无师自通》是这套丛书中的一本，该书从读者的学习兴趣和实际需求出发，合理安排知识结构，由浅入深、循序渐进，通过图文并茂的方式讲解电脑在办公领域的各种应用方法。全书共分为 12 章，主要内容如下。

第 1 章：介绍了电脑的用途、组成、各部件的连接方法以及操作系统的基本知识等。

第 2 章：介绍了文件和文件夹的管理方法，包括文件和文件夹的新建、删除以及备份等。

第 3 章：介绍了电脑办公中常用的软硬件，包括 Office 2010 的安装以及常用外设等。

第 4 章：介绍了 Word 2010 的基本使用方法，包括新建文档以及设置文本格式等。

第 5 章：介绍了 Word 2010 的高级使用方法，包括设置特殊版式以及文档的打印等。

第 6 章：介绍了 Excel 2010 的基本使用方法，包括单元格和工作表的基本操作等。

第 7 章：介绍了 Excel 2010 的高级使用方法，包括公式和函数的应用以及数据的排序、数据的筛选和数据的分类汇总等。

第 8 章：介绍了 PowerPoint 2010 的基本使用方法，包括新建演示文稿以及幻灯片的基本操作等。

第 9 章：介绍了 PowerPoint 2010 的高级使用方法，包括设置幻灯片母版、设置切换动画以及设置放映方式等。

第 10 章：介绍了网络办公的基础知识，包括浏览网页和网络即时通信等。

第 11 章：介绍了常用的办公软件，包括压缩和解压缩软件以及看图软件等。

第 12 章：介绍了如何营造一个安全的电脑办公环境，包括电脑木马和病毒的防护以及数据的备份和还原等。

本书附赠一张精心开发的 DVD 多媒体教学光盘，其中包含了 20 小时与图书内容同步的视频教学录像。光盘采用全程语音讲解、情景式教学、互动练习、真实详细的操作演示等方式，紧密结合书中的内容对各个知识点进行深入的讲解。让读者在阅读本书的同时，享受到全新的交互式多媒体教学。此外，本光盘附赠大量学习资料，其中包括 4~5 套与本书内容相关的多媒体教学演示视频。让读者一学就会、即学即用，在短时间内掌握最为实用的电脑知识，真正达到学习电脑无师自通的效果。

除封面署名的作者外，参加本书编辑和制作的人员还有洪妍、方峻、何亚军、王通、高娟妮、杜思明、张立浩、孔祥亮、陈笑、陈晓霞、王维、牛静敏、牛艳敏、何俊杰、葛剑雄等人。由于作者水平有限，本书难免有不足之处，欢迎广大读者批评指正。我们的信箱是huchenhao@263.net，电话 010-62796045。

《无师自通》丛书编委会

2011 年 9 月

目录

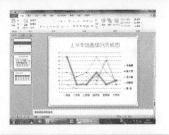

第1章

电脑办公入门

电脑在办公领域起着举足轻重的作用，使用电脑办公，可以简化办公流程，提高办公效率，是人们工作的好帮手。要使用电脑办公首先要对电脑有所了解，本章来介绍如何搭建电脑办公的软硬件平台，以及操作系统的基本知识，使读者对电脑办公有一个初步的了解。

对应光盘视频

1.1 电脑办公基础

随着电脑的普及，目前在几乎所有的公司中都能看到电脑的身影，尤其是一些金融投资、动画制作，广告设计、机械设计等公司，更是离不开电脑的协助。电脑已经成为了人们日常工作中一个不可或缺的好帮手。

1.1.1 什么是电脑办公？

电脑办公是指利用先进的科学技术，使人们的一部分办公业务活动物化于人以外的各种现代化的办公设备当中，并由办公人员与这些设备构成服务于某种目的的人机信息处理系统。电脑办公主要强调以下 3 点。

- 利用先进的科学技术和现代化办公设备。
- 办公人员和办公设备构成人机信息处理系统。
- 提供效率是电脑办公的目的。

电脑办公可以解决人与办公设备之间的人机交互问题，提高办公人员的工作效率和质量并节约资源。

电脑在办公操作中的用途有很多，例如制作办公文档、财务报表、3D 效果图、进行图片设计等。电脑公办是当今信息技术高速发展的重要标准之一，具有如下特点。

- 电脑办公是一个人机信息系统。在电脑办公中"人"是决定因素，是信息加工的设计者、指导者和成果拥有者；而"机"是指电脑及其相关办公设备，是信息加工的工具和手段。信息是被加工的对象，电脑办公综合并充分体现了人、机器和信息三者之间的关系。
- 电脑办公实现办公信息一体化处理。电脑办公通过不同技术的电脑办公软件和设备，将各种形式的信息组合在一起，使办公室真正具有综合处理信息的功能。
- 电脑办公是为了提供办公效率和质量。电脑办公是人们处理更高价值信息的一个辅助手段，它借助于一体化的电脑办公设备和智能电脑办公软件，来提高办公效率，以获得更大效益，并对信息社会产生积极的影响。

1.1.2 电脑办公能做什么？

根据电脑办公的定义，可以得知其主要功能就是利用现代化先进的技术与设备，实现办公的自动化，提高办公效率。具体功能如下。

- 公文编辑：使用电脑输入和编辑文本，使公文的创建更加方便、快捷和规范化。
- 活动安排：主要负责办公室对领导的工作和活动进行统一的协调和安排，包括一周的活动安排和每日活动安排等。
- 个人用户管理：可以用个人用户工作台对本人的各项工作进行统一管理，如安排日程和活动、查看处理当日工作、存放个人的各项资料和记录等。
- 电子邮件：完成信息共享、文档传递等工作。
- 远程办公：通过网络连接远程电脑，完成所有相关办公的信息传递。
- 档案管理：对数据进行管理，如员工资料与考勤、工资管理、人事管理相结合，有效提高工作效率，降低管理费用，实现高效、实时的查询管理。

1.1.3 电脑办公的必备条件

电脑办公必备 3 个基本条件：办公人员、电脑和常用的办公设备。

1. 办公人员

办公人员大致分为 3 类：管理人员、办公操作人员和专业技术人员。不同的办公人员在实现办公系统的自动化中扮演不同的角色。

- 管理人员：管理人员需要考虑如何对现有的办公体制作出改变，以适应办公的需要。在办公过程中，负责整理和优化办公流程，分析办公流程中的各个环节的业务处理过程。

- 办公操作人员：办公操作人员直接参与系统工作，完成办公任务。办公操作人员应有较高的业务素质，不但要熟悉本岗位的业务操作规范，而且要注意和其他环节的操作人员在工作上相互配合，有系统的整体概念。

- 专业技术人员：专业技术人员根据管理人员提出的目标，完成各项业务处理，但他们应了解办公室应用的各项办公事务和有关的业务，善于把电脑信息处理技术恰当地应用在这些业务处理过程中。

2. 电脑

电脑已经成为日常办公中必不可少的设备之一。随着电脑的普及，其自身也发展出了不同的类型，以便适应不同用户的需求。

- 根据使用方式分类：电脑根据使用方式的不同可以分为台式机与笔记本两种。台式机是目前最为普遍的电脑类型，它拥有独立的机箱、键盘以及显示器，并拥有良好的散热性与扩展性；笔记本是一种便携式的电脑，它将显示器、主机、键盘等必需设备集成在一起，方便用户随身携带。

- 根据购买电脑的方式分类：根据购买电脑的方式，可以将电脑分成兼容电脑与品牌电脑两种。兼容电脑就是用户自己单独选购各硬件设备，然后组装起来的电脑，也就是常说的 DIY 电脑，其拥有较高的性价比与灵活的配置，用户可以按自己的要求和实际情况来配置兼容电脑。品牌电脑是由一定规模和技术实力的电脑生产厂商生产并标识商标品牌的电脑，拥有出色的稳定性以及全面的售后服务。品牌电脑的常见品牌包括联想、方正、惠普和戴尔等。

3. 常用的办公设备

要实现电脑办公不仅需要办公人员和电脑，还需要其他的电脑办公设备，例如要打印文件时需要打印机；要将图纸上的图形和文字保存到电脑中时需要扫描仪；要复印图纸文件时需要复印机等。下面将介绍一些常用的办公设备的作用。

- 打印机：通过打印机可以将在电脑中制作的工作文档打印出来。在现代办公和生活中，打印机已经成为电脑最常用的输出设备之一。

- 扫描仪：通过扫描仪，用户可以将办公中所有的重要文字资料或相片输入到电脑当中保存，或者经过电脑处理后刻录到光盘中永久保存。

- 传真机：通过传真机，用户可以将文字、图片等直接传递到异地的另一用户手中，从而实现资源共享。

- 移动存储设备：通过移动存储设备，可以将数据随身携带，并可在不同电脑间进行数据交换。

- 数码相机：通过数码相机拍摄好的照片，可以直接连接到电脑或打印机上，保存或打印出来。

1.2 搭建电脑办公硬件平台

要想使用电脑办公，首先要搭建电脑办公的软硬件平台，本节主要介绍如何搭建电脑办公的硬件平台，包括电脑的主要硬件组成部分、显示器与主机的连接方法、键盘和鼠标的连接方法以及其他必要外部设备的连接方法等。

1.2.1 电脑的主要组成部件

在 1.1.3 节中介绍过，目前常用的办公电脑按照使用方式(是否便于携带)划分，可以分为台式电脑和笔记本电脑两种。

笔记本电脑比较轻便，便于携带，适合于经常外出办公的人员使用。

在大部分公司中，用于日常办公的电脑多为台式电脑，与笔记本电脑相比，台式电脑的性能更加稳定。

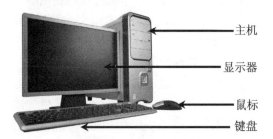

这两种电脑在外形上有着很大的差异，但是其硬件组成和工作原理基本相同。本节以台式电脑为例来介绍电脑的主要组成部件。

1. 电脑的三大件

电脑的三大件指的是主板、CPU 和内存，它们是电脑主机的核心组成部分。

- 主板：主板是整个电脑硬件系统中最重要的部件之一，它不仅是承载主机内其他重要配件的平台，还负责协调各个配件之间进行有条不紊的工作。主板的类型和档次决定着整个电脑系统的类型和档次，主板的性能影响着整个电脑系统的性能。
- CPU：CPU 也叫中央处理器，它的英

文全称是 Central Processing Unit。CPU 的作用和人的大脑比较类似，它主要负责处理和运算电脑内的所有数据，是电脑的核心组成部分。当今生产 CPU 比较优秀的两大厂商是 Intel 和 AMD 两大生产商。而 Intel 的酷睿 i 系列多核处理器是当前比较流行的处理器。

- 内存：内存又称为内存储器，它与 CPU 直接进行沟通，并暂时存放系统中当前使用的数据和程序，一旦关闭电源或发生断电，其中的程序和数据就会丢失。它的特点是存储容量较小，但运行速度较快。

CPU　　　　　　　内存

专家解读

内存容量的单位用 MB 和 GB 来计量(其中 1GB=1024MB)。目前常见的单个内存条的规格为 1GB、2GB 和 4GB。个人电脑的内存配置通常为 2GB 到 4GB。

2. 主机箱

机箱是主机中各个硬件设备的载体，机箱分为立式和卧式两种，目前最常见的为立式机箱。机箱的正面设有电源按钮、重启按钮、指示灯和光驱等部件。一般来说电源按钮会标有

⏻符号或写有 Power 字样、重启按钮会标有 Reset 字样，指示灯主要用来指示电脑的工作状态。

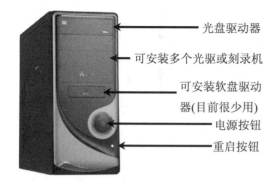

光盘驱动器
可安装多个光驱或刻录机
可安装软盘驱动器(目前很少用)
电源按钮
重启按钮

机箱的背面主要是一些接口，主要包括电源输入接口、PS/2 接口、串行接口、USB 接口、音频设备接口、并行接口、网卡接口和视频设备接口等。

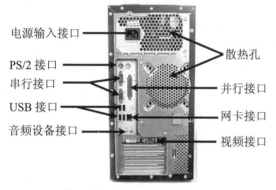

电源输入接口
PS/2 接口
串行接口
USB 接口
音频设备接口
散热孔
并行接口
网卡接口
视频接口

- 电源输入接口：用来连接电源，为主机供电。
- PS/2 接口：机箱后面共有紫色和绿色两个 PS/2 接口，其中绿色接口用于连接鼠标，紫色接口用于连接键盘。
- 串行接口：主要用于连接外置的 Modem 和手写板等串口设备。
- USB 接口：主要用于连接带有 USB 接口的设备，例如 U 盘、移动硬盘、MP3、数码相机、摄像头和手机等。
- 音频设备接口：主要用于连接音频设备，包括音箱、麦克风等。
- 并行接口：用于连接具有并口数据线的设备，例如某些打印机、扫描仪等。

- 网卡接口：用于连接网线。
- 视频接口：通过数据线与显示器相连，输出视频信号到显示器。

3. 硬盘

硬盘是电脑中的重要存储设备，用于存放一些永久性的数据，电脑中几乎所有的数据和资料都存储在硬盘中。硬盘的主要特点是存储容量较大，但存取速度相比内存较慢。

4. 板卡

板卡主要包括显卡、声卡和网卡等，目前大多数的主板都集成了这些板卡，对于一般的用户来讲，这些集成的板卡已经足够使用。而对于一些特殊的用户，例如平面设计工作者、DJ 创作人员等，对显卡和声卡可能有着更高的要求。

- 显卡：显卡的主要作用是控制电脑的图形输出，主要负责将 CPU 送来的影像数据经过处理后，转换成数字信号或者模拟信息，再将其传输到显示器上，它是主机与显示器之间进行沟通的桥梁。

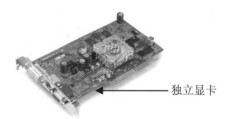

独立显卡

- 声卡：声卡也叫音频卡，是多媒体电脑中的重要部件，可以实现声波/数字信号的相互转换。它主要对送来的声音信号进行处理，然后再由数据线送到音箱进行还原。声卡处理的声音信息在电脑中以文件的形式存储。

主板后面的声卡接口

专家解读

声卡接口中比较常用的输入输出接口有 MIC 接口，用来连接麦克风，一般为粉红色；第一音频输出接口，一般为绿色；第二音频输出接口，一般为黑色。

> 网卡：网卡(Network Interface Card)也称网络适配器，它是连接电脑与网络的硬件设备，是电脑上网必备的硬件之一。网卡分为有线网卡和无线网卡两种，其中有线网卡多用于台式电脑，而无线网卡多用于笔记本电脑。

5. 显示器

显示器是电脑中必不可少的输出设备，它将电脑中的文字、图片和视频数据转换成为人的肉眼可以识别的信息显示出来，为用户和电脑之间提供了一个信息交流的桥梁。

显示器主要分为 CRT(Cathode Ray Tube，即：阴极显示管)显示器和 LCD(Liquid Crystal Display，即：液晶显示器)显示器两种。

CRT 显示器中比较常用的为纯平显示器。它的外观如下图所示。目前 CRT 显示器已经被淘汰，LCD 显示器已经成为标配。

CRT 显示器又叫阴极射线管的显示器，它主要依靠电子枪发出的电子束击中光敏材料(荧光屏)，刺激荧光粉而产生图像。

LCD 显示器通常被称为液晶显示器，与

CRT 显示器相比，具有体积小、厚度薄、重量轻、耗能少、无辐射、无闪烁并能直接与 CMOS 集成电路匹配等优点。

LCD 显示器的原理是利用液晶的电光效应，通过电路控制液晶单元的透射率及反射率，从而产生色彩靓丽图像。

6. 键盘和鼠标

键盘和鼠标是电脑中最基本的也是最重要的输入设备，通过键盘用户可以向电脑输入字母、文字和标点符号等信息，从而实现数据的输入和控制功能。

鼠标又称 Mouse，可以说是操作系统的"钥匙"，它的发明主要是为了让操作系统更加方便易用，鼠标的方便性和灵活性使它成为电脑中使用最为频繁的设备之一，如下图右边所示为目前最常见的光电鼠标。

7. 光盘和光盘驱动器

随着多媒体技术的发展，光盘作为一种存储介质，以其存储容量大、寿命长、价格低廉等优势受到了用户的青睐。一张光盘的容量一般在 600MB 以上，而 DVD 光盘的单面容量可达 4.7GB。

光盘驱动器简称光驱，主要用来读取光盘上的数据。

光驱的正面如下图所示，其前面板上的元素主要有：耳机插孔、音量控制器、读盘指示灯、应急孔、播放键和弹出键等。

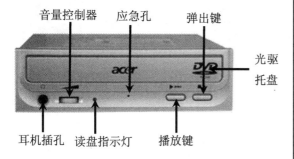

音量控制器　　应急孔　　弹出键

光驱托盘

耳机插孔　　读盘指示灯　　播放键

经验谈

上图介绍的是具有 CD 播放功能的光驱，目前办公中常用的光驱，一般都只有一个弹出键。

1.2.2 显示器与主机的连接

电脑的外接设备只有与主机正确地相连，才能正常工作。本节主要来介绍显示器与主机的连接方法。

显示器有两根连线，电源线和数据线。电源线一般为三相插头，很好辨认，显示器的数据线接口如下图(左)所示。

连接显示器时，应将显示器的数据线对准显卡的数据输出接口，然后微微用力向前推进，直到将其插牢，插牢后，旋转数据线接头两边的螺丝，将数据线牢牢地固定在显卡上。

显示器数据线接口

1.2.3 键盘与鼠标的连接

键盘和鼠标比较常见的接口一般有两种，PS/2 接口和 USB 接口(还有一种串行接口已经不太常见，在此不作介绍)，如果用户使用的是 PS/2 接口，那么可以按照下图所示的方法

连接。

紫色连接键盘　　　　　绿色连接鼠标

如果用户使用的是 USB 接口的键盘和鼠标，则只需将它们的数据线 USB 插头插入机箱后面的 USB 接口即可。

USB 数据线　　　　　连接 USB 接口

专家解读

所有的 USB 设备的连接方法都相同，即插入 USB 接口即可。

1.2.4 音箱或耳机的连接

音箱或耳机是多媒体电脑不可或缺的配件，连接音箱或耳机的方法如下图所示。需要注意的是，图中标注的颜色的依据为 PC99 规范。一般来说当耳机或音箱只有一根音频线时，应插在第一音频输出接口中。

MIC 接口，用来插话筒，一般为红色。

第二音频输出接口，一般为黑色。

第一音频输出接口，一般为绿色

1.2.5 网线的连接

如果用户的电脑需要连接互联网，那么就

需要连接网线,以使用双绞线为例,用户只需将网线的水晶头插入到网卡接口中即可。

双绞线

连接网卡接口

1.2.6 主机电源线的连接

主机电源线如下图(左)所示,电源线的一端连接主机电源,另一端连接家用 220V 电源插座。连接示意图如下图(右)所示。

主机电源线

连接主机电源线

专家解读

电源是一种安装在主机箱内的封闭式独立部件。它的作用是将交流电通过一个开关电源变压器换为 5V、-5V、+12V、-12V、+3.3V 等稳定的直流电,为主机箱内各个部件的正常运行提供电力保证。

1.3 认识电脑办公软件平台

硬件是电脑的基础,软件是电脑的灵魂,组装完电脑后,还需要为电脑搭建一个软件平台,这样的电脑才会"形神兼备"。本节来认识一下电脑最基本的软件系统——操作系统。

1.3.1 认识操作系统

操作系统(Operating System,简称 OS)是电脑运行时的一种必不可少的系统软件,它可以管理系统中的资源,还可以为用户提供各种服务界面。操作系统是所有应用软件运行的平台,只有在操作系统的支持下,整个电脑系统才能正常运行。

目前比较常用的操作系统是 Windows 7 操作系统,它于 2009 年 10 月 23 日正式在中国发布,并迅速得到了广大用户的热烈追捧。

Windows 7 是微软公司推出的 Windows 操作系统的最新版本,与其之前的版本相比,Windows 7 不仅具有靓丽的外观和桌面,而且操作更方便、功能更强大。本书在第 1 章和第 2 章中主要介绍 Windows 7 系统的基本操作方法。

1.3.2 启动 Windows 7

启动 Windows 7 也就是要启动电脑,在启动电脑前,首先应确保在通电情况下将主机和显示器接通电源,然后按下主机箱上的 Power 按钮,即可开始进入操作系统。

【例 1-1】启动 Windows 7。

01 按下显示器的电源开关,一般标有⏻符号或写有 Power 字样。当显示器的电源指示灯亮时,表示显示器已经开启。

02 按下机箱的电源按钮,一般也标有⏻符号或写有 Power 字样。当机箱上的电源指示灯亮时,说明主机已开始启动。

03 主机启动后,电脑开始自检并进入操作系统,显示器中将依次显示以下画面。

04 如果系统设置有密码,将显示下图(左)所示的画面。输入密码后,按下 Enter 键,稍后即可进入 Windows 7 系统的桌面。

CHAPTER 01

1.3.3 退出 Windows 7

当不再使用电脑工作时，可退出操作系统，同时关闭电脑，在关闭电脑前，应先关闭所有的应用程序，以免造成数据的丢失。

【例 1-2】退出 Windows 7。

01 单击【开始】按钮，在弹出的【开始】菜单中选择【关机】命令，Windows 7 开始注销操作系统。

02 如果系统检测到了更新，则会自动安

装更新文件，安装完成后，即可自动关闭系统。

1.3.4 死机了怎么办？

电脑在使用的过程中，如果操作不当或者遇到某种特殊情况，往往会出现屏幕卡死、鼠标无法移动和键盘都失灵的现象。这种现象被称为是"死机"。

此时将无法通过【开始】菜单来关闭电脑，这时若要关闭电脑应通过长按机箱上的电源按钮来实现。若用户还要继续使用电脑，可按下机箱上的【重启】按钮，电脑即可重新启动。

一般来说，机箱的前面板上有两个按钮，其中较大的为电源按钮，较小的为重启按钮。在开机状态下，按一下电源按钮，等同于选择【开始】菜单中的【关闭计算机】命令，长按电源按钮，可强行关闭电脑。

1.4 电脑的指挥棒——鼠标

在 Windows 操作系统中，鼠标是必不可少的输入设备，它被称为是电脑的指挥棒，如果想熟练地操作电脑，就必须要能熟练地操作鼠标。

1.4.1 正确把握鼠标的方法

电脑中最为常用的鼠标为带滚轮的三键光电鼠标。它共分为左右两键和中间的滚轮，其中中间的滚轮也可称为是中键。

鼠标滚轮

鼠标右键

鼠标左键

使用鼠标之前应掌握正确握住鼠标的方

法。其方法为：用手掌心轻压鼠标，拇指和小指抓在鼠标的两侧，再将食指和中指自然弯曲，轻贴在鼠标的左键和右键上，无名指自然落下跟小指一起压在侧面，此时拇指、食指和中指的指肚贴着鼠标，无名指和小指的内侧面接触鼠标侧面，重量落在手臂上，保持手臂不动，左右晃动手腕，即是把握住了鼠标。

把握鼠标示意图

1.4.2 认识鼠标指针的形状

在使用鼠标操作电脑的过程中，鼠标指针的形状会随着用户操作的不同或者是系统工作状态的不同，而呈现出不同的形态，不同形态的鼠标指针也代表着不同的操作，了解这些指针形态所表示的含义可使用户更加方便快捷地操作电脑。如下表所示为几种常见的鼠标指针形态及其表示的含义。

指针形状	所表示的含义
↖	正常选择，这是正常状态下鼠标指针的基本形状
↖▨	后台运行，即系统正在执行某项操作，要求用户等待
⧗	"忙"状态
↖?	寻求帮助，选取对象，即可在相应位置显示该对象的含义和作用
I	编辑状态，用于输入或选定文本
+	精确定位
↕	调整窗口或边框的垂直大小
↔	调整窗口或边框的水平大小
↘	对角方向按比例调整窗口或边框大小
↗	对角方向按比例调整窗口或边框大小
✛	移动对象
👆	链接选择，当出现该形状时，单击对象，即可打开该对象链接的目标对象
✎	手写状态
⊘	当前操作不可用

经验谈

以上表格中鼠标指针的形状都含有自己的名字。例如：↖叫箭头，↖▨叫沙漏，I叫工字形，↔叫水平双向箭头，↕叫垂直双向箭头，↗和↘叫斜向双向箭头，✛叫四角箭头。

1.4.3 鼠标的常用基本操作

鼠标的基本操作方法主要有5种：单击、双击、右击、拖动和选取。下面分别对这5种操作方法进行介绍。

1. 单击鼠标

单击鼠标指的是用右手食指轻点鼠标左键并快速松开，此操作用于选择对象。单击操作是鼠标最常用的基本操作。

2. 双击鼠标

双击鼠标指的是用右手食指在鼠标左键上快速单击两次，此操作用于执行命令或打开文件等。例如在桌面上双击【计算机】图标，即可打开【计算机】窗口。

3. 右击鼠标

右击鼠标指的是用右手中指按下鼠标右键并快速松开，此操作一般用于打开当前对象的快捷菜单，便于快速选择相关命令。右击的对象不同，打开的快捷菜单也不同，例如右击【本地磁盘(D:)】图标，便可打开如下图(左)所示的快捷菜单，在一幅图片上右击可打开如下图(右)所示的快捷菜单。

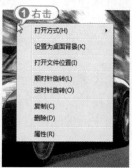

4. 拖动鼠标

拖动鼠标指的是将鼠标指针移动至需要移动的对象上，然后按住鼠标左键不放，将该对象从屏幕的一个位置拖动至另一个位置，然后再释放鼠标左键。例如可将【计算机】图标从"位置1"拖动至"位置2"。

位置1　　位置2

经验谈

使用鼠标拖动对象时，可以一次拖动一个对象，也可以一次拖动多个对象。拖动多个对象时，应先将这多个对象选定。

5. 选取对象

这里说的选取区别于单击选定对象，主要

指的是用鼠标指针选定集中在一起的多个对象。方法是单击需选定对象外的一点并按住鼠标左键不放，移动鼠标将需要选中的所有对象包括在虚线框中，此时选中的所有对象呈深色显示，表示处于选定状态，选定后释放鼠标左键即可。如下图所示为使用拖动的方法选定当前文件夹中的所有图片。

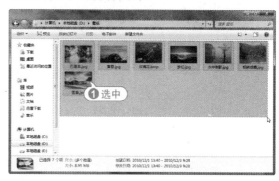

① 选中

1.5　主要输入工具——键盘

键盘是电脑最常用的输入设备，用户向电脑发出的命令、编写的程序等都要通过键盘输入到电脑中，使电脑能够按照用户发出的指令来操作，实现人机对话。

1.5.1　键盘的组成

目前常用的键盘在原有标准键盘的基础上，增加了许多新的功能键。不同的键盘多出的功能键也不相同。本节主要以107键的标准键盘为例来介绍键盘的按键组成以及它们的功能。

107键的标准键盘共分为5个区。如下图所示，上排为功能键区，下方左侧为标准键区，中间为光标控制键区，右侧为小键盘区，右上侧为3个状态指示灯。

功能键区　　　　　　　状态指示灯

标准键区　　　光标控制键区　小键盘区

1.5.2　键盘按键的功能

键盘上按键众多，各个按键的作用也不尽相同，本节按照键盘的5个分区，分别介绍键盘常用按键的功能。

1. 功能键区

功能键区位于键盘的最上方，包括 Esc、F1~F12 键和 3 个特殊功能键。其中，F1~F12 功能键在不同的程序软件中功能会有所不同，其他各键的功能如下所示。

- Esc 键：强行退出键，它的功能是退出当前环境，返回原菜单。
- Power 键：按下此键，可关闭或打开计算机电源。
- Sleep 键：按下此键，可以使计算机处于睡眠状态。
- Wake Up 键：按下此键，可以使计算机从睡眠状态恢复到初始状态。

2. 标准键区

标准键区位于功能键区的下方，是 4 个键区中键数最多的，共有 61 个键，其中包括 26 个字母键、14 个控制键、21 个数字和符号键。

- 字母键：字母键的键面为英文大写字母，从 A 到 Z。运用 Shift 键可以进行大写和小写切换。在使用键盘输入文字时，主要通过字母键来实现。
- 数字和符号键：数字和符号键的键面上有上下两种符号，故又称双字符键。上面的符号称为上档符号，下面的称为下档符号。
- 控制键：控制键中 Shift、Ctrl、Alt 和 Windows 徽标键各有两个，它们在打字键的两端基本呈对称分布。此外还有 BackSpace 键、Tap 键、Enter 键、Caps Lock 键、空格键和快捷菜单键。
- BackSpace 键：退格键，位于标准键区的最右上角。按下此键可删除当前光标位置左边的字符，并使光标向左移动一个位置。
- Tap 键：制表定位键，按下此键光标向右移动 8 个字符。
- Enter 键：又叫回车键，按下此键表示开始执行输入的命令，在录入字符时，按下此键，表示换行。
- Caps Lock 键：大写锁定键，按下此键时，可将字母键锁定为大写状态，而对其他键没有影响。再次按下此键时可解除大写锁定状态。
- Ctrl 键：控制键，此键一般和其他键组合使用，可完成特定的功能。
- Alt 键：转换键，此键和 Ctrl 键相同，也不单独使用，在和其他键组合使用时产生一种转换状态。在不同的工作环境下，Alt 键转换的状态也不同。
- Windows 徽标键：按下此键可以快速打开【开始】菜单，此键也可和其他键组合使用，实现特殊的功能。

- 空格键：键盘上最长的键，按下此键，光标向右移动一个空格。
- 快捷菜单键：此键位于标准键区右下角的 Windows 徽标键和 Ctrl 键之间，按下此键后会弹出当前窗口的右键快捷菜单。

3. 光标控制键区

光标控制键区共有 13 个键，位于标准键区和小键盘区之间，主要用来移动光标和翻页操作，其各个按键的功能如下。

- Print Screen SysRq 键：按下此键可将当前屏幕复制到剪贴板，然后按 Ctrl＋V 键可以把屏幕粘贴到目标位置。
- Scroll Lock 键：当屏幕处于滚动状态时，按下此键屏幕将停止滚动。
- Pause Break 键：同时按下 Ctrl 键和 Pause Break 键，可强行终止当前程序的运行。
- Insert 键：插入键，该键用来插入和替换状态之间的相互转换。在插入状态时，输入一个字符后，光标右侧的所有字符将向右移动一个字符的位置。在替换状态时，当输入一个字符后，新输入的字符将覆盖光标右侧的第一个字符。
- Home 键：起始键，按下此键，光标移至当前行的行首。按下 Ctrl+Home 键，光标移至首行行首。
- End 键：终止键，按下此键，光标移至当前行的行尾。按下 Ctrl+End 键，光标移至末行行尾。
- Page Up 键：向前翻页键，按下此键，可以翻到上一页。
- Page Down 键：向后翻页键，按下此键，可以翻到下一页。
- Delete 键：删除键，每次按下此键，可删除光标后面的一个字符，同时光标右边的所有字符向左移动一个字符位。

- ↑、←、↓、→键：光标移动键，分别控制光标向 4 个不同的方向移动。

4. 小键盘区

小键盘区一共有 17 个键，其中包括 Num Lock 键、数字键、双字符键、Enter 键和符号键。其中数字键大部分为双字符键，上档符号是数字，下档符号具有光标控制功能。

Num Lock 键：数字锁定键，该键是小键盘上数字键的控制键。当按下此键时，键盘右上角第一个指示灯亮，表明此时为数字锁定状态。再次按下此键，指示灯灭，此时为光标控制状态。

5. 状态指示灯

状态指示灯是用于指示当前某些键盘区域的输入状态。其中各指示灯的含义如下。

- Num Lock：指示灯亮，表示小键盘区的数字键处于可用状态。
- Caps Lock：指示灯亮，表示当前处于英文大写字母输入状态。
- Scroll Lock：指示灯亮，在 DOS 状态下表示屏幕滚动显示。

1.5.3 键盘的正确录入姿势

键盘录入是一项长时间的工作，操作姿势的正确与否将直接影响工作情绪和工作效率。正确的键盘操作姿势要求如下。

- 坐姿：平坐且将身体重心置于椅子上，腰背挺直，身体稍偏于键盘右方。身体向前微微倾斜，身体与键盘的距离保持约 20cm。
- 手臂、肘和手腕的位置：两肩放松，大臂自然下垂，肘与腰部的距离为 5~10cm。小臂与手腕略向上倾斜，手腕切忌向上拱起，手腕与键盘下边框保持 1cm 左右的距离。
- 手指的位置：手掌以手腕为轴略向上抬起，手指略微弯曲并自然下垂轻放在基本键上，左右手拇指轻放在空格键上。

输入时的要求：将位于显示器正前方的键盘右移 5cm。书稿稍斜放在键盘的左侧，使视线和字行成平行线。打字时，不看键盘，只专注书稿或屏幕，稳、准、快地击键。

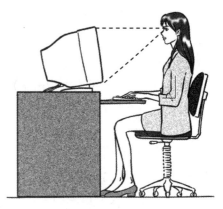

1.5.4 十指的完美分工

键盘手指的分工是指手指和键位的搭配，即把键盘上的全部字符合理地分配给 10 个手指，并且规定每个手指打哪几个字符键。

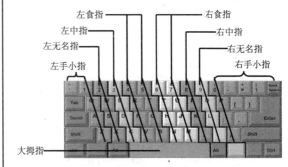

1. 左手分工

- 小指主要分管 5 个键：1、Q、A、Z 和左 Shift 键。此外，还分管左边的一些控制键。
- 无名指分管 4 个键：2、W、S 和 X。
- 中指分管 4 个键：3、E、D 和 C。
- 食指分管 8 个键：4、R、F、V、5、T、G 和 B。

2. 右手分工

- 小指主要分管 5 个键：0、P、";"、"/"

和右 Shift 键，此外还分管右边的一些控制键。

- 无名指分管 4 个键：9、O、L 和 "."。
- 中指分管 4 个键：8、I、K 和 ","。
- 食指分管 8 个键：6、Y、H、N、7、U、J 和 M。

3. 大拇指

大拇指专门击打空格键。当左手击完字符键需按空格键时，用右手大拇指击空格键；反之，则用左手大拇指击空格键。击打空格键时，大拇指瞬间发力后立即反弹。

4. 手指的具体定位

位于打字键区第 3 行的 A、S、D、F、J、K、L 和 ";" 键，这 8 个字符键称为基本键。其中的 F 键和 J 键称为原点键。这 8 个基本键位是左右手指固定的位置。

将左手小指、无名指、中指和食指分别放在 A、S、D、F 键上，将右手食指、中指、无名指和小指分别放在 J、K、L 和 ";" 键上，将左右拇指轻放在空格键上，如下图所示。

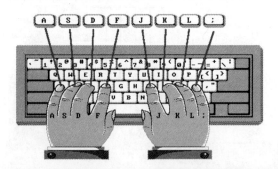

1.5.5 精确击键的要点

在击键时，主要用力的部位不是手腕，而是手指关节。当练到一定阶段时，手指敏感度加强，可以过渡到指力和腕力并用。击键时应注意以下要点。

- 手腕保持平直，手臂保持静止，全部动作只限于手指部分。
- 手指保持弯曲，并稍微拱起，指尖的第 1 关节略成弧形，轻放在基本键的中央位置。
- 击键时，只允许伸出要击键的手指，击键完毕必须立即回位，切忌触摸键或停留在非基本键键位上。
- 以相同的节拍轻轻击键，不可用力过猛。以指尖垂直向键盘瞬间发力，并立即反弹，切不可用手指按键。
- 用右手小指击打 Enter 键后，右手立即返回基本键键位，返回时右手小指应避免触到【;】键。

经验谈

击键时，手指上下移动，指头移动的距离最短，错位的可能性最小且平均速度最快。初学者在练习指法时，必须严格按照指法分工来练习，否则养成不良习惯，以后很难改正，无法提高打字速度。另外，键盘属于消耗品，在使用时，应注意击键力度。

1.6 办公好助手——任务栏

任务栏是位于桌面下方的一个条形区域，它显示了系统正在运行的程序、打开的窗口和当前时间等内容，用户通过任务栏可以完成许多操作。Windows 7 采用了大图标显示模式的任务栏，并且还加强了任务栏的功能，例如任务栏图标的灵活排序、任务进度监视、预览功能等。

1.6.1 认识任务栏

任务栏主要包括【开始】按钮、快速启动栏、已打开的应用程序区、语言栏和时间及常驻内存的应用程序区等几部分。

快速启动栏　　　　时间及常驻内存的应用程序

【开始】按钮　　已打开的应用程序区　　语言栏

1. 【开始】按钮

单击【开始】按钮，可打开【开始】菜单，用户可从其中选择需要的菜单命令或启动相应的应用程序。关于【开始】菜单将在 1.7 节中进行详细介绍。

单击打开【开始】菜单

2. 快速启动栏

单击该栏中的某个图标，可快速地启动相应的应用程序，例如用户单击　按钮，可打开【库】管理界面。

3. 已打开的应用程序区

该区域显示当前正在运行的所有程序，其中的每个按钮都代表已经打开的窗口，单击这些按钮即可在不同的窗口之间进行切换。另外按住 Alt 键不放，然后依次按下 Tab 键可在不同的窗口之间进行快速的切换。

4. 语言栏

该栏用来显示系统中当前正在使用的输入法和语言。

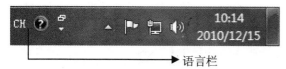

语言栏

5. 时间及常驻内存的应用程序区

该区域显示系统当前的时间和在后台运行的某些程序。单击【显示隐藏的图标】按钮，

可查看当前正在运行的程序。

1.6.2 任务栏图标灵活排序

在 Windows 7 操作系统中，任务栏中图标的位置不再是固定不变的，用户可根据需要任意拖动图标的位置。

如下图所示，用户使用鼠标拖动的方法即可更改图标在任务栏中显示的位置。

左右拖动

另外，在 Windows 7 中，用户还会发现快速启动栏中的程序图标都变大了，事实上这已经不同于以往 Windows 版本的快速启动工具栏了。Windows 7 操作系统将快速启动栏的功能和传统程序窗口对应的按钮进行了整合，单击这些图标即可打开对应的应用程序，并由图标转化为按钮的外观，用户可根据按钮的外观来分辨未启动的程序图标和已运行程序窗口按钮的区别，如下图所示。

未运行的程序　　正在运行的程序

1.6.3 任务进度监视

在 Windows 7 操作系统中，任务栏中的按钮具有任务进度监视的功能。例如用户在复制某个文件时，在任务栏的按钮中同样会显示复制的进度，如下图所示。

显示复制进度

快速返回桌面。

1.6.4 显示桌面

当桌面上打开的窗口比较多时，用户若要返回桌面，则要将这些窗口一一关掉或者最小化，不但麻烦而且浪费时间。其实在任务栏的右侧，Windows 7 操作系统设置了一个矩形按钮，如下图所示，当用户单击该按钮时，即可

专家解读

将该按钮设置在这里的好处是用户可以实现盲操作，即用户只需凭感觉将鼠标指针大致移动到屏幕的右下角，然后单击鼠标即可快速显示桌面。

1.7 中央控制区域——【开始】菜单

【开始】菜单是 Windows 操作系统中的重要元素，其中存放了操作系统或系统设置的绝大多数命令，而且还可以使用当前操作系统中安装的所有程序，因此【开始】菜单被称为是操作系统的中央控制区域。本节就来认识一下【开始】菜单。

1.7.1 【开始】菜单的组成

在 Windows 7 操作系统中，【开始】菜单主要由固定程序列表、常用程序列表、所有程序列表、启动菜单列表、搜索文本框、关闭和锁定电脑按钮组等组成。

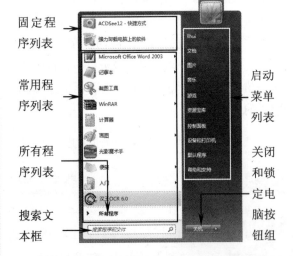

固定程序列表

常用程序列表

所有程序列表

搜索文本框

启动菜单列表

关闭和锁定电脑按钮组

其中，搜索文本框是 Windows 7 新增的功能，它不仅可以搜索系统中的程序，还可以搜索系统中的任意文件。用户只要在文本框中输入关键词，单击右侧的 🔍 按钮即可进行搜索，搜索结果将显示在【开始】菜单上方的列表中。

1.7.2 所有程序列表

通过【开始】菜单启动应用程序方便而又快捷，但是在旧版本的操作系统中，随着电脑中安装程序的增多，【开始】菜单也会变得非常庞大，要找到某个程序需要使用肉眼来进行搜索。在 Windows 7 中新的【所有程序】菜单将以树形文件夹结构来呈现，无论有多少快捷方式，都不会超过当前【开始】菜单所占的面积，使用户查找程序更加方便。

【例 1-3】通过【开始】菜单，启动记事本程序。

📹视频

01 单击【开始】按钮，在弹出的【开始】菜单中单击【所有程序】选项。

经验谈

另外，无须单击，用户只需将鼠标指针在【所有程序】选项上稍停片刻，同样也可打开【所有程序】列表。

02 展开所有程序列表后，单击其中的【附件】选项，然后单击【记事本】选项，即可启动记事本程序。

CHAPTER 01

1.7.3 【搜索】文本框

Windows 7 的【开始】菜单中加入了强大的搜索功能，通过使用该功能，可使查找程序更加方便，这就是【搜索】文本框。

【例1-4】通过【搜索】功能，启动迅雷下载程序。 视频

01 单击【开始】按钮，在【开始】菜单最下方的【搜索】文本框中输入"迅雷"。

02 此时，系统会自动搜索出与关键字"迅雷"相匹配的内容，并将结果显示在【开始】菜单中。

03 其中迅雷应用程序位于列表的最上端，直接单击【启动迅雷7】选项，即可启动迅雷应用程序。

1.7.4 自定义【开始】菜单

用户可通过自定义的方式更改【开始】菜单中显示的内容。例如用户可更改【开始】菜单中程序图标的大小和显示程序的数目等。

要自定义【开始】菜单，可在【开始】菜单上右击鼠标，选择【属性】命令，打开【任务栏和「开始」菜单属性】对话框的【「开始」菜单】选项卡。

单击【自定义】按钮，打开【自定义「开始」菜单】对话框，在该对话框中用户即可设置【开始】菜单中显示的内容。

1.8 窗口、对话框和菜单

窗口、对话框和菜单是 Windows 操作系统中主要的人机交互界面，用户对 Windows 系统的操作也主要是对窗口、对话框和菜单的操作。

1.8.1 人机沟通的桥梁——窗口

窗口是 Windows 操作系统中的重要组成部分，很多操作都是通过窗口来完成的。窗口相当于桌面上的一个工作区域，用户可以在窗口中对文件、文件夹或者对某个程序进行操作。在 Windows 中最为常用的就是【计算机】窗口、【资源管理器】窗口和一些应用程序的窗

口，它们的组成元素基本相同。

以【计算机】窗口为例，窗口的组成元素如下图所示。一般由标题栏、菜单栏、状态栏、控制按钮、控制菜单按钮、垂直边框和水平边框等组成。

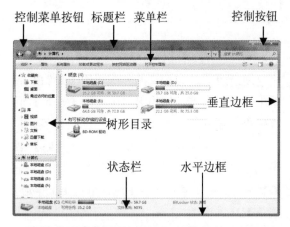

其中【控制菜单按钮】是隐藏的，当用户在窗口的左上角单击鼠标时，即可打开该按钮的菜单，其中包含有【还原】、【移动】、【大小】、【最小化】、【最大化】和【关闭】命令。另外，双击【控制菜单按钮】，可快速关闭当前窗口。

1. 窗口同步预览和切换

当用户打开了多个窗口时，不免会在各个窗口之间切换，Windows 7 提供了窗口切换时的同步预览功能，可以实现丰富实用的界面效果，方便用户切换自己想要的窗口。

- Alt+Tab 键预览窗口：当用户使用了 Aero 主题时，在按下 Alt+Tab 键后，用户会发现切换面板中会显示当前打开的窗口的缩略图，并且除了当前选定的窗口外，其余的窗口都呈现透明状态。
- Win+Tab 键的 3D 切换效果：当用户

使用 Win+Tab 键切换窗口时，可以看到 3D 切换效果，如下图所示。

预览窗口

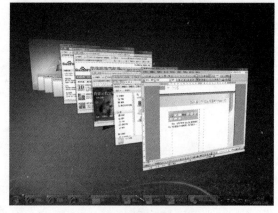

3D 效果

- 通过任务栏图标预览窗口：当用户将鼠标指针移至任务栏中的某个程序的按钮上时，在该按钮的上方会显示与该程序相关的所有打开窗口的预览窗格，单击其中的某一个预览窗格，即可切换至该窗口。

2. 窗口最大化、最小化和还原

最小化是将窗口以标题按钮的形式最小化到任务栏中，不显示在桌面上；最大化是将当前窗口放大显示在整个屏幕上；还原窗口是将窗口恢复到上次的显示效果。用户可以通过操作 Windows 窗口右上角的最小化、最大化和还原按钮来实现这些操作。

另外，在 Windows 7 中，用户可通过对窗口的拖拽来实现窗口的最大化和还原功能。

【例1-5】通过拖拽的方法最大化【计算机】窗口并还原。📹视频

01 在桌面上双击计算机图标打开【计算机】窗口。

02 拖动【计算机】窗口至屏幕的最上方，当鼠标指针碰到屏幕的边沿时，会出现放大的"气泡"，同时将会看到Aero Peek效果填充桌面，此时松开鼠标左键，【计算机】窗口即可全屏显示。

03 若要还原窗口，只需将最大化的窗口向下拖动即可。

3. 多个窗口的排列

在Windows 7操作系统中，提供了层叠窗口、堆叠显示窗口和并排显示窗口3种窗口排列方法，通过多窗口排列可以使窗口排列更加整齐，方便用户进行各种操作。

【例1-6】将打开的多个应用程序窗口按照层叠方式排列。📹视频

01 打开多个应用程序的窗口，然后在任务栏的空白处右击鼠标，在弹出的快捷菜单中

选择【层叠窗口】命令。

02 此时，打开的所有窗口(最小化的窗口除外)将会以层叠的方式在桌面上显示，效果如下图所示。

📚 经验谈

当用户将窗口拖动至桌面的左右边沿时，窗口会自动垂直填充屏幕，同理，当用户将窗口拖离边沿时，将自动还原。

1.8.2 人机交互界面——对话框

对话框是Windows操作系统中的一个重要元素，它指的是用户在操作电脑的过程中，系统弹出的一个窗口。对话框是用户与电脑之间进行信息交流的窗口，在对话框中用户通过对选项的选择和设置，可以对相应的对象进行某项特定的操作。

Windows 7中的对话框多种多样，一般来说，对话框中的可操作元素主要包括命令按钮、选项卡、单选按钮、复选框、文本框、下拉列表框和数值框等，但要注意并不是所有的对话框都包含以上所有的元素。本节将对这些主要元素逐一进行介绍。

1. 命令按钮

命令按钮指的是在对话框中形状类似于矩

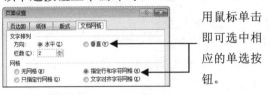

形的按钮，在该按钮上会显示按钮的名称，例如在【任务栏和「开始」菜单属性】对话框中就包含【自定义】、【确定】和【取消】3 个命令按钮。它们的作用如下。

- 单击【自定义】按钮，系统会弹出另外一个对话框。
- 单击【确定】按钮，保存设置并关闭对话框。
- 单击【取消】按钮，不保存设置并关闭对话框。

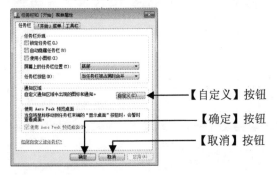

2. 选项卡

当对话框中包含多项内容时，对话框通常会将内容分为不同的选项卡，这些选项卡按照一定的顺序排列在一起，每个选项卡中都具有不同的内容。例如在【鼠标 属性】对话框中就包含【鼠标键】、【指针】、【指针选项】、【滑轮】和【硬件】5 个选项卡，单击其中的某个选项卡便可激活该选项卡。

3. 单选按钮

单选按钮是一些互相排斥的选项，每次只能选择其中的一个项目，被选中的圆圈中将会有个黑点。在【页面设置】对话框的【文档网格】选项卡中就包含有多个单选按钮，如下图所示。同一选项组中的单选按钮在任何时候都只能选择其中的一个选项，不能用的选项呈灰色显示。若要选择该单选按钮，只需用鼠标在

该单选按钮上单击即可。

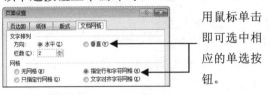

用鼠标单击即可选中相应的单选按钮。

4. 复选框

复选框中所列出的各个选项是不互相排斥的，用户可根据需要选择其中的一个或几个选项。

每个选项的左边有一个小正方形作为选择框。当选中某个复选框时，框内出现一个"√"标记，一个选择框代表一个可以打开或关闭的选项。在空白选择框上单击便可选中它，再次单击这个选择框便可取消选择。

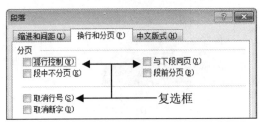

5. 文本框

文本框主要用来接收用户输入的信息，以便正确地完成对话框的操作，当鼠标指针在空白文本框中单击时，鼠标指针变为闪烁的竖条(文本光标)状，等待用户的输入，输入的正文从该插入点开始。如果文本框内已有正文，则单击鼠标时正文将被选中，此时输入的内容将替代原有的正文。用户也可用 Delete 键或 Back Space 键删除文本框中已有的正文。如下图所示，【数值数据】选项下方的矩形白色区域即为文本框。

6. 下拉列表框

下拉列表框是一个带有下拉按钮的文本

框，用来在多个项目中选择一个，选中的项目将在下拉列表框内显示。当单击下拉列表框右边的下三角按钮时，将出现一个下拉列表供用户选择。

7. 数值框

数值框用于输入或选中一个数值。它由文本框和微调按钮组成。在微调框中，单击上三角的微调按钮，可增加数值；单击下三角的微调按钮，可减少数值。也可以在文本框中直接输入需要的数值。如下图所示，在【内部边距】选项区域有【左】、【右】、【上】、【下】4个数值框。

1.8.3 命令执行者——菜单

菜单位于 Windows 窗口的菜单栏中，是应用程序中命令的集合。菜单栏通常由多层菜单组成，每个菜单又包含若干个命令。要打开菜单，可用鼠标单击需要打开的菜单项即可。

在菜单中，有些命令在某些时候可用，而在某些时候不可用，有些命令后面还有级联的子命令。一般来说，菜单中的命令包含有以下几种。

1. 可用命令与暂时不可用的命令

菜单中可选用的命令以黑色字符显示，不

可选用的命令以灰色字符显示。命令不可选用是因为暂时不需要或无法执行这些命令，单击这些灰色字符显示的命令将没有任何反应。

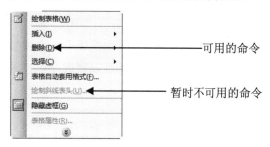

2. 快捷键

有些命令的右边有快捷键，用户通过使用这些快捷键，可以快速直接地执行相应的菜单命令。例如【新建窗口】命令的快捷键 Ctrl+N、【保存】命令的快捷键 Ctrl+S 等。

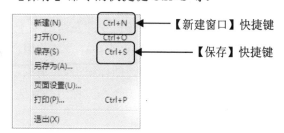

> **经验谈**
>
> 通常情况下，相同意义的操作命令在不同窗口中具有相同的快捷键，例如Ctrl+C(复制)和 Ctrl+V(粘贴)等。因此熟练使用这些快捷键，将有助于加快操作。

3. 带下划线字母的命令

在菜单命令中，许多命令的后面都有一个括号，括号中有一个带有下划线的字母。

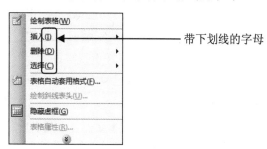

当菜单处于激活状态时，在键盘上键入带下划线的字母，可执行该命令。

4．带省略号的命令

如果命令的后面有省略号"…"，表示选择此命令后，将弹出一个对话框或者一个设置向导。这种形式的命令表示可以完成一些设置或者更多的操作。

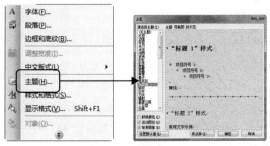

5．复选命令和单选命令

当选择某个命令后，该命令的左边出现一个复选标记"√"，表示此命令正在发挥作用；再次选择该命令，命令左边的标记"√"消失，表示该命令不起作用，这类命令被称为是复选命令。

有些菜单命令中，有一组命令。每次只能有一个命令被选中，当前选中的命令左边出现一个单选标记"•"。选择该组的其他命令，标记 ● 出现在选中命令的左边，原来命令前面的标记 ● 将消失。

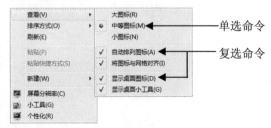

6．快捷菜单和级联菜单

在某些应用程序中右击鼠标，系统将会弹出一个快捷菜单，该菜单被称为右键快捷菜单，它主要提供对相应对象的各种操作功能。使用右键快捷菜单可对某些功能进行快速的操作，如下图所示为桌面上的右键快捷菜单。

如果命令的右边有一个向右箭头，则光标指向此命令后，会弹出一个级联菜单，级联菜单通常给出某一类选项或命令，有时是一组应用程序。

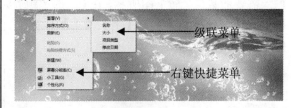

1.9 创建个性化的办公环境

在使用 Windows 7 进行电脑办公时，用户可根据自己的习惯和喜好为系统设置一个个性化的办公环境。其中主要包括设置桌面背景、设置日期和时间、使用桌面小工具以及创建用户账户等。

1.9.1 设置桌面背景

桌面背景就是 Windows 7 系统桌面的背景图案，又叫做墙纸。启动 Windows 7 操作系统后，桌面背景采用的是系统安装时默认的设置，用户可以根据自己的喜好更换桌面背景。

用户可以选择一张自己喜欢的图片作为桌面背景，如下例所示。

【例 1-7】将 D 盘【精美壁纸】文件夹中的【梦幻】图片设置为桌面背景。 视频

01 在桌面上右击鼠标，在弹出的快捷菜单中选择【个性化】命令，打开【个性化】窗口，如下图所示。

02 单击【个性化】窗口下方的【桌面背景】图标，打开【桌面背景】窗口。

03 单击【图片位置】下拉列表右方的【浏览】按钮，打开【浏览文件夹】对话框。

04 在【浏览文件夹】对话框中选中D盘的【精美壁纸】文件夹，然后单击【确定】按钮，如下图所示。

05 此时在预览窗口中将看到【精美壁纸】文件夹中的所有图片的缩略图。

06 在默认设置下，所有的图片都处于选定状态，用户可单击【全部清除】按钮，清除图片的选定状态。

07 然后将鼠标移至要设置为桌面背景的图片上，并选中其左上角的复选框。

08 单击【保存修改】按钮，即可将该图片设置为桌面壁纸。

经验谈

要将单一图片设置为桌面背景，用户还可直接右击该图片文件，在弹出的快捷菜单中选择【设置为桌面背景】命令即可。

1.9.2 更改系统日期和时间

当启动计算机后，便可以通过任务栏的通知区域查看到系统当前的时间。此外，还可以根据需要重新设置系统的日期和时间以及选择合适自己的时区。

1. 更改日期和时间

在默认情况下，系统日期和时间将显示在任务栏的通知区域，用户可根据实际情况更改系统的日期和时间设置。

【例1-8】将系统的时间更改为2012年1月1日0:00:00。 ▶视频

01 单击任务栏最右侧的时间显示区域，打开日期和时间窗口。

02 单击【更改日期和时间设置】链接，打开【日期和时间】对话框。

03 单击【更改日期和时间】按钮，打开【日期和时间设置】对话框。

04 在日期选项区域设置系统的日期为2012年1月1日，在时间文本框中设置时间为0:00:00。

05 设置完成后，单击【确定】按钮，返回【日期和时间】对话框，再次单击【确定】按钮，完成日期和时间的更改。

2. 添加附加时钟

在 Windows 7 操作系统中，可以设置多个时钟的显示，设置了多个时钟后就可以同时查看多个不同时区的时间，方便经常到国外出差的人员使用。

【例 1-9】在 Windows 7 中添加一个附加时钟。
视频

01 单击任务栏最右侧的时间显示区域，打开日期和时间窗口。

02 单击【更改日期和时间设置】链接，打开【日期和时间】对话框。

03 切换至【附加时钟】选项卡，选中【显示此时钟】复选框，然后在【选择时区】下拉菜单中选择一个时区，在【输入显示名称】文本框中输入时钟的名称。

04 使用同样的方法设置第二个时钟，如下图所示。

05 设置完成后，单击【确定】按钮，关闭对话框，此时单击任务栏右边的时间区域，在打开的时间窗口中，用户将看到同时显示 3 个时钟，其中最大的一个显示的是本地时间，

另外两个是刚刚添加的附加时钟。

设置第一个时钟

设置第二个时钟

06 若要取消这些时钟的显示，只需在第(3)步所示的【日期和时间】对话框中取消选中【显示此时钟】复选框即可。

1.9.3 使用桌面小工具

Windows 7 操作系统中新增了一个桌面小工具，它们是一组便捷的小程序，用户可使用这些小程序方便地完成一些常用的日常操作。

在桌面上右击鼠标，在弹出的快捷菜单中选择【小工具】命令，即可打开桌面小工具窗口，默认状态下系统共提供 9 种桌面小工具，如下图所示。

Windows 7 内置了 9 个桌面小工具，双击这些小工具的图标，即可将其添加到桌面上，以方便使用。

另外，如果用户觉得这些小工具还不够用，还可通过微软的官方站点获取更多的桌面小工具。单击【桌面小工具】窗口右下角的【联机获取更多小工具】链接，打开微软的官方站点，如下图所示。在该页面中用户可以根据自己的需要选择下载相应的小工具。

1.9.4 设置用户账户

Windows 7 是一个多用户、多任务的操作系统，它允许每个使用电脑的用户建立自己的专用工作环境。每个用户都可以为自己建立一个用户账户，并设置密码，只有在正确输入用户名和密码之后，才可以进入到系统中。每个账户登录之后都可以对系统进行自定义设置，其中一些隐私信息也必须登录才能看见，这样使用同一台电脑的每个用户都不会相互干扰了。在办公应用中，如果一台电脑由多人共用，就可以为每人设置一个独立的账户。

1. 认识用户账户的类型

设置用户账户之前需要先弄清楚 Windows 7 有几种账户类型，一般来说，用户账户有以下 3 种：计算机管理员账户、标准用户账户和来宾账户。

- 计算机管理员账户：计算机管理员账户拥有对全系统的控制权，能改变系统设置，可以安装和删除程序，能访问计算机上所有的文件。除此之外，它还拥有控制其他用户的权限，可以创建和删除计算机上的其他用户账户、可以更改其他人的账户名、图片、密码和账户类型等。Windows 7 中至少要有一个计算机管理员账户。在只有一个计算机管理员账户的情况下，该账户不能将自己改成受限制账户。

- 标准用户账户：标准用户账户是权力受到限制的账户，这类用户可以访问已经安装在计算机上的程序，可以更改自己的账户图片，还可以创建、更改或删除自己密码，但无权更改大多数计算机的设置，不能删除重要文件，无法安装软件或硬件，也不能访问其他用户的文件。

- 来宾账户：来宾账户则是给那些在计算机上没有用户账户的人用的，只是一个临时用户，因此来宾账户的权力最小，它没有密码，可以快速登录，能做的事情也就仅限于查看电脑中的资源、检查电子邮件、浏览 Internet，或者玩玩 Windows 自带的小游戏等。默认情况下来宾账户是没有被激活的，因此必须要激活后才能使用。

2. 创建用户账户

用户在安装 Windows 7 过程中，第一次启动时建立的用户账户就属于"管理员"类型，在系统中只有"管理员"类型的账户才能创建新账户。

【例 1-10】在 Windows 7 中创建一个用户名为【薛杨】的用户账户。 视频

01 单击【开始】按钮，选择【控制面板】命令，打开【控制面板】窗口。

02 在【控制面板】窗口中单击【用户账户】图标，打开【用户账户】窗口。

03 在【用户账户】窗口中单击【管理其他账户】超链接，打开【管理账户】窗口。

04 在【管理账户】窗口中单击【创建一个新账户】超链接，打开【命名账户并选择账户类型】窗口，在【新账户名】文本框中输入新用户的名称"薛杨"，然后选中【管理员】单选按钮。

05 单击【创建账户】按钮，即可成功创建用户名为【薛杨】的管理员账户。

3. 更改用户账户

刚刚创建好的用户还没有进行密码等有关选项的设置，所以应对新建的用户信息进行修改。

【例1-11】将【薛杨】的照片设置为该账户的头像，并为该账户设置密码。 📹视频

01 在【用户账户】窗口中单击【管理其他账户】超链接，打开【管理账户】窗口。

02 在【管理账户】窗口中单击"薛杨"账户的图标。

03 在打开的【更改 薛杨 的账户】窗口中，单击【更改图片】超链接，打开【为薛杨的账户选择一个新图片】窗口。

04 在该窗口中系统提供了许多图片可供用户选择。在此单击【浏览更多图片】超链接，打开【打开】对话框。

05 在【打开】对话框中选择名称为"薛杨"的图片，如下图所示。

06 选择完成后，单击【打开】按钮，完成头像的更改并返回至下图所示的窗口。

07 单击【创建密码】超链接，打开【为薛杨的账户创建一个密码】窗口，在【新密码】文本框中输入一个密码，在其下方的文本框中

再次输入密码进行确认，然后在【密码提示】文本框中输入相关提示信息(也可不设置)。

08 设置完成后，单击【创建密码】按钮，即可完成设置。

09 此时用户在开机时即可看到【薛杨】用户账户，单击账户的头像，输入正确的密码后按 Enter 键即可登录。

4. 删除用户账户

用户可以删除多余的账户，但是在删除账户之前，必须先登录到具有【管理员】类型的账户才能删除。

【例1-12】在 Windows 7 中删除【薛杨】用户账户。 视频

01 首先登录到管理员账户，并打开【用户账户】窗口。

02 单击【管理其他账户】超链接，打开

【管理账户】窗口。

03 单击【薛杨】账户的图标，打开【更改 薛杨 的账户】窗口。

04 单击【删除账户】超链接，打开【是否保留 薛杨 的文件？】窗口，用户可根据需要单击【删除文件】或【保留文件】按钮。

05 若单击【删除文件】按钮，随后会打开【确实要删除 薛杨 的账户吗？】窗口，单击【删除账户】按钮，完成账户的删除。

1.10 实战演练

本章主要介绍了电脑办公的基础知识，本次上机练习在任务栏中建立一个工具栏，以方便办公的需要。

【例1-13】新建工具栏，使该工具栏中包含【本地磁盘(D:)】和【本地磁盘(E:)】。 视频

01 在任务栏的空白处右击鼠标，在弹出

的快捷菜单中选择【工具栏】|【新建工具栏】命令。

02 在打开的【新工具栏-选择文件夹】对

电脑办公无师自通

话框中，单击展开【计算机】选项，然后选择【本地磁盘(D:)】选项。

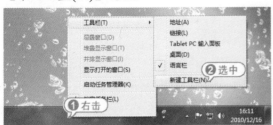

03 单击【选择文件夹】按钮，即可新建一个【本地磁盘(D:)】工具栏。

04 重复以上的步骤，在任务栏中再添加一个【本地磁盘(E:)】。

05 单击【本地磁盘(D:)】后面的 按钮，即可查看 D 盘根目录下的内容，鼠标指针悬停在带有箭头的文件夹上时，将会显示该文件夹中的内容。

06 若要取消新建的工具栏，用户只需在任务栏的空白处右击鼠标，在弹出的快捷菜单中单击取消相应的多选命令的选中状态即可。

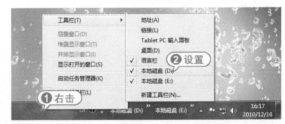

1.11 专家指点

一问一答

问：通知区域中的应用程序图标，如何让其直接显示在任务栏中？

答：在任务栏的通知区域会显示电脑中当前运行的某些程序的图标，例如 QQ、迅雷、瑞星杀毒软件等。Windows 7 操作系统为通知区域设置了一个小面板，程序的图标都存放在这个小面板中，为任务栏节省了大量的空间。另外用户还可自定义通知区域的图标的显示方式，以方便日常操作。单击通知区域的【显示隐藏的图标】按钮 ，打开通知区域面板，单击【自定义】链接，打开【通知区域图标】窗口。如果用户想要在通知区域重新显示 QQ 图标，可在 QQ 选项后方的下拉菜单中选择【显示图标和通知】选项即可。设置完成后，在通知区域将重新显示 QQ 的图标。

CHAPTER 01

第2章

良好习惯——合理的文件系统

　　电脑中的资源是以文件或文件夹的形式存储在电脑的硬盘中的。这些资源包括文字、图片、音乐、视频、游戏以及各种软件等。如果能建立一个合理的文件系统，将这些资源分门别类地存放起来，那么在查找资源时就方便快捷得多了。本章就来介绍文件和文件夹的基本操作方法。

2.1　认识文件和文件夹

电脑中的一切数据都是以文件的形式存放在电脑中的，而文件夹则是文件的集合。文件和文件夹是 Windows 操作系统中的两个重要的概念，本节就来认识什么是文件和文件夹。

2.1.1　什么是文件

文件是 Windows 中最基本的存储单位，它包含文本、图像及数值数据等信息。不同的信息种类保存在不同的文件类型中。Windows 中的任何文件都由文件名来标识的。文件名的格式为"文件名.扩展名"。通常，文件类型是用文件的扩展名来区分的，根据保存的信息和保存方式的不同，将文件分为不同的类型，并在电脑中以不同的图标显示。

例如，在下图所示的图片文件中，"海边"表示文件的名称；jpg 表示文件的扩展名，代表该文件是 jpg 格式的图片文件。

文件图标────→　　　　jpg 是文件的扩展名，
　　　　　　　　　　　表示文件的类型
文件名────→海边.jpg

Windows 文件的最大改进是使用长文件名，支持最长 255 个字符的长文件名，使文件名更容易识别，文件命名规则如下。

- 在文件或文件夹名字中，用户最多可使用 255 个字符。
- 用户可使用多个间隔符(.)的扩展名，例如 report.lj.oct98。
- 名字可以有空格但不能有字符\　/:* ?" < > | 等。
- Windows 保留文件名的大小写格式，但不能利用大小写区分文件名。例如，README.TXT 和 readme.txt 被认为是同一文件名字。
- 当搜索和显示文件时，用户可使用通配符(?和*)。其中，问号(?)代表一个任意字符，星号(*)代表一系列字符。

在 Windows 中常用的文件扩展名及其表示的文件类型如下表所示。

扩 展 名	文 件 类 型
AVI	视频文件
BAK	备份文件
BAT	批处理文件
BMP	位图文件
EXE	可执行文件
DAT	数据文件
DCX	传真文件
DLL	动态链接库
DOC	Word 文件
DRV	驱动程序文件
FON	字体文件
HLP	帮助文件
INF	信息文件
MID	乐器数字接口文件
MMF	mail 文件
RTF	文本格式文件
SCR	屏幕文件
TTF	TrueType 字体文件
TXT	文本文件
WAV	声音文件

2.1.2　什么是文件夹

为了便于管理文件，在 Windows 系列操作系统中引入了文件夹的概念。简单地说，文件夹就是文件的集合。如果电脑中的文件过多，则会显得杂乱无章，要想查找某个文件也不太方便，这时用户可将相似类型的文件整理起来，统一地放置在一个文件夹中，这样不仅可以方便用户查找文件，而且还能有效地管理好电脑中的资源。

文件夹的外观由文件夹图标和文件名组成，如下图所示。

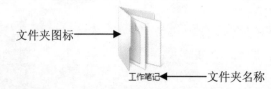

文件夹图标────→

工作笔记────→文件夹名称

2.1.3 文件与文件夹的关系

文件和文件夹都是存放在电脑的磁盘中的，文件夹中可以包含文件和子文件夹，子文件夹中又可以包含文件和子文件夹，依此类推，即可形成文件和文件夹的树形关系，如下图所示。

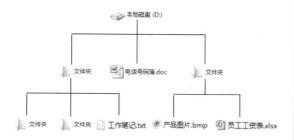

文件夹中可以包含多个文件和文件夹，也可以不包含任何文件和文件夹，不包含任何文件和文件夹的文件夹称为空文件夹。

2.1.4 文件与文件夹的路径

路径指的是文件或文件夹在电脑中存储的位置，当打开某个文件夹时，在地址栏中单击即可看到该文件夹的路径。

路径的结构一般包括磁盘名称、文件夹名称和文件名称，它们之间用"\"隔开，例如，在下图中，"画心.mp3"音乐文件的路径为"D:\我的音乐\画心.mp3"。

2.2 认识管理文件的场所

在 Windows 7 中要管理文件和文件夹就离不开【计算机】窗口、【资源管理器】窗口和用户文件夹窗口，它们是文件和文件夹管理的核心窗口。

2.2.1 【计算机】窗口

【计算机】窗口是管理文件和文件夹的主要场所，它的功能与 Windows XP 系统中的【我的电脑】窗口相似。在 Windows 7 中打开【计算机】窗口的方法有以下几种。

- 双击桌面上的【计算机】图标。
- 右击桌面上的【计算机】图标，选择【打开】命令。
- 单击【开始】按钮，选择【计算机】命令。

【计算机】窗口如右图所示，主要由两部分组成：导航窗格和工作区域。

- 导航窗格：导航窗格中以树形目录的形式列出了当前磁盘中包含的文件类型，其默认选中【计算机】选项，并显示该选项下的所有磁盘。单击磁盘左侧的三角形图标，可展开该磁盘，并显示其中的文件夹，单击某一

文件夹左侧的三角形图标，可展开该文件夹中的所有文件列表。

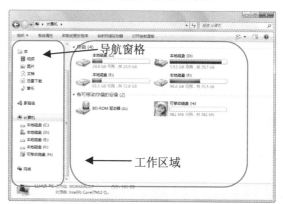

- 工作区域：工作区域一般分为【硬盘】和【有可移动存储的设备】两栏。其中【硬盘】栏中显示了电脑当前的所有磁盘分区，双击任意一个磁盘分区，可在打开的窗口中显示该磁盘分区下包含的文件和文件夹。再次双击

文件或文件夹图标,可打开应用程序的操作窗口或者该文件夹下的子文件和子文件夹。

在【有可移动存储的设备】栏中,显示当前电脑中连接的可移动存储设备,包括光驱和U盘等。

2.2.2 【资源管理器】窗口

Windows 7 的资源管理器功能十分强大,与以往 Windows 操作系统相比,在界面和功能上有了很大的改进,例如增加了"预览窗格"以及内容更加丰富的"详细信息栏"等。

专家解读

　　【资源管理器】窗口和【计算机】窗口类似,但是两者的打开方式不同,并且在打开后,两者左侧导航窗格中默认选择的选项也不同。【资源管理器】的导航窗格中默认选中的是【库】选项,其中包含了【视频】、【图片】、【文档】和【音乐】文件夹,并且每个文件夹中都包含了Windows 7自带的相应文件。另外用户也可单击导航窗格中的【计算机】选项,对文件进行管理。本节将针对【资源管理器】窗口进行详细的介绍,其内容同样适用于【计算机】窗口。

打开【资源管理器】窗口的方法主要有以下两种。

- 右击【开始】按钮,选择【打开 Windows资源管理器】命令。
- 单击任务栏快速启动区中的【Windows资源管理器】图标。

工具栏　　地址栏　　　　搜索框

导航窗格

详细信息栏

Windows 7 全新的资源管理器主要由导航窗格、地址栏、搜索框、工具栏和详细信息栏等几部分组成。

另外,用户单击资源管理器右上角的【显示预览窗格】按钮,可打开【预览窗格】。

1. 别致的任务栏

Windows 7 默认的地址栏用【按钮】的形式取代了传统的纯文本方式,并且在地址栏的周围取消了【向上】按钮,而仅有【前进】和【后退】按钮。

按钮形式的地址栏的好处是,用户可以轻松地实现跨越性目录跳转和并行目录快速切换,这就是 Windows 7 中取消【向上】按钮的原因。下面以具体实例说明新地址栏的用法。

【例 2-1】在 Windows 7 中通过地址栏访问系统中的资源。　　视频

01 在桌面上双击【计算机】图标,打开【计算机】窗口。

02 双击【本地磁盘(D:)】图标,进入到 D盘界面。

03 双击【壁纸】图标,查看【壁纸】文

件夹的内容。

04 当前文件夹的目录为【D:\壁纸】，在地址栏中共有 3 个按钮，分别是【计算机】、【本地磁盘(D:)】和【壁纸】。

05 用户若要返回 D 盘的根目录，只需按下 按钮即可，若要返回【计算机】界面可直接单击【计算机】按钮，即可实现跨越式跳转。

06 若要直接进入 C 盘的根目录，可单击【计算机】按钮右边的三角形按钮，在弹出的下拉菜单中选择【本地磁盘(C:)】即可。

2. 便捷的搜索框

在 Windows 7 中，搜索框遍布资源管理器的各种视图的右上角，当用户需要查找某个文件时，无须像在 Windows XP 中那样要先打开搜索面板，直接在搜索框中输入要查找的内容即可。

【例 2-2】在 Windows 7 中使用搜索框搜索与"报表"相关的文件或文件夹。 视频

01 打开资源管理器，在导航窗格中单击【计算机】选项，然后在搜索框中输入"报表"。

02 输入完成后，用户无须其他操作，系统即可自动搜索出与"报表"相关的文件和文件夹，搜索结果中数据名称与搜索关键词匹配的部分会以黄色高亮显示。

3. 变化的工具栏

工具栏位于地址栏的下方，当用户打开不同的窗口或选择不同类型的文件时，工具栏中的按钮也会有所变化，但是其中有 3 项始终不变，分别是【组织】按钮、【视图】按钮和【显示预览窗格】按钮。

通过【组织】按钮，用户可完成对文件和文件夹的许多常用操作，例如剪切、复制、粘贴和删除等。

通过【视图】按钮，用户可调整文件和文件夹的显示方式。

通过单击【显示预览窗格】按钮，可打开或关闭【预览窗格】。

另外，工具栏中除了上述通用的按钮外，当选中不同类型的文件或文件夹时，会出现一些对应的功能按钮，例如【刻录】、【包含到库中】、【播放幻灯片】等。

专家解读

Windows 7 在资源管理器中新增了一个预览窗格，用户可通过该窗格方便地对某些文件进行预览。

预览窗格

4. 强大的导航窗格

相对于 Windows XP 的资源管理器来说，Windows 7 资源管理器中的导航窗格功能更加强大和实用。其中增加了【收藏夹】、【库】、【家庭组】和【网络】等节点，用户可通过这些节点快速地切换到需要跳转的目录。

其中比较值得一提的功能是【收藏夹】节点，它允许用户将常用的文件夹以链接的形式加入到此节点，用户可通过它快速地访问常用的文件夹。

【收藏夹节点】中默认有【下载】、【桌面】和【最近访问的位置】几个目录，用户可根据需要将不同的文件夹加入到相应的目录中。

【例 2-3】将 E 盘中的【工作笔记】文件夹加入到【收藏夹】节点中。 视频

01 打开资源管理器，双击【本地磁盘

(E:)】图标，进入到 E 盘目录。

02 拖动【工作笔记】文件夹图标到【收藏夹】节点中，即可将【工作笔记】文件夹以链接的形式加入到【收藏夹】节点中。

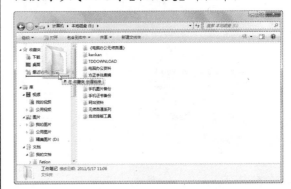

03 单击【收藏夹】节点中的【工作笔记】链接，即可查看【工作笔记】文件夹中的内容。

5. 详细信息栏

Windows 7 的详细信息栏可以看作是 Windows XP 系统中状态栏的升级版，它能够为用户提供更为丰富的文件信息。

通过详细信息栏，用户还可直接修改文件的各种附加信息并添加标记，非常方便。

2.2.3 用户文件夹窗口

在 Windows 7 操作系统中，每一个用户账户都有对应的文件夹窗口，其打开方法有如下几种。

- 当桌面上显示了用户文件夹图标后，双击当前用户名命名的文件夹图标。
- 单击【开始】按钮，选择【开始】菜单右上角的当前用户名命名的命令。

打开用户文件夹窗口后，默认显示的是

【收藏夹】中的内容。单击导航窗格中的【库】和【计算机】选项，将会切换到相应的【资源管理器】窗口或【计算机】窗口。

2.3 管理文件和文件夹

要想把电脑中的资源管理得井然有序，首先要掌握文件和文件夹的基本操作方法。文件和文件夹的基本操作主要包括新建文件和文件夹、文件和文件夹的选定、重命名、移动、复制、删除和排序等。

2.3.1 创建文件和文件夹

在使用应用程序编辑文件时，通常需要新建文件，例如用户需要编辑文本文件，可以在要创建文件的窗口中右击鼠标，在弹出的快捷菜单中选择【新建】|【文本文档】命令，即可新建一个【记事本】文件。

要创建文件夹，用户可在想要创建文件夹的地方直接右击鼠标，然后在弹出的快捷菜单中选择【新建】|【文件夹】命令即可。

【例 2-4】在 D 盘根目录下创建一个名为【我的资料】的文件夹，并在该文件夹中创建一个名为【日常计划表】的文本文档。📹视频

01 打开资源管理器，双击【本地磁盘(D:)】图标，进入到 D 盘目录。

02 在 D 盘的空白处右击鼠标，在弹出的快捷菜单中选择【新建】|【文件夹】命令。

03 此时在 D 盘中即可新建一个文件夹，并且该文件夹的名称以高亮状态显示。直接输入文件夹的名称"我的资料"，然后按 Enter

键即可完成文件夹的新建和重命名。

04 双击进入该文件夹，然后在空白处右击鼠标，在弹出的快捷菜单中选择【新建】|【文本文档】命令，新建一个文本文档。

05 此时该文本文档的名称以高亮状态显示。直接输入文件的名称"日常计划表"，然

后按 Enter 键即可完成文本文档的创建。

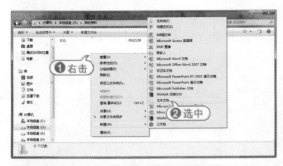

2.3.2 选择文件和文件夹

要对文件或文件夹进行操作，首先要选定文件或文件夹。为了便于用户快速选择文件和文件夹，Windows 系统提供了多种文件和文件夹的选择方法。

- 选择一个文件或者文件夹：直接用鼠标单击要选定的文件或文件夹即可。
- 选择文件夹窗口中的所有文件和文件夹：选择【组织】|【全选】命令或者按 Ctrl+A 组合键。这样系统会自动将所有非隐藏属性的文件与文件夹选定。

- 选择某一区域的文件和文件夹：可以在按住鼠标左键不放的同时进行拖拉操作来完成选择。

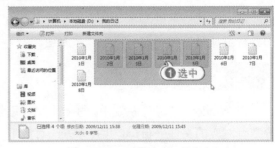

- 选择文件夹窗口中多个不连续的文件和文件夹：按住 Ctrl 键，然后单击要选择的文件和文件夹。

- 选择图标排列连续的多个文件和文件夹：可先按下 Shift 键，并单击第一个文件或文件夹图标，然后单击最后一个文件或文件夹图标即可选定它们之间的所有文件或文件夹。另外，用户还可以使用 Shift 键配合键盘上的方向键来选定。

2.3.3 重命名文件和文件夹

在 Windows 中，允许用户根据实际需要更改文件和文件夹的名称，以方便对文件和文件夹进行统一的管理。

【例 2-5】将 D 盘中的【通知】文件夹重新命名为【放假通知】。 视频

01 打开资源管理器，双击【本地磁盘(D:)】图标，进入到 D 盘目录。

CHAPTER 02

⓶ 右击【通知】文件夹，在弹出的快捷菜单中选择【重命名】命令。

⓷ 此时【通知】文件夹的名称以高亮状态显示。直接输入新的文件夹名称"放假通知"，然后按 Enter 键即可完成对文件夹的重命名。

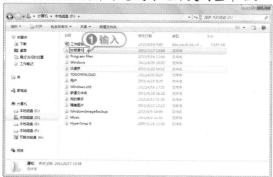

经验谈

在重命名文件或文件夹时需要注意的是，如果文件已经被打开或正在被使用，则不能被重命名；不要对系统中自带的文件或文件夹以及其他程序安装时所创建的文件或文件夹重命名，否则有可能引起系统或其他程序的运行错误。

2.3.4 复制文件和文件夹

复制文件和文件夹是为了将一些比较重要的文件和文件夹加以备份，也就是将文件或文件夹复制一份到硬盘的其他位置上，使文件或文件夹更加安全，以免发生意外的丢失情况，而造成不必要的损失。

【例 2-6】将桌面上的【合同】文档备份至 D 盘【重要资料】文件夹中。📹视频

⓵ 右击【合同】文档，在弹出的快捷菜单中选择【复制】命令。

⓶ 双击桌面上的【计算机】图标，打开计算机窗口，然后双击【本地磁盘(D:)】进入到 D 盘根目录。

⓷ 双击【重要文件】文件夹，在打开的【重要文件】窗口的空白处右击鼠标，在弹出的快捷菜单中选择【粘贴】命令。

⓸ 此时【合同】文档已经被备份到 D 盘【重要文件】文件夹中。

2.3.5 移动文件和文件夹

在 Windows 中，用户可以使用鼠标拖动的方法，或菜单中的【剪切】和【粘贴】命令，

对文件或文件夹进行移动操作。注意，这里所说的移动不是指改变文件或文件夹的摆放位置，而是指改变文件或文件夹的存储路径。

【例2-7】将桌面上的【合同】文档移动至D盘【重要文件】文件夹中。🎬视频

01 右击【合同】文档，在弹出的快捷菜单中选择【剪切】命令。

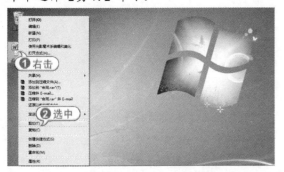

02 打开资源管理器，并进入到【重要文件】文件夹中，在空白处右击鼠标，在弹出的快捷菜单中选择【粘贴】命令。

03 此时【合同】文档已经被移动到D盘【重要资料】文件夹中。原桌面上的【合同】文档将消失。

经验谈

在复制或移动文件时，如果目标位置有相同类型并且名字相同的文件，系统会发出提示，用户可在弹出的对话框中选择覆盖同名文件、不移动文件或者是保留两个文件。

另外，用户还可以使用鼠标拖动的方法，移动文件或文件夹。例如，用户可将D盘【员工信息表】文档拖动至【员工资料】文件夹中，如下图所示。

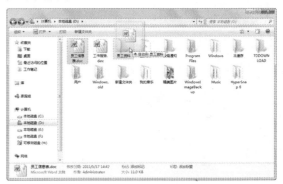

要在不同的磁盘之间或文件夹之间执行拖动操作，可同时打开两个窗口，然后将文件从一个窗口拖动至另一个窗口。例如用户可直接将桌面上的【合同】文档拖动至D盘【重要资料】文件夹中。

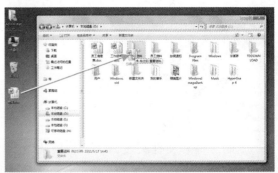

将文件和文件夹在不同磁盘分区之间进行拖动时，Windows的默认操作是复制。在同一分区中拖动时，Windows的默认操作是移动。如果要在同一分区中从一个文件夹复制对象到另一个文件夹，必须在拖动时按住Ctrl

键，否则将会移动文件。同样，若要在不同的磁盘分区之间移动文件，必须要在拖动的同时按下 Shift 键。

2.3.6 删除文件和文件夹

为了保持计算机中文件系统的整洁、有条理，同时也为了节省磁盘空间，用户经常需要删除一些已经没有用的或损坏的文件和文件夹。要删除文件或文件夹，可以执行下列操作之一。

- 用鼠标右击要删除的文件或文件夹(可以是选中的多个文件或文件夹)，然后在弹出的快捷菜单中选择【删除】命令。
- 在【Windows 资源管理器】中选中要删除的文件或文件夹，然后选择【组织】|【删除】命令。
- 选中想要删除的文件或文件夹，然后

按键盘上的 Delete 键。

- 用鼠标将要删除的文件或文件夹直接拖动到桌面的【回收站】图标上。

经验谈

需要注意的是，正在使用的文件或文件夹，系统不允许对其进行删除操作，若要删除这些文件和文件夹，应先将其关闭。

专家解读

按以上方式执行删除操作后，文件或文件夹并没有被彻底删除，而是放在了回收站中，若误删了某些文件或文件夹，可在回收站中将其恢复。若想彻底删除这些文件，可清空回收站，回收站清空后，这些文件将不可用一般的方法恢复。

2.4 查看文件和文件夹

通过 Windows 7 操作系统的资源管理器来查看电脑中的文件和文件夹，在查看的过程中可以更改文件和文件夹的显示方式与排列方式，以满足用户的不同需求。

2.4.1 文件和文件夹的显示方式

在【资源管理器】窗口中查看文件或文件夹时，系统提供了多种文件和文件夹的显示方式，用户可单击工具栏中的 图标，在弹出的快捷菜单中有 8 种排列方式可供选择。下面就以其中常用的几种进行简单介绍。

1. 【超大图标】、【大图标】和【中等图标】方式

【超大图标】、【大图标】和【中等图标】

这 3 种方式类似于 Windows XP 中的【缩略图】显示方式。它们将文件夹中所包含的图像文件显示在文件夹图标上，以方便用户快速识别文件夹中的内容。这 3 种排列方式的区别只是图标大小的不同，如下图所示为【大图标】显示方式。

2. 【小图标】方式

【小图标】方式类似于 Windows XP 中的【图标】方式，以图标形式显示文件和文件夹。并在图标的右侧显示文件或文件夹的名称、类型和大小等信息，如下图所示。

3.【列表】方式

【列表】方式下，文件或文件夹以列表的方式显示，文件夹的顺序按纵向方式排列，文件或文件夹的名称显示在图标的右侧。

4.【详细信息】方式

【详细信息】方式下文件或文件夹整体以列表形式显示，除了显示文件图标和名称外还显示文件的类型、修改日期等相关信息。

5.【平铺】方式

【平铺】类似于【中等图标】显示方式，只是比【中等图标】显示更多的文件信息。文件和文件夹的名称显示在图标的右侧。

6.【内容】方式

【内容】显示方式是【详细信息】显示方式的增强版，文件和文件夹将以缩略图的方式显示，如下图所示。

2.4.2 文件和文件夹的排序

在 Windows 中，用户可方便地对文件或文件夹进行排序，例如按【名称】排序、按【修改日期】排序、按【类型】排序和按【大小】排序等。具体排序方法是在【资源管理器】窗口的空白处右击鼠标，在弹出的快捷菜单中，选择【排序方式】子菜单中的某个选项即可实现对文件和文件夹的排序。

【例 2-8】将 E 盘中的文件和文件夹按照修改时间递增的方式进行排序。 视频

01 打开资源管理器，然后双击【本地磁盘(E:)】图标，进入到 E 盘的根目录。

02 在 E 盘的空白处右击鼠标，在弹出的快捷菜单中选择【排序方式】|【修改日期】选项，如下图所示。

03 按照同样的方法选择【排序方式】|【递增】命令，即可将 E 盘中的文件和文件夹按照修改时间递增的方式进行排序。

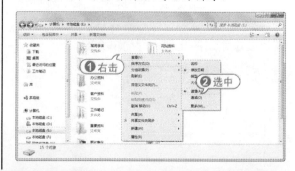

2.5　保护文件和文件夹

对于电脑中比较重要的文件，例如系统文件、用户自己的密码文件、用户的个人资料等，如果用户不想让别人看到并更改这些文件，可以将它们隐藏起来，等到需要时再将它们显示。

2.5.1 隐藏文件和文件夹

Windows 7 为文件和文件夹提供了 2 种属性，即只读和隐藏，它们的含义如下。

- 只读：用户只能对文件或文件夹的内容进行查看而不能进行修改。
- 隐藏：在默认设置下，设置为隐藏属性的文件或文件夹将不可见。

当用户采用隐藏功能将文件或文件夹隐藏起来后，默认情况下被隐藏的文件或文件夹将不再显示在文件夹窗口中，从一定程度上保护了这些文件资源的安全。

【例 2-9】将 E 盘的【客户资料】文件夹设置为隐藏属性。 视频

01 打开资源管理器，然后双击【本地磁盘(E:)】图标，进入到 E 盘的根目录。

02 右击【客户资料】文件夹，在弹出的快捷菜单中选择【属性】命令。

03 在打开的【客户资料 属性】对话框的【常规】选项卡中，选中【隐藏】复选框，然后单击【确定】按钮。

04 在弹出的【确认属性更改】对话框中，选中【将更改应用于此文件夹、子文件夹和文件】单选按钮，然后单击【确定】按钮，即可完成属性的更改。

2.5.2 显示隐藏的文件和文件夹

文件和文件夹被隐藏后，如果想再次访问它们，那么可以在 Windows 7 系统中开启查看隐藏文件功能。

【例 2-10】显示隐藏文件和文件夹。 视频

01 打开资源管理器，选择【组织】|【文件夹和搜索选项】命令，打开【文件夹选项】对话框。

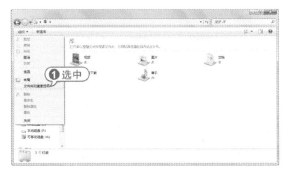

02 切换至【查看】选项卡，在【高级设置】列表中选中【显示隐藏的文件、文件夹和驱动器】单选按钮。

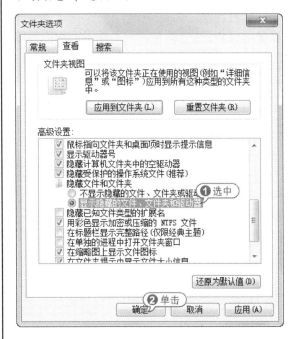

电脑办公无师自通

03 单击【确定】按钮，完成显示隐藏文件和文件夹的设置。双击打开【本地磁盘(E:)】窗口，此时用户即可看到已被隐藏的文件或文件夹。

另外，用户在【控制面板】窗口中单击【文件夹选项】图标，也可打开【文件夹选项】对话框。在该对话框中进行的设置默认情况下将应用到所有文件和文件夹中。

2.6 使用回收站

回收站是 Windows 7 系统用来存储被删除文件的场所。在管理文件和文件夹过程中，系统将被删除的文件自动移动到回收站中，可以根据需要，选择将回收站中的文件彻底删除或者恢复到原来的位置，这样可以保证数据的安全性和可恢复性，避免因误操作而带来的麻烦。

2.6.1 在回收站中还原文件

从回收站中还原文件有两种方法，一种是右击准备还原的文件，在弹出的快捷菜单中选择【还原】命令，即可将该文件还原到被删除之前文件所在的位置。另一种是直接使用回收站窗口中的菜单命令还原文件。

【例2-11】在回收站中还原文件。 视频

01 双击桌面上的【回收站】图标，打开【回收站】窗口。

02 右击【回收站】中要还原的文件，在弹出的快捷菜单中选择【还原】命令，即可将该文件还原到删除前的位置。

03 另外，选中要还原的文件后，单击【还原此项目】按钮，也可将文件还原。

2.6.2 清空回收站

如果回收站中的文件太多，会占用大量的磁盘空间，这时可以将回收站清空，以释放磁盘空间。

【例2-12】清空回收站。 视频

01 右击桌面上的【回收站】图标，在弹出的快捷菜单中选择【清空回收站】命令。

02 另外用户还可打开【回收站】，通过单击【清空回收站】按钮，来清空回收站。

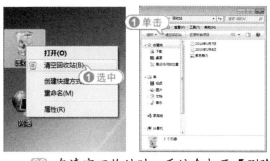

[03] 在清空回收站时，系统会打开【删除多个项目】对话框，单击【是】按钮，即可完成删除操作。

2.6.3 在回收站中删除文件

在回收站中，不仅可以清空所有的内容，

还可以删除某个文件或部分文件。

要删除某个文件，只需右击该文件，然后选择【删除】命令。此时，系统会弹出【删除文件】对话框，单击【是】按钮，即可将文件删除。

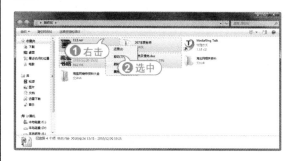

2.7 文件资源管理的实用技巧

文件资源管理是一件细致的工作，在管理文件资源的过程中，如果能掌握和运用一些实用的技巧，必然能够达到事半功倍的效果。

2.7.1 恢复资源管理器的菜单栏

对于很多熟悉 Windows XP 操作系统的用户来说，系统中的很多文件夹操作都可以通过菜单完成，Windows 7 系统的资源管理器中默认不显示菜单栏，使操作很不方便。其实用户可通过以下方式来重新显示菜单栏。

【例 2-13】在 Windows 7 的资源管理器中显示菜单栏。 视频

[01] 打开资源管理器，然后选择【组织】|【布局】|【菜单栏】选项。

[02] 此时即可在资源管理器中重新显示菜单栏，如下图所示。

[03] 若要隐藏菜单栏，只需再次选择【组织】|【布局】|【菜单栏】选项即可。

2.7.2 使用 Windows 7 的库

在 Windows 7 中新引入了一个库的概念，它具有强大的功能，运用它可以大大提高用户使用电脑的方便程度，它被称为是 "Windows 资源管理器的革命"。

简单地讲，Windows7 文件库可以将用户需要的文件和文件夹全部集中到一起，就像是网页收藏夹一样，只要单击库中的链接，就能快速打开添加到库中的文件夹(不管这些文件夹原来深藏在本地电脑或局域网当中的哪个位置)。另外，库中的链接会随着原始文件夹的变化而自动更新，并且可以以同名的形式存在于文件库中。

在默认情况下，Windows 7 系统取消了快速启动栏，【库】文件夹(也称为是【资源管理器】按钮)显示在任务栏左侧的位置。这样方便用户快速启动【库】。在各个文件夹或计算机窗口的左侧任务窗格中也可以快速启动【库】或【库】文件夹。另外，在保存文件的时候，也可以清楚看到保存到【库】的选项。可以说，在 Windows7 中，【库】无处不在。

另外，如果用户觉得系统默认提供的库目录还不够使用，还可以新建库目录，下面通过一个具体实例来介绍如何新建库。

【例 2-14】新建一个【常用文件】库。

01 单击任务栏中的【库】按钮，打开【库】窗口，在空白处右击鼠标，在弹出的快捷菜单

中选择【新建】|【库】命令。

02 此时，在【库】窗口中即可自动出现一个名为【新建库】的库图标，并且其名称处于可编辑状态。

03 直接输入新库的名称"常用文件"，然后按下 Enter 键，即可新建一个库，此时在左侧的导航窗格中也会显示【常用文件】选项。

2.8 实战演练

本章主要介绍了文件资源管理的基础知识，包括认识文件和文件夹、管理文件的主要窗口、文件和文件夹的基本操作和管理文件和文件夹等知识，本次实战演练通过一个具体实例来使读者巩固本章所学习的内容。

本次实战演练要求用户建立一个实用的办公文件体系结构，包括硬盘的重命名和文件夹的创建等。

【例 2-15】为电脑中的磁盘分区重新命名，并且在各个分区中建立分类文件夹。

01 在桌面上双击【计算机】图标，打开【计算机】窗口，然后右击【本地磁盘(D:)】图标，在弹出的快捷菜单中选择【重命名】命

令，如下图所示。

02 当【本地磁盘(D:)】的图标名称变为可编辑状态时，将其名称修改为【日常工作】，如下图所示。

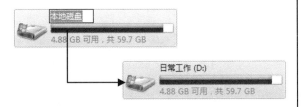

03 使用同样的方法将【本地磁盘(E:)】的图标名称修改为【财务往来】，将【本地磁盘(F:)】的图标名称修改为【客户信息】，修改后的效果如下图所示。

04 双击 D 盘图标，打开 D 盘窗口，在该窗口的空白处右击鼠标，然后在弹出的快捷菜单中选择【新建】|【文件夹】命令。

05 随后，用户即可看到新建的文件夹，且该文件夹的名称处于选定状态。直接用键盘输入"员工资料"，然后按下 Enter 键完成对文件夹的命名。

06 使用同样的方法，用户可在其他磁盘的根目录下创建多个分类文件夹，并将这些文件夹重新命名。最终创建的文件结构的树形目录如下。

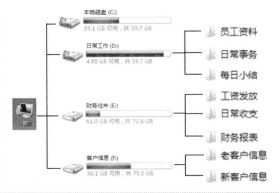

2.9 专家指点

一问一答

问：有些经常使用的存放重要资料的文件夹，想将其放在桌面上以方便使用，但是又怕在系统崩溃，重装系统时造成文件丢失，有没有好的解决办法？

答：用户可为该文件夹创建一个快捷方式，然后将该快捷方式放置在桌面上。具体操作方法是首先打开该文件夹所在的磁盘目录，然后右击该文件夹图标，在弹出的快捷菜单中选择【发送到】|【桌面快捷方式】命令，随后用户可在桌面上看到该文件夹的快捷方式，此时用户若要打开该

文件夹，只需在桌面上双击该快捷方式图标即可。

一问一答

问： 在【资源管理器】窗口中，如何在新窗口中打开文件夹？

答： 打开【资源管理器】窗口，选择【组织】|【文件夹和搜索选项】命令，打开【文件夹选项】对话框，在【常规】选项卡的【浏览文件夹】区域选中【在不同窗口中打开不同的文件夹】单选按钮，然后单击【确定】按钮，完成设置。此时当用户在【资源管理器】中打开一个文件夹时，将会在一个新窗口中打开。

一问一答

问： 如何给文件夹加密？

答： 要对文件夹进行加密，可以使用【文件夹加密超级大师】，它是一款专业的文件及文件夹加密软件，可以加密任何文件，并采用独特的加密算法，使被加密的文件难以破解。启动【文件夹加密超级大师】应用程序，单击工具栏上的【文件加密】按钮，打开【浏览文件夹】对话框，选择要加密的文件，然后单击【确定】按钮。打开【加密文件夹】对话框，输入加密密码，在【加密类型】中选择【金钻加密】，然后单击【加密】按钮。即可实现文件夹加密。

第3章

办公软硬件一点通

电脑办公最常用的软件就是 Office 系列办公软件，目前其最新版本为 Office 2010。另外，使用电脑办公时通常需要搭配一些外设，例如使用打印机可以打印文档或图表，使用扫描仪可以扫描图片，使用 U 盘或移动硬盘可将办公文件随身携带等。本章就对这些软硬件做一简要介绍。

对应光盘视频　　　例 3-1　安装 Office 2010　　　　　例 3-3　删除输入法
　　　　　　　　　例 3-2　添加输入法

3.1 初识电脑办公软件

传统的办公中用到的最重要的辅助工具就是纸、笔、计算器等，而在电脑办公中这些工具将在一定程度上被办公软件所取代。例如使用 Word 可以书写文档、利用 Excel 可以统计数据等。另外由于行业的差异，各个行业用到的办公软件也可能不同，但在日常事务处理中，最常用到的软件当属 Office 软件、播放软件、通信软件和网页浏览软件等几大类。

3.1.1 办公人员常用软件

在日常办公中，最常用到的软件主要有以下几类。

1. Office 软件

Office 2010 是 Microsoft 公司推出的继 Office 2003 和 Office 2007 之后最新的办公软件。其界面清爽，操作方便，并且集成了 Word、Excel、PowerPoint 等多种常用办公软件，是办公人员必备的好帮手。

2. 播放软件

播放软件主要用来播放电脑中的音频或视频文件。Windows 7 自带了 Media Player 12 播放软件，可以播放 MP3、ASF、WAV 和 AVI 等多种格式的音频和视频文件。另外常用的音频播放软件还有千千静听等，常用的视频播放软件有暴风影音等。

3. 网页浏览软件

网页浏览软件主要帮助办公人员通过 Internet 浏览和查找信息。目前最常用的网页浏览软件是微软公司出品的 IE 浏览器，其 IE 8.0 版本已集成在 Windows 7 操作系统中。

4. 即时通信软件

即时通信软件主要用来在网上进行沟通和交流。目前常用的即时通信软件有 QQ 和 MSN 等。另外在通信领域，电子邮件也起着举足轻重的作用。

3.1.2 获取办公软件的途径

在实际办公应用中，除了 Media Player 和 IE 浏览器是操作系统自带的外，用户要使用其他的办公软件需要首先获取这些软件的安装程序。具体的获取方法有如下几种。

- 购买光盘：从相应的应用软件销售商那里购买安装光盘。
- 网络下载：大多数软件直接从网上下载后就能够使用，而有些软件需要购买激活码或注册才能够使用。
- 复制：通过其他已有该软件的电脑进行复制。

3.2 Office 2010 快速入门

要想使用 Office 2010 先要对其有个大致的了解，本节来介绍如何安装 Office 2010 并对其常用组件做一简要介绍。

3.2.1 安装 Office 2010

安装程序一般都有特殊的名称，其后缀名一般为.exe，名称一般为 Setup 或 Install，这就是安装文件了，双击该文件，即可启动应用软件的安装程序，然后按照提示逐步进行操作就可以安装了。

【例 3-1】在 Windows 7 系统中安装办公软件 Office 2010。 视频

01 首先用户应获取 Microsoft Office 2010 的安装光盘或者安装包，然后找到安装程序(一般来说，软件安装程序的文件名为 Set up.exe)。

02 双击此安装程序，系统弹出【用户账户控制】对话框。

03 单击【是】按钮，系统开始初始化软件的安装程序。

04 如果系统中安装有旧版本的 Office 软件，稍候片刻，系统弹出【选择所需的安装】对话框，用户可在该对话框中选择安装方式。

05 本例选择【自定义】安装方式，单击【自定义】按钮，在【升级】选项卡中，用户可选择是否保留前期版本。本例选择【保留所有早期版本】单选按钮，如下图所示。

06 切换至【安装选项】选项卡，用户可选择关闭不需要安装的文件，如下图所示。

07 切换至【文件位置】选项卡，单击【浏览】按钮，可设置文件安装的位置。

08 切换至【用户信息】选项卡，在该选项卡中可设置用户的相关信息。

09 设置完成后，单击【立即安装】按钮，系统即可按照用户的设置开始安装 Office 2010，并显示安装进度和安装信息。

10 安装完成后，系统自动打开安装完成的对话框，单击【关闭】按钮，系统提示用户需重启系统才能完成安装，单击【是】按钮，重启系统后，完成 Office 2010 的安装。

11 Office 2010 成功安装后，在【开始】菜单和桌面上都将自动添加相应程序的快捷方式，以方便用户使用。

3.2.2 Office 2010 各组件的功能

Office 2010 组件主要包括 Word、Excel、PowerPoint、Access 等，它们可分别帮助用户完成文档处理、数据处理、制作演示文稿、管理数据库等功能。

- Word 2010：它是专业的文档处理软件，能够帮助用户快速地完成报告、合同等文档的编写。其强大的图文混排功能，能够帮助用户制作图文并茂且效果精美的文档。

- Excel 2010：它是专业的数据处理软件，通过它用户可方便地对数据进行处理，包括数据的排序、筛选和分类汇总等，是办公人员进行财务处理和数据统计的好帮手。

- PowerPoint 2010：它是专业的演示文稿制作软件，它能够集文字、声音和动画于一体制作生动形象的多媒体演示文稿，例如方案、策划、会议报告等。

- Access 2010：它是专业的数据库管理软件，可对工作中用到的数据库进行创建和编辑，例如人事管理系统、网站后台数据库系统等。

3.2.3 启动 Office 2010 软件

认识了 Office 2010 的各个组件后，就可以根据不同的需要选择启动不同的软件来完成工作了。启动 Office 2010 中的组件可采用多种不同的方法，下面分别进行简要介绍。

- 通过开始菜单启动：单击【开始】按钮，选择【所有程序】|Microsoft Office |Microsoft Office Word 2010 命令，可启动 Word 2010，同理也可启动其他组件。

- 双击快捷方式启动：通常软件安装完成后会在桌面上建立快捷方式图标，双击这些图标即可启动相应的组件。

通过【计算机】窗口启动：如果清楚地知道软件在电脑中安装的位置，可打开【计算机】窗口，找到安装目录，然后双击可执行文件启动。

通过已有的文件启动：如果电脑中已经存在已经保存的文件，可双击这些文件启动相应的组件。例如双击Word 文档文件可打开文件并同时启动 Word 2010，双击 Excel 工作簿可打开工作簿并同时启动 Excel 2010。

3.2.4 Office 2010 组件工作界面

Office 2010 中各个组件的工作界面大致相同，本书主要介绍 Word、Excel 和 PowerPoint 这 3 个组件，下面以 Word 2010 为例来介绍它们的共性界面。

选择【开始】|【所有程序】| Microsoft Office | Microsoft Office Word 2010 命令，启动 Word 2010。

用户可看到下图所示的工作界面，主要由标题栏、快速访问工具栏、功能区、导航窗格、工作区域和状态与视图栏组成。

1. 标题栏

标题栏位于窗口的顶端，用于显示当前正在运行的程序名及文件名等信息。标题栏最右端有 3 个按钮，分别用来控制窗口的最小化、最大化和关闭应用程序。

我的调查报告.doc [兼容模式] - Microsoft Word

2. 快速访问工具栏

快速访问工具栏中包含最常用操作的快捷按钮，方便用户使用。在默认状态中，快速访问工具栏中包含 3 个快捷按钮，分别为【保存】按钮、【撤销】按钮和【恢复】按钮。

3. 功能区

在 Office 2010 中，功能区是完成 Office 各种操作的主要区域。在默认状态下，功能区主要包含【文件】、【开始】、【插入】等多个选项卡，其大多数功能都集中在这些选项卡中。

4. 导航窗格

在 Word 中导航窗格主要显示文档的标题级文字，以方便用户快速查看文档，单击其中的标题，即可快速跳转到相应的位置。在 PowerPoint 2010 中导航窗格主要显示幻灯片的缩略图。

5. 工作区域

在 Word 2010 中工作区域就是输入文本、添加图形、图像以及编辑文档的区域，用户对文本进行的操作结果都将显示在该区域。在 Excel 2010 中，工作区域主要用来处理数据。在 PowerPoint 2010 中，工作区域主要用来处理幻灯片中的内容。

6. 状态与视图栏

在 Word 2010 中，状态栏和视图栏位于 Word 窗口的底部，显示了当前文档的信息，如当前显示的文档是第几页、第几节和当前文档的字数等。在状态栏中还可以显示一些特定命令的工作状态，如录制宏、当前使用的语言等，当这些命令的按钮为高亮时，表示目前正处于工作状态，若变为灰色，则表示未在工作状态下，用户还可以通过双击这些按钮来设定

对应的工作状态。另外，在视图栏中通过拖动【显示比例滑杆】中的滑块，可以直观地改变文档编辑区的大小。在 Excel 2010 和 PowerPoint 2010 中，状态与视图栏也同样显示当前编辑内容的相关信息。

件的方法通常有以下几种。

- 单击 Word 2010 窗口右上角的【关闭】按钮 ❌。
- 右击标题栏，在弹出的快捷菜单中选择【关闭】命令。
- 双击任务栏左侧的 ⬜ 按钮。
- 单击【文件】按钮，在打开的界面中选择【关闭】命令关闭当前文档，选择【退出】命令，关闭当前文档并退出 Word 2010 程序。

3.2.5 退出 Office 2010 组件

使用 Office 2010 组件完成工作后，就可以退出这些软件了。以 Word 2010 为例，退出软

3.3 输入法简介

使用电脑办公时，不免要输入文字，这就要用到输入法，本节来介绍常见的输入法以及如何添加和删除输入法。

3.3.1 常用汉字输入法简介

常用的汉字输入法总体上来说可以分为两大类：拼音输入法和五笔字型输入法。

1. 拼音输入法

拼音输入法：拼音输入法是以汉语拼音为基础的输入法，用户只要会用汉语拼音，就可以使用拼音输入法轻松地输入汉字。

目前常见的拼音输入法有：智能 ABC 输入法、微软拼音输入法、搜狗拼音输入法等。

pin'yin'shu'ru'fa　　　ⓘ 工具箱(分号)
1.拼音输入法 2.拼音 3.品 4.拼 5.频 ◀ ▶

2. 五笔字型输入法

五笔字型输入法：五笔字型输入法是一种以汉字的构字结构为基础的输入法。它将汉字拆分成为一些基本结构，并称其为"字根"，每个字根都与键盘上的某个字母键相对应。要在电脑上输入汉字，就要先找到构成这个汉字的基本字根，然后按下相应的按键，即可输入。

常见的五笔字型输入法有：智能五笔输入法、万能五笔输入法和极品五笔输入法等。

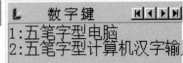

3. 两种输入法的比较

拼音输入法上手容易，只要会用汉语拼音，就能使用拼音输入法输入汉字。但是由于汉字的同音字比较多，因此使用拼音输入法输入汉字时，重码率会比较高。

五笔字型输入法是根据汉字结构来输入的，因此重码率比较低，输入汉字比较快。但是要想熟练地使用五笔字型输入法，必须要花大量的时间来记忆繁琐的字根和键位分布，还要学习汉字的拆分方法，因此该种输入法一般为专业打字工作者使用，不太适合新手使用。

读者若要学习五笔字型输入法，可参考本系列丛书《五笔打字与文档处理无师自通》。

3.3.2 添加一种输入法

中文版 Windows 7 操作系统自带了几种输入法供用户使用，如果用户想要使用其他类型的输入法，可使用添加输入法的功能，将该输入法添加到输入法循环列表中。

【例 3-2】在输入法循环列表中添加【简体中文全拼】输入法。 视频

01 在任务栏的语言栏上右击鼠标，在弹出的快捷菜单中选择【设置】命令。

02 打开【文字服务和输入语言】对话框，单击【已安装的服务】选项组中的【添加】按钮，打开【添加输入语言】对话框。

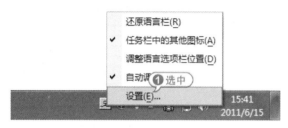

03 在该对话框中选中【简体中文全拼】复选框，如下图所示。

04 设置完成后，单击【确定】按钮，返回【文字服务和输入语言】对话框，此时可在【已安装的服务】选项组的输入法列表中，看到刚刚添加的输入法。

05 单击【确定】按钮，关闭该对话框，完成输入法的添加。

3.3.3 删除不需要的输入法

用户如果习惯于使用某种输入法，可将其他输入法全部删除，这样可避免在多种输入法之间来回切换的麻烦。

【例 3-3】在输入法循环列表中删除【简体中文双拼】输入法。 视频

01 在任务栏的语言栏上右击鼠标，在弹出的快捷菜单中选择【设置】命令。

02 打开【文字服务和输入语言】对话框，在【常规】选项卡中，选择【已安装的服务】选项组中的【简体中文双拼】选项，然后单击【删除】按钮，即可删除【简体中文双拼】输入法。

03 操作完成后单击【确定】按钮，完成删除输入法的操作。

经验谈

在【文字服务和输入语言】对话框【常规】选项卡的【默认输入语言】选项区域，可设置系统默认使用的输入法。

3.3.4 选择输入法

在 Windows 7 操作系统中，默认状态下，用户可以使用 Ctrl+空格键在中文输入法和英文输入法之间进行切换，使用 Ctrl+Shift 组合键来切换输入法。Ctrl+Shift 组合键采用循环切换的形式，在各种输入法和英文输入方式之间依次进行转换。

选择中文输入法也可以通过单击任务栏上的输入法指示图标来完成，这种方法比较直接。在 Windows 的任务栏中，单击代表输入法的图标，在弹出当前系统中已装入的输入法快捷菜单后，单击要使用的输入法即可。当前使用的输入法名称前面将显示√标记。

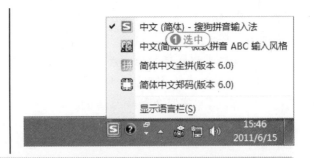

3.4　常用硬件设备

在使用电脑办公时，经常会用到一些外设，例如打印机、扫描仪和传真机等。另外，用户还可使用 U 盘或移动硬盘等移动存储设备来拷贝文件。

3.4.1　打印机

打印机的主要作用是将电脑编辑的文字、表格和图片等信息打印在纸张上，以方便用户查看。目前常见的打印机可以分为针式打印机、喷墨打印机和激光打印机 3 种。

1. 针式打印机

针式打印机也称撞击式打印机，其打印头是由多支金属撞针组成，撞针排列成一直行，打印头在纸张和色带之上行走。针式打印机的机械结构与电路组织比其他打印设备简单，且具有耗材费用低、性价比好、支持多联复写打印和纸张适应面广的优点，但缺点是打印速度比较缓慢和分辨率比较低。

2. 喷墨打印机

喷墨打印机就是通过将墨滴喷射到打印介质上来形成文字和图像。它的优点是能打印彩色的图片，并且在色彩和图片细节方面优于其他打印机，可完全达到铅字印刷质量。但缺点是打印速度慢、墨水较贵且消耗量较大，主要适用于打印量不大、打印速度要求不高的家庭和小型办公室等场合。

3. 激光打印机

激光打印机具有很高的稳定性，且打印速度快、噪音低、打印质量高，是最理想的办公打印机。激光打印机可分为黑白激光打印机和彩色激光打印机两类。黑白激光打印机是当今办公打印市场的主流，彩色打印机主机和耗材比较昂贵。激光打印机除了可打印普通的文本文件外，还可以进行胶片打印、多页打印、邮件合并、手册打印、标签打印、海报打印、图像打印和信封打印等。

激光打印机

3.4.2　扫描仪

扫描仪是一种光机一体化高科技产品，是一种输入设备，它可以将图片、照片、胶片以及文稿资料等书面材料或实物的外观扫描后输入到电脑当中并以图片文件格式保存起来。扫面仪主要分为平板式扫描仪和手持式扫描仪两种，如下图所示。

针式打印机

喷墨打印机

平板式扫描仪

手持式扫描仪

使用扫描仪前首先要将其正确连接至电脑，并安装驱动程序。扫描仪的硬件连接方法与其他办公设备的连接方法类似，只需将扫描仪的 USB 接口插入电脑的 USB 接口中即可。扫描仪连接完成后，一般来说还要为其安装驱动程序，驱动程序安装完成后，就可以使用扫描仪来扫描文件了。

扫描文件需要软件支持，一些常用的图形图像软件都支持使用扫描仪，例如 Microsoft Office 工具的 Microsoft Office Document Imaging 程序。

3.4.3 传真机

传真机在日常办公事务中发挥着非常重要的作用，因其可以不受地域限制地发送信号，且具有传送速度快、接收的副本质量好、准确性高等特点已成为众多企业传递信息的重要工具之一。

传真机通常具有普通电话的功能，但其操作比电话机复杂一些。传真机的外观与结构各不相同，但一般都包括操作面板、显示屏、话筒、纸张入口和纸张出口等部分。其中，操作面板是传真机最为重要的部分，它包括数字键、【免提】键、【应答】键和【重拨/暂停】键等，另外还包括【自动/手动】键、【功能】键和【设置】键等按键，以及一些工作状态指示灯。

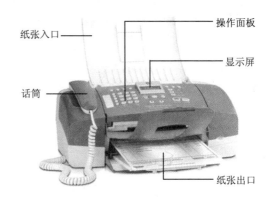

纸张入口 —
操作面板
显示屏
话筒
纸张出口 —

1. 发送传真

在连接好传真机之后，就可以使用传真机传递信息了。

发送传真的方法很简单，先将传真机的导纸器调整到需要发送的文件的宽度，再将要发送的文件的正面朝下放入纸张入口中，在发送时，应把先发送的文件放置在最下面。然后拨打接收方的传真号码，要求对方传输一个信号，当听到从接受方传真机传来的传输信号(一般是"嘟"声)时，按【开始】键即可进行文件的传输。

2. 接收传真

接收传真的方式有两种：自动接收和手动接收。当设置为自动接收模式时，用户无法通过传真机进行通话，当传真机检查到其他用户发来的传真信号后便会开始自动接收。当设置为手动接收模式时，传真的来电铃声和电话铃声一样，用户需手动操作来接收传真。手动接收传真的方法为：当听到传真机铃声响起时拿起话筒，根据对方要求，按【开始】键接收信号。当对方发送传真数据后，传真机将自动接收传真文件。

3.4.4 移动存储设备

移动存储设备主要包括 U 盘、移动硬盘以及各种存储卡，使用这些设备可以方便地拷贝和转移文件或者对文件进行备份等。

1. U 盘

U 盘是 USB 盘的简称，是一种常见的移动存储设备。它的特点是体型小巧、价格低廉、存储容量大和价格便宜。目前常见的 U 盘的容量为 8GB、16GB 和 32GB 等。

2. 移动硬盘

移动硬盘是以硬盘为存储介质并注重便携性的存储产品。相对于 U 盘来说，它的存储容量更大，存取速度更快，但是价格相对昂贵一些。目前常见移动硬盘的容量为 500GB 到 1TB 左右。

3. 存储卡

移动存储设备除了 U 盘和移动硬盘外，目前常见的还有存储卡。SD 卡和 TF 卡都属于存储卡但又有所区别。从外形上来区分，SD 卡比 TF 卡要大；从使用环境上来分，SD 卡常用于数码相机等设备中，而 TF 卡比较小，常用于手机中。

如果想要在只能识别 SD 卡的设备中使用 TF 卡，可以将 TF 卡放在一个和 SD 卡外观相同的"卡套"中，将其转化为 SD 卡的形式即可。另外还可将 SD 卡放在读卡器中，从而将其转化为 U 盘的形式就可以通过 USB 接口来读取数据了。

SD 卡　　　　TF 卡　　　"卡套"　　　读卡器

3.5 专家指点

一问一答

问：如何使用 U 盘拷贝文件？

答： U 盘与电脑主要通过 USB 接口进行连接，将 U 盘插入到电脑机箱上的 USB 插槽中，U 盘上的指示灯就会被点亮(根据品牌不同，部分 U 盘可能没有指示灯)，同时在桌面任务栏的通知区域面板中会显示 🔌 图标，此时表示 U 盘已和电脑成功连接，可以传输数据了。复制或剪切要拷贝的文件，然后在【计算机】窗口中双击【可移动磁盘】图标，打开【可移动磁盘】窗口，在空白处右击鼠标，选择【粘贴】命令即可。文件拷贝完成后，U 盘不能直接拔下，应先将目前打开的关于 U 盘的文件和文件夹全部关闭，然后单击通知区域面板中的 🔌 图标，选择【弹出 Mass Storage】命令，当桌面的右下角出现【安全地移除硬件】提示并且 U 盘的指示灯熄灭时，方可将 U 盘从电脑上拔下。

 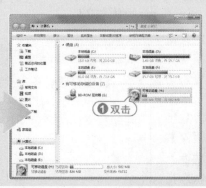 

第4章

文档处理——Word 2010

Word 2010 是一款出色的文档处理软件，在电脑办公中起着举足轻重的作用。本章从最基础的知识入手，来介绍在 Word 2010 中如何新建和编辑文档、输入和编辑文本、设置文本和段落格式以及编辑和使用表格等。

4.1　Word 2010 入门

在使用 Word 2010 处理文档之前，首先应对 Word 2010 有所了解，本节来介绍 Word 的视图模式和基本制作流程。

4.1.1 Word 2010 的视图模式

为了使用户更好地制作出精美的文档，Word 2010 提供了页面视图、Web 版式视图、阅读版式视图、大纲视图和草稿视图 5 种视图模式。

打开【视图】选项卡，在【文档视图】组中单击相应的视图按钮，或者在视图栏中单击视图按钮，即可将当前操作界面切换至相应的视图模式。

在 Word 2010 中，由于视图模式不同，其操作界面也会发生变化。

1. 页面视图

页面视图是 Word 2010 的默认视图方式，该视图方式是按照文档的打印效果显示文档的，显示的是与实际打印效果完全相同的文件样式，文档中的页眉、页脚、页边距、图片及其他元素均会显示其正确的位置，具有"所见即所得"的效果。

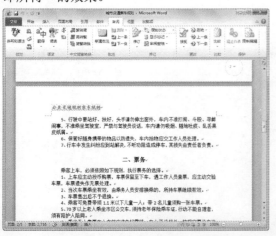

2. 阅读版式视图

阅读版式视图是模拟书本阅读方式，即以图书的分栏样式显示 Word 2010 文档，将两页文档同时显示在一个视图窗口中的一种视图方式。

在阅读版式视图中，默认只有菜单栏、【阅读版式】工具栏和【审阅】工具栏，显示文档的背景、页边距，还可进行文本的输入、编辑等，但不显示文档的页眉和页脚。

专家解读

在阅读版式视图窗口中，单击右上角的【关闭】按钮，即可返回至页面视图。

3. Web 版式视图

Web 版式视图是以网页的形式显示 Word 2010 文档，适用于发送电子邮件、创建和编辑 Web 页。使用 Web 版式视图，可以看到背景和为适应窗口而换行显示的文本，且图形位置与在 Web 浏览器中的位置一致。

专家解读

在 Word 2010 的 Web 版式视图中，文档内容的显示效果和使用浏览器打开文档时显示的效果相同。

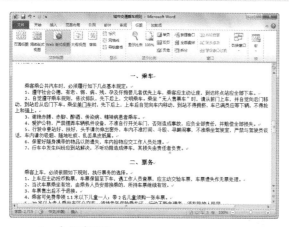

4．大纲视图

大纲视图主要用于 Word 2010 文档设置和显示标题的层级结构，并可以方便地折叠和展开各种层级的文档。大纲视图广泛用于 Word 2010 长文档的快速浏览和设置中。

在大纲视图中，新增了【大纲】功能选项卡，用于查看和组织文档的结构。

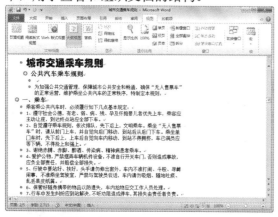

5．草稿视图

草稿视图取消了页面边距、分栏、页眉、页脚和图片等元素，仅显示标题和正文，是最节省计算机系统硬件资源的视图方式。

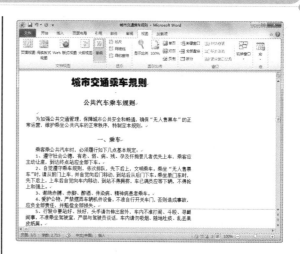

4.1.2 Word 文档的制作流程

使用 Word 2010 可以制作出诸如通知、条款和合同等不同类型的文档，不同类型的文档制作流程大致类似。具体的操作步骤如下所示。

第一步，将插入点定位到 Word 2010 界面中要插入文本的位置，然后切换至所需的输入法，输入相应的文本内容。

第二步，文本输入完毕后，选择要进行设置的文本，并对其进行格式化设置，如设置字体、段落、边框和底纹等。

第三步，根据制作文档的类型，在文档中插入图片、艺术字、表格、图表和 SmartArt 图形等对象。

第四步，完成文档编辑操作后，在文档中插入封面和目录等内容，并对文档页面进行设置，包括设置页面和页脚，插入页码等操作。

第五步，预览制作完成的文档，然后通过打印功能将其打印出来。

4.2 文档的基本操作

在使用 Word 2010 编辑处理文档前，应先掌握文档的基本操作，如创建新文档、保存文档、打开文档和关闭文档等。只有了解了这些基本操作后，才能更好地使用 Word 2010 编辑文档。

4.2.1 新建文档

Word 文档是文本、图片等对象的载体，

要在文档中进行输入或编辑等操作，首先必须创建新的文档。在 Word 2010 中，创建的文档可以是空白文档，也可以是基于模板的文档，

甚至可以是一些具有特殊功能的文档，如书法字帖等。

1. 新建空白文档

空白文档是最常使用的传统的文档。新建空白文档，可单击【文件】按钮，从弹出的菜单中选择【新建】命令，打开 Microsoft Office Backstage 视图。在【可用模板】列表框中选择【空白文档】选项，单击【创建】按钮即可。

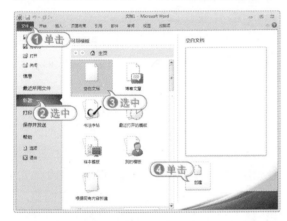

专家解读

在打开的现有文档中，按 Ctrl+N 快捷键，即可快速新建一个空白文档。

2. 新建基于模板的文档

模板是 Word 预先设置好内容格式的文档。在 Word 2010 中为用户提供了多种具有统一规格、统一框架的文档的模板，如传真、信函或简历等。

专家解读

根据模板新建的文档已经有一定的格式和文本内容，用户只需根据自己的需要进行修改和编辑，即可得到一个漂亮、工整的 Word 文档。

下面将以创建【基本报表】为例来介绍新建基于模板的文档的方法。

【例 4-1】在 Word 2010 中根据【基本报表】模板来创建新文档。

📹视频 ＋ 📁素材 (实例源文件\第 04 章\例 4-1)

01 启动 Word 2010，单击【文件】按钮，从弹出的菜单中选择【新建】命令，打开 Microsoft Office Backstage 视图。

02 在【可用模板】列表框中选择【样本模板】选项。

03 自动显示 Word 提供的所有样本模板，在样本模板列表框中选择【基本报表】选项，并在右侧窗口中预览该模板的样式，选中【文档】单选按钮，单击【创建】按钮。

04 此时将显示新建的一个文档，并自动套用所选择的【基本报表】模板的样式。

05 另外，在网络连通的情况下，可在 Microsoft Office Backstage 视图中的【可用模板】下的【Office.com 模板】列表框中选择相应的模板并预览其效果。

06 单击【下载】按钮，即可连接到Office.com 网站下载，并创建相应的文档。

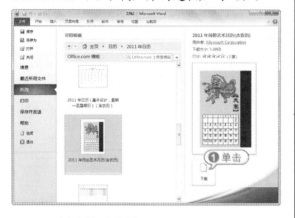

3. 新建特殊文档

Word 2010 提供了一些特殊文档的创建方法，包括博客文章、书法字帖等。特殊文档的类型不同，其创建的方法也不同。下面以创建书法字帖为例介绍创建特殊文档的方法。

【**例 4-2**】在 Word 2010 中创建书法字帖，并添加书法字符。

视频 + 素材 (实例源文件\第 04 章\例 4-2)

01 启动 Word 2010，单击【文件】按钮，从弹出的菜单中选择【新建】命令，打开Microsoft Office Backstage 视图。

02 在【可用模板】列表框中选择【书法字帖】选项，并在右侧的窗口中单击【创建】按钮。

03 此时将创建一个书法字帖文档，同时打开【增减字符】对话框。

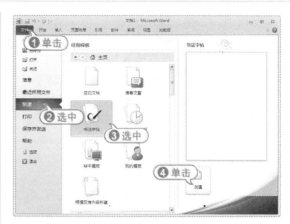

04 在【可用字符】列表框中选择书法字符，单击【添加】按钮，将字符添加到【已用字符】列表框中。

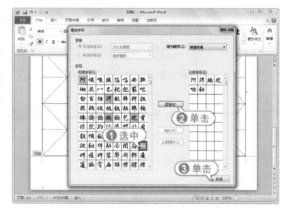

经验谈

用户可以按住 Ctrl 键的同时，在【可用字符】列表框中选择多个字帖字符。

05 添加完字符后，单击【关闭】按钮，关闭【增减字符】对话框，在创建的字帖中将显示书法字符。

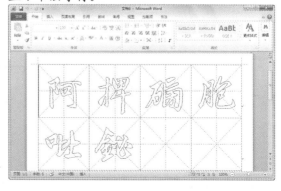

经验谈

除了以上介绍的新建文档的方法外，还可以在打开的 Microsoft Office Backstage 视图的【可用模板】列表框中选择【根据现有内容新建】来创建新文档。

4.2.2 保存文档

新建文档之后，可通过 Word 的保存功能将其存储到电脑中，以便日后编辑使用该文档。保存文档分为保存新建的文档、保存已保存过的文档、将现有的文档另存为其他格式和自动保存 4 种方式。

1. 保存新建的文档

在第一次保存编辑好的文档时，需要指定文件名、文件的保存位置和保存格式等信息。保存新建文档方法有很多，常用的方法如下所示。

- 单击【文件】按钮，从弹出的菜单中选择【保存】命令。
- 单击快速访问工具栏上的【保存】按钮🔲。
- 按 Ctrl+S 快捷键。

【例 4-3】将【例 4-2】中所创建的书法字帖以【书法字帖】为名保存到电脑中。

🎬视频 + 📄素材 (实例源文件\第 04 章\例 4-3)

01 在【例 4-2】所创建的书法字帖文档中，单击【文件】按钮，从弹出的菜单中选择【保存】命令，打开【另存为】对话框。

02 在对话框左侧树状结构中选择文档的保存路径，在【文件名】文本框中输入"书法字帖"，单击【保存】按钮。

专家解读

一般情况下，在保存新建的文档时，如果在文档中已输入了一些内容，Word 2010 自动将输入的第一行内容作为文件名。

03 此时将在 Word 2010 标题栏中显示文

档名称，即文档以【书法字帖】为名保存。

2. 保存已保存过的文档

要对已保存过的文档进行保存时，可单击【文件】按钮，从弹出的菜单中选择【保存】命令，或单击快速访问工具栏上的【保存】按钮🔲，即可按照原有的路径、名称以及格式进行保存。

专家解读

要将文档保存在其他路径中，或以另一个文件名保存，这时可以单击【文件】按钮，从弹出的菜单中选择【另存为】命令，打开【另存为】对话框，设置保存路径，或在【文件名】文本框中重新输入文件名，单击【保存】按钮即可。

3. 另存为其他格式

要将已保存的文档在不破坏原文档的情

况下保存为 PDF 文档或网页等多种其他格式，可以使用 Word 2010 的【另存为】功能。下面以保存为 PDF 文档为例来介绍另存为其他格式的方法。

【例 4-4】将【书法字帖】文档另存为 PDF 格式的【字帖】文档。

视频 + 素材 (实例源文件\第 04 章\例 4-4)

01 在打开的【书法字帖】文档中，单击【文件】按钮，从弹出的菜单中选择【另存为】命令，打开【另存为】对话框。

02 首先设置文档的保存路径，设置完成后在【文件名】文本框中输入"PDF 字帖"，在【保存类型】下拉列表框中选择 PDF 选项，然后单击【保存】按钮。

03 此时【书法字帖】文档将以【PDF 字帖】为名另存为 PDF 格式的文档。经过前面的操作之后，返回文档保存路径查看文档，文档名和格式都发生了变化。

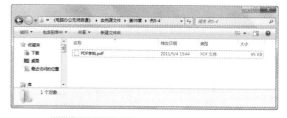

专家解读

完成另存为 PDF 文档的操作后，可以使用 PDF 阅读器打开另存为后的文档来查看其效果。PDF 阅读器比较多，如 PDF-XChange Viewer、Adobe Reader 等。

4. 自动保存文档

若用户不习惯随时对修改的文档进行保存操作，则可以将文档设置为自动保存。设置自动保存后，系统会根据设置的时间间隔在指定的时间自动对文档进行保存，无论文档是否进行了修改。

【例 4-5】启动 Word 2010 后，将文档的自动保存时间间隔设置为 5 分钟。

视频 + 素材 (实例源文件\第 04 章\例 4-5)

01 启动 Word 2010，单击【文件】按钮，从弹出的菜单中选择【选项】命令，打开【Word 选项】对话框。

02 打开【保存】选项卡，在【保存文档】选项区域中选中【保存自动恢复信息时间间隔】复选框，并在其后的微调框中输入5，单击【确定】按钮，完成设置。

4.2.3 打开文档

打开和关闭文档是Word最基本的操作。若要对保存的文档进行浏览或编辑，必须先将其打开，下面介绍打开文档的方法。

Word 2010提供了多种打开已有文档的方法，常用的方法如下。

- 在已有的文档图标上双击。
- 单击【文件】按钮，从弹出的界面中选择【打开】命令，在【打开】对话框中选择要打开的文档。
- 按 Ctrl+O 快捷键，打开【打开】对话框，然后选择要打开的文档。

4.3 输入文本

创建新文档后，就可以选择合适的输入法，在文档中输入文本内容。本节将介绍普通文本、特殊符号、日期和时间的输入方法。

4.3.1 输入普通文本

当新建一个文档后，在文档的开始位置将出现一个闪烁的光标，称之为"插入点"。在Word 文档中输入的文本，都将在插入点处出现。定位了插入点的位置后，选择一种输入法，即可开始普通文本的输入。

在【打开】对话框中提供了多种打开文档的方式，常用的有以下3种。

- 打开：即以正常方式打开。
- 以只读方式打开：将以只读方式存在，对文档的编辑修改将无法直接保存到原文档上，而需将修改过的文档另存为一个新文档。
- 以副本方式打开：将打开一个文档的副本，而不打开原文档，对该副本文档所作的修改将直接保存到副本文档中，而对原文档则没有影响。

4.2.4 关闭文档

不使用文档时，应将其关闭。关闭文档的方法非常简单，常用的关闭文档的方法如下：

- 单击标题栏右侧的【关闭】按钮 ×。
- 按 Alt+F4 组合键，结束任务。
- 单击【文件】按钮，从弹出的界面中选择【关闭】命令，关闭当前文档；选择【退出】命令，关闭当前文档并退出 Word 程序。
- 右击标题栏，从弹出的快捷菜单中选择【关闭】命令。

专家解读

如果文档经过了修改，但没有保存，那么在关闭文档时，将会提示用户进行保存。

在文本的输入过程中，Word 2010将遵循以下原则。

- 按下 Enter 键，将在插入点的下一行处重新创建一个新的段落，并在上一个段落的结束处显示 ↵ 符号。
- 按下空格键，将在插入点的左侧插入一个空格符号，它的大小将根据当前输入法的全半角状态而定。

- 按下 Back Space 键,将删除插入点左侧的一个字符。
- 按下 Delete 键,将删除插入点右侧的一个字符。

输入普通文本的方法很简单,只需要在闪烁的插入点中使用输入法输入即可。

【例 4-6】新建一个名为【邀请函】的文档,在其中输入普通文本。

视频 + 素材 (实例源文件\第 04 章\例 4-6)

⑩ 启动 Word 2010,单击【文件】按钮,从弹出的菜单中选择【保存】命令,打开【另存为】对话框。

⑫ 选择文档的保存路径,然后在【文件名】文本框中输入"邀请函",单击【保存】按钮,将文档以【邀请函】为名保存。

⑬ 按空格键,将插入点移至页面中央位置,输入标题"邀请函"。

⑭ 按 Enter 键,将插入点跳转至下一行的行首,继续输入文本"贵单位及各位领导:"。

⑮ 按 Enter 键,将插入点跳转至下一行的行首,再按下 Tab 键,首行缩进 2 个字符,

继续输入多段正文文本,如下图所示。

⑯ 单击快速访问工具栏中的【保存】按钮,保存文档。

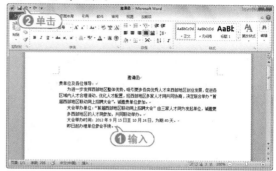

经验谈

要输入英文,可切换至英文输入法状态,切换后通过键盘可以直接输入英文、数字及标点符号。输入英文时需要注意:按 Caps Lock 键可输入英文大写字母,再次按该键可输入英文小写字母;按 Shift 键的同时按双字符键将输入上档字符;按 Shift 键的同时,按字母键同样可以输入英文大写字母。

4.3.2 输入特殊符号

在输入文档时,除了可以直接通过键盘输入常用的基本符号外,还可以通过 Word 2010 的插入符号功能输入一些诸如☆、♀、®(注册符)以及™(商标符)等特殊字符。

1. 插入符号

打开【插入】选项卡,单击【符号】组中的【符号】下拉按钮 Ω符号·,从弹出的下拉菜单中选项相应的符号,或者选择【其他符号】命令,将打开【符号】对话框,选择要插入的符号,单击【插入】按钮,即可插入符号。

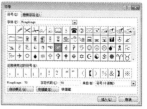

CHAPTER 04

经验谈

在【符号】选项卡中，单击【字体】下拉按钮，从弹出的下拉菜单中可以选择符号格式，在其下的列表框中显示对应的符号。

打开【特殊字符】选项卡，在其中可以选择®(注册符)以及™(商标符)等特殊字符，单击【插入】按钮，即可将其插入到文档中。

2. 插入特殊符号

要插入特殊符号，可以打开【加载项】选项卡，在【菜单命令】组中单击【特殊符号】按钮 _， 特殊符号，打开【插入特殊符号】对话框，在该对话框中选择相应的符号后，单击【确定】按钮即可。

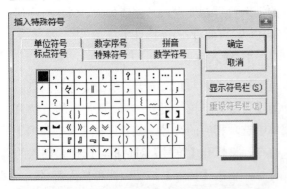

【例 4-7】在【邀请函】文档中输入特殊符号。
📹视频 + 📂素材 (实例源文件\第 04 章\例 4-7)

01 启动 Word 2010，打开【邀请函】文档。将插入点定位到文本"大会举办单位"开头处，打开【插入】选项卡，在【符号】组中

单击【符号】按钮，从弹出的菜单中选择【其他符号】命令，打开【符号】对话框。

02 打开【符号】选项卡，在【字体】下拉列表框中选择 Wingdings 选项，在其下的列表框中选择书写样式的符号，然后单击【插入】按钮。

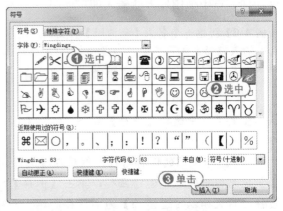

03 将符号插入文档后，在【符号】对话框中单击【关闭】按钮，关闭【符号】对话框，此时在文档中显示所插入的符号。

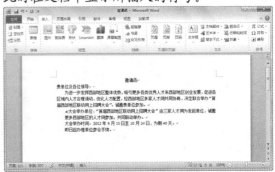

04 将插入点定位在文本"大会举办时间"开头处，打开【加载项】选项卡，在【菜单命令】组中单击【特殊符号】按钮，打开【插入特殊符号】对话框。

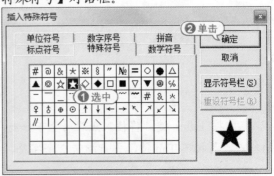

05 打开【特殊符号】选项卡，在其中选择一种特殊符号，单击【确定】按钮，插入该特殊符号。

06 在快速访问工具栏中单击【保存】按钮 🖫，保存修改后的【邀请函】文档。

4.3.3 输入日期和时间

使用 Word 2010 编辑文档时，可以使用插入日期和时间功能来输入当前日期和时间。

在 Word 2010 中输入日期类的格式时，Word 2010 会自动显示"2011/3/20"格式的当前日期，按 Enter 键即可完成当前日期的输入。

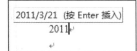

如果要输入其他格式的日期，除了可以手动输入外，还可以通过【日期和时间】对话框进行插入。下面将以在【邀请函】文档中插入日期和时间为例介绍其方法。

【例 4-8】 在【邀请函】文档中插入日期和时间。
💿视频 ➕ 📁素材 （实例源文件\第 04 章\例 4-8）

01 启动 Word 2010，并打开【邀请函】文档。将插入点定位在文档最后一行，打开【插入】选项卡，在【文本】组中单击【日期和时间】按钮 🖫，打开【日期和时间】对话框。

02 在【语言(国家/地区)】下拉列表框中选择【中文(中国)】选项，在【可用格式】列表框中选择第二种日期格式，单击【确定】按钮，在文档中插入日期。

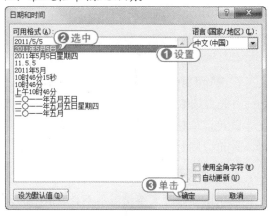

经验谈

在【日期和时间】对话框中，选中【自动更新】复选框，可对插入的日期和时间进行自动更新，即在每次打印之前 Word 都会自动更新日期和时间，以保证打印出的时间总是最新的。选中【使用全角字符】复选框，可以用全角方式显示插入的日期和时间。单击【设为默认值】按钮，将当前日期和时间格式保存为默认的格式。

03 使用空格键，将插入的日期移动至正文的右下角，效果如下图所示。

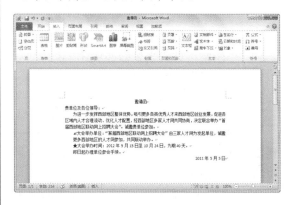

04 在快速访问工具栏中单击【保存】按钮 🖫，保存文档。

4.4 编辑文本

文档录入过程中，通常需要对文本进行选取、复制、移动、删除、查找和替换等操作。这些操作是 Word 中最基本、最常用的操作。熟练地掌握这些操作，可以节省大量的时间，提高文档编辑工作中的效率。

4.4.1 选择文本

在 Word 2010 中，用户在进行文本编辑之前，首先要选取或选中将要操作的文本。选择文本既可以单独使用鼠标，也可以单独使用键盘，还可以同时使用鼠标和键盘结合进行。

1. 使用鼠标选择

使用鼠标选择文本是最基本、最常用的方法。由于使用鼠标可以轻松地改变插入点的位置，因此使用鼠标选择文本十分方便。

- 拖动选择：将鼠标指针定位在起始位置，再按住鼠标左键不放，向目的位置拖动鼠标以选择文本。
- 单击选择：将鼠标光标移到要选定行的左侧空白处，当鼠标光标变成形状时，单击鼠标选择该行文本内容。
- 双击选择：将鼠标光标移到文本编辑区左侧，当鼠标光标变成形状时，双击鼠标左键，即可选择该段的文本内容；将鼠标光标定位到词组中间或左侧，双击鼠标选择该单字或词组。
- 三击选择：将鼠标光标定位到要选择的段落中，三击鼠标可选中该段的所有文本内容；将鼠标光标移到文档左侧空白处，当鼠标变成形状时，三击鼠标选中文档中所有内容。

2. 使用键盘选择

使用键盘选择文本时，需先将插入点移动到要选择的文本的开始位置，然后按键盘上相应的快捷键即可。

利用快捷键选择文本内容的方法如下表所示。

快捷键	功　能
Shift+→	选择光标右侧的一个字符
Shift+←	选择光标左侧的一个字符
Shift+↑	选择光标位置至上一行相同位置之间的文本
Shift+↓	选择光标位置至下一行相同位置之间的文本
Shift+Home	选择光标位置至行首
Shift+End	选择光标位置至行尾
Shift+PageDown	选择光标位置至下一屏之间的文本
Shift+PageUp	选择光标位置至上一屏之间的文本
Ctrl+Shift+Home	选择光标位置至文档开始之间的文本
Ctrl+Shift+End	选择光标位置至文档结尾之间的文本
Ctrl+A	选中整篇文档

3. 结合鼠标和键盘选择

使用鼠标和键盘结合的方式不仅可以选择连续的文本，也可以选择不连续的文本。

- 选择连续的较长文本：将插入点定位到要选择区域的开始位置，按住 Shift 键不放，再移动光标至要选择区域的结尾处，单击鼠标左键即可选择该区域之间的所有文本内容。
- 选择不连续的文本：选择任意一段文本，按住 Ctrl 键，再拖动鼠标选择其他文本，即可同时选择多段不连续的文本。
- 选择整篇文档：按住 Ctrl 键不放，将光标移到文本编辑区左侧空白处，当光标变成形状时，单击鼠标左键即可选择整篇文档。

- 选择矩形文本：将插入点定位到开始位置，按住 Alt 键并拖动鼠标，即可选择矩形文本。

4.4.2 删除文本

在文档编辑的过程中，需要对多余或错误的文本进行删除操作。对文本进行删除，可使用以下方法。

- 按 Backspace 键，删除光标左侧文本。
- 按 Delete 键，删除光标右侧文本。
- 选择需要删除的文本，在【开始】选项卡的【剪贴板】组中，单击【剪切】按钮 ✂ 即可。
- 选择文本，按 Backspace 键或 Delete 键均可删除所选文本。

4.4.3 移动和复制文本

在文档中经常需要重复输入文本时，可以使用移动或复制文本的方法进行操作，以节省时间，加快输入和编辑的速度。

1. 移动文本

移动文本是指将当前位置的文本移到另外的位置，在移动的同时，会删除原来位置上的原版文本。移动文本后，原位置的文本消失。移动文本有以下几种方法。

- 选择需要移动的文本，按 Ctrl+X 组合键，然后在目标位置处按 Ctrl+V 组合键来实现。
- 选择需要移动的文本，在【开始】选项卡的【剪贴板】组中，单击【剪切】按钮 ✂，在目标位置处，单击【粘贴】按钮 📋。
- 选择需要移动的文本，按下鼠标右键拖动至目标位置，松开鼠标后弹出一个快捷菜单，从中选择【移动到此位置】命令。
- 选择需要移动的文本后，右击，在弹出的快捷菜单中选择【剪切】命令；

在目标位置处右击，在弹出的快捷菜单中选择【粘贴】命令。

- 选择需要移动的文本后，按下鼠标左键不放，此时鼠标光标变为 形状，并出现一条虚线，移动鼠标光标，当虚线移动到目标位置时，释放鼠标即可将选取的文本移动到该处。

2. 复制文本

所谓文本的复制，是指将要复制的文本移动到其他的位置，而原版文本仍然保留在原来的位置。复制文本有以下几种方法。

- 选取需要复制的文本，按 Ctrl+C 组合键，把插入点定位到目标位置，再按 Ctrl+V 组合键。
- 选择需要复制的文本，在【开始】选项卡的【剪贴板】组中，单击【复制】按钮 📄，将插入点移到目标位置，单击【粘贴】按钮 📋。
- 选取需要复制的文本，按下鼠标右键拖动到目标位置，松开鼠标会弹出一个快捷菜单，从中选择【复制到此位置】命令。
- 选取需要复制的文本，右击，从弹出的快捷菜单中选择【复制】命令，把插入点移到目标位置，右击，从弹出的快捷菜单中选择【粘贴】命令。

专家解读

在【开始】选项卡的【剪切板】组中单击对话框启动器按钮 📄，即可快速启动【剪贴板】窗格，在该窗口中显示有最近所做的复制操作。

4.4.4 查找和替换文本

在篇幅比较长的文档中，使用 Word 2010 提供的查找与替换功能，可以快速地查找文档中某个信息或更改全文中多处重复出现错误的词语，从而使反复地查找变得较为简单，大

大提高了办公效率。

【例 4-9】在【邀请函】文档中，查找文本"西部地区"，将最后一处文本替换为"全国各地"。

🎬视频 + 📄素材 (实例源文件\第 04 章\例 4-9)

01 启动 Word 2010，并打开【邀请函】文档。

02 在【开始】选项卡中，单击【编辑】下拉按钮，从弹出的列表中单击【查找】按钮 🔍 查找 ，打开导航窗格。

03 在【导航】文本框中输入文本"西部地区"，此时 Word 2010 自动在文档编辑区中以黄色高亮显示所查找到的文本。

04 在【开始】选项卡中，单击【编辑】下拉按钮，从弹出的菜单中单击【替换】按钮，打开【查找和替换】对话框。

05 自动打开【替换】选项卡，此时【查找内容】文本框中显示文本"西部地区"，在【替换为】文本框中输入文本"全国各地"，单击【查找下一处】按钮。

06 待查找到最后一处文本时，以黄绿色高亮显示文本"西部地区"时，单击【替换】按钮，替换文本。

07 此时系统自动打开信息提示框，单击【否】按钮，返回至【查找和替换】对话框。

专家解读

单击【全部替换】按钮，替换所有满足条件的文本；单击【更多】按钮，可以设置更多查找和替换选项。

08 单击【关闭】按钮，关闭【查找和替换】对话框，显示替换文本后的文档。

4.4.5 撤销与恢复操作

编辑文档时，Word 2010 会自动记录最近执行的操作，因此当操作错误时，可以通过撤销功能将错误操作撤销。如果误撤销了某些操作，还可以使用恢复操作将其恢复。

1. 撤销操作

常用的撤销操作主要有以下两种。

- 在快速访问工具栏中单击【撤销】按钮 🔄 ，撤销上一次的操作。单击按钮右侧的下拉按钮，可以在弹出列表中选择要撤销的操作。

- 按 Ctrl+Z 组合键，撤销最近的操作。

2. 恢复操作

恢复操作用来还原撤销操作，恢复撤销以前的文档。常用的恢复操作主要有以下两种。

- 在快速访问工具栏中单击【恢复】按钮，恢复操作。
- 按 Ctrl+Y 组合键，恢复最近的撤销操作，这是 Ctrl+Z 的逆操作。

4.5 设置文本格式

在 Word 文档中输入的文本默认字体为宋体，默认字号为五号，为了使文档更加美观、条理更加清晰，通常需要对文本进行格式化操作，如设置字体、字号、字体颜色、字形、字体效果和字符间距等。

4.5.1 使用【字体】组工具设置

选中要设置格式的文本，在功能区中打开【开始】选项卡，使用【字体】组中提供的按钮即可设置文本格式。

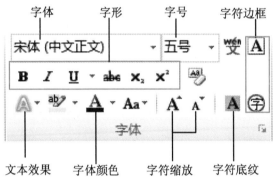

- 字体：指文字的外观，Word 2010 提供了多种字体，默认字体为宋体。
- 字形：指文字的一些特殊外观，例如加粗、倾斜、下划线、上标和下标等，单击【删除线】按钮 abc，可以为文本添加删除线效果。
- 字号：指文字的大小，Word 2010 提供了多种字号。
- 字符边框：为文本添加边框，带圈字符按钮，可为字符添加圆圈效果。
- 文本效果：为文本添加特殊效果，单击该按钮，从弹出的菜单中可以为文本设置轮廓、阴影、映像和发光等效果。
- 字体颜色：指文字的颜色，单击【字体颜色】按钮右侧的下拉箭头，在弹出的菜单中选择需要的颜色命令。
- 字符缩放：增大或者缩小字符。
- 字符底纹：为文本添加底纹效果。

4.5.2 使用浮动工具栏设置

选中要设置格式的文本，此时选中文本区域的右上角将出现浮动工具栏，使用工具栏提供的按钮也可对文本格式进行设置。

4.5.3 使用【字体】对话框设置

打开【开始】选项卡，单击【字体】对话框启动器，打开【字体】对话框，即可对文本格式进行相关设置。其中，【字体】选项卡可以设置字体、字形、字号、字体颜色和效果等，【高级】选项卡可以设置文本之间的间隔距离和位置。

【例 4-10】创建【招聘简章】文档，在其中输入文本，并设置文本格式。
📹视频 + 📁素材 (实例源文件\第 04 章\例 4-10)

01 启动 Word 2010，打开一个空白文档，将其以【招聘简章】为名保存，并在其中输入文本内容。

02 选中正标题文本"明日之星金融投资公司",在【开始】选项卡的【字体】组中单击【字体】下拉按钮,在弹出的列表中选择【华文新魏】选项,单击【字号】下拉列表框,在打开的列表中选择【小一】选项,单击【字体颜色】下拉按钮,从弹出的颜色面板中选择【红色】色块,然后单击【加粗】按钮。

03 选中副标题文本"2012 年精英人才交流会招聘简章",打开浮动工具栏,在【字体】下拉列表框中选择【华文楷体】,在【字号】下拉列表框中选择【三号】选项,然后单击【加粗】和【倾斜】按钮。

04 按住 Ctrl 键,选中段首标有"一、二、三、四"的 4 段文本,打开【开始】选项卡,在【字体】组中单击对话框启动器按钮 ,打开【字体】对话框。

05 打开【字体】选项卡,单击【中文字体】下拉按钮,从弹出的列表框中选择【黑体】选项;在【字形】列表框中选择【加粗】选项;单击【下划线线型】下拉按钮,选择单直线型下划线,然后单击【确定】按钮,完成设置。

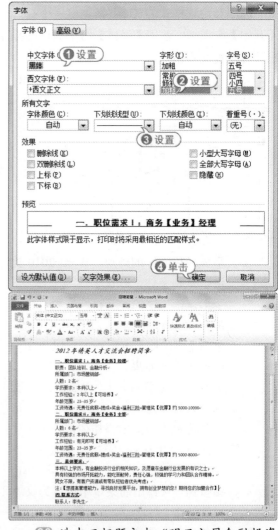

06 选中正标题文本"明日之星金融投资公司",打开【开始】选项卡,在【字体】组中单击对话框启动器按钮 ,打开【字体】对话框。

07 打开【高级】选项卡,在【缩放】下拉列表框中选择 150%，在【间距】下拉列表框中选择【加宽】，并在其后的【磅值】微调框中输入"1.5磅"。

08 单击【确定】按钮，完成字符间距的设置，效果如下图所示。

09 在快速访问工具栏中单击【保存】按钮，保存【招聘简章】文档。

4.6 设置段落格式

段落是构成整个文档的骨架，它是由正文、图表和图形等加上一个段落标记构成。为了使文档的结构更清晰、层次更分明，Word 2010 提供了更多的段落格式设置功能，包括段落对齐方式、段落缩进和段落间距等。

4.6.1 设置段落对齐方式

段落对齐指文档边缘的对齐方式，包括两端对齐、居中对齐、左对齐、右对齐和分散对齐。这 5 种对齐方式的说明如下。

- 两端对齐：默认设置，两端对齐时文本左右两端均对齐，但是段落最后不满一行的文字右边是不对齐的。
- 左对齐：文本的左边对齐，右边参差不齐。
- 右对齐：文本的右边对齐，左边参差不齐。
- 居中对齐：文本居中排列。
- 分散对齐：文本左右两边均对齐，而且每个段落的最后一行不满一行时，将拉开字符间距使该行均匀分布。

设置段落对齐方式时，先选定要对齐的段落，或将插入点定位到新段落的任意位置，然后可以通过单击【开始】选项卡的【段落】组(或浮动工具栏)中的相应按钮来实现，也可以通过【段落】对话框来实现。使用【段落】组是最快捷方便的，也是最常使用的方法。

【例 4-11】在【招聘简章】文档中，设置段落对齐方式。

视频 + 素材 (实例源文件\第 04 章\例 4-11)

01 启动 Word 2010，打开【招聘简章】文档。

02 将插入点定位在正标题文本段任意位

置，在【开始】选项卡的【段落】组中单击【居中】按钮 ≣，设置其为居中对齐。

03 将插入点定位在副标题段，在【开始】选项卡的【段落】组中单击对话框启动器按钮 ，打开【段落】对话框。

04 打开【缩进和间距】选项卡，单击【对齐方式】下拉按钮，从弹出的下拉菜单中选择【居中】选项，单击【确定】按钮，完成段落对齐方式的设置。

05 完成所有设置后，在快速访问工具栏中单击【保存】按钮 ，保存文档。

> **经验谈**
>
> 按 Ctrl+E 组合键，可以设置段落居中对齐；按 Ctrl+Shift+J 组合键，可以设置段落分散对齐；按 Ctrl+L 组合键，可以设置段落左对齐；按 Ctrl+R 组合键，可以设置段落右对齐；按 Ctrl+J 组合键，可以设置段落两端对齐。

4.6.2 设置段落缩进

段落缩进是指段落文本与页边距之间的

距离。Word 2010 提供了 4 种段落缩进的方式。

- 左缩进：设置整个段落左边界的缩进位置。
- 右缩进：设置整个段落右边界的缩进位置。
- 悬挂缩进：设置段落中除首行以外的其他行的起始位置。
- 首行缩进：设置段落中首行的起始位置。

1. 使用标尺设置

通过水平标尺可以快速设置段落的缩进方式及缩进量。水平标尺中包括首行缩进标尺、悬挂缩进、左缩进和右缩进 4 个标记。拖动各标记就可以设置相应的段落缩进方式。

首行缩进   右缩进

左缩进   悬挂缩进

> **专家解读**
>
> 在使用水平标尺格式化段落时，按住 Alt 键不放，使用鼠标拖动标记，水平标尺上将显示具体的值，用户可以根据该值设置缩进量。

使用标尺设置段落缩进时，先在文档中选择要改变缩进的段落，然后拖动缩进标记到缩进位置，可以使某些行缩进。在拖动鼠标时，整个页面上出现一条垂直虚线，以显示新边距的位置。

> **经验谈**
>
> 在【段落】组或【格式】浮动工具栏中，单击【减少缩进量】按钮 或【增加缩进量】按钮 可以减少或增加缩进量。

2. 使用【段落】对话框设置

使用【段落】对话框可以准确地设置缩进尺寸。打开【开始】选项卡，在【段落】组中单击对话框启动器按钮 ，打开【段落】对话

CHAPTER 04

框的【缩进和间距】选项卡，在该选项卡中可以进行相关设置。

【例4-12】在【招聘简章】文档中，设置文本段落的首行缩进2个字符。

视频 + 素材 (实例源文件\第04章\例4-12)

[01] 启动 Word 2010，打开【招聘简章】文档。

[02] 选取"四.联系方式"的上一段内容，在【开始】选项卡的【段落】组中单击对话框启动器按钮，打开【段落】对话框。

[03] 打开【缩进和间距】选项卡，在【缩进】选项区域的【特殊格式】下拉列表中选择【首行缩进】选项，并在【磅值】微调框中输入"2字符"，单击【确定】按钮，完成设置。

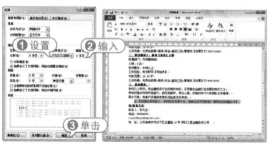

经验谈

在【段落】对话框【缩进和间距】选项卡的【缩进】选项区域中，在【左侧】微调框中输入左缩进值，则选定行从左边缩进相应值；在【右侧】微调框中输入右缩进值，则选定行从右边缩进相应值。

[04] 在快速访问工具栏中单击【保存】按

钮，保存设置段落缩进后的【招聘简章】文档。

4.6.3 设置段落间距

段落间距的设置包括文档行间距与段间距的设置。行间距是指段落中行与行之间的距离；段间距是指前后相邻的段落之间的距离。

Word 2010 默认的行间距值是单倍行距。打开【段落】对话框的【缩进和间距】选项卡，在【行距】下拉列表中选择选项，并在【设置值】微调框中输入值，可以重新设置行间距；在【段前】和【段后】微调框中输入数值，可以设置段间距。

【例4-13】在【招聘简章】文档中，将副标题所在行的行距设为2.5倍行距，将4段标题文本的段前、段后设为0.5行。

视频 + 素材 (实例源文件\第04章\例4-13)

[01] 启动 Word 2010，打开【招聘简章】文档。

[02] 将插入点定位在副标题行，在【开始】选项卡的【段落】组中单击对话框启动器按钮，打开【段落】对话框。

[03] 打开【缩进和间距】选项卡，在【行距】下拉列表中选择【多倍行距】选项，在其后的【设置值】微调框中输入"2.5"，单击【确定】按钮，完成行距的设置。

电脑办公无师自通

04 按住 Ctrl 键，选取 4 段标题文本，打开【段落】对话框的【缩进和间距】选项卡。

05 在【间距】选项区域中的【段前】和【段后】微调框中输入"0.5 行"，单击【确定】按钮，完成段落间距的设置。

06 设置完段落间距后的效果如下图所示，在快速访问工具栏中单击【保存】按钮，保存【招聘简章】文档。

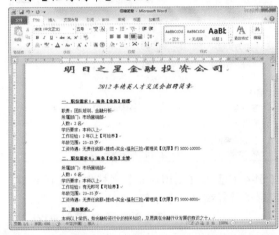

4.7 设置项目符号和编号

使用项目符号和编号列表，可以对文档中并列的项目进行组织，或者将有一定顺序的内容进行编号，以使这些项目的层次结构更清晰、更有条理。Word 2010 提供了多种标准的项目符号和编号样式，并且允许用户自定义项目符号和编号。

4.7.1 添加项目符号和编号

Word 2010 提供了自动添加项目符号和编号的功能。在以 1.、(1)、a 等字符开始的段落中按下 Enter 键，下一段开始将会自动出现 2.、(2)、b 等字符。

除了使用 Word 2010 的自动添加项目符号和编号功能，也可以在输入文本之后，选中要添加项目符号或编号的段落，打开【开始】选项卡，在【段落】组中单击【项目符号】按钮，将自动在每一段落前面添加项目符号；单击【编号】按钮，将以 1.、2.、3.的形式为各段编号。

【例 4-14】 在【招聘简章】文档中，添加项目符号和编号。

视频 + 素材 (实例源文件\第 04 章\例 4-14)

01 启动 Word 2010，打开【招聘简章】文档。

02 选取标题 1 下的 7 段文本，打开【开

始】选项卡，在【段落】组中单击【项目符号】下拉按钮，从弹出的列表框中选择一种项目样式，为段落自动添加项目符号。

03 选中标题 2 下的 6 段文本，使用同样的方法，为这 6 段文本添加项目符号，效果如下图所示。

04 将光标定位在标题 3 下的第 1 段文本中，在【开始】选项卡的【段落】组中单击【编号】下拉按钮，选择一种编号样式"a)"。

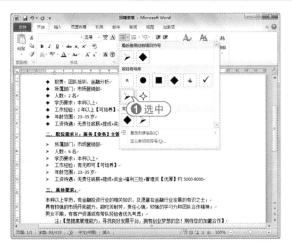

05 选中标题3下的第2段和第3段文本，在【段落】组中直接单击【编号】按钮 ≣，此时这两段文本前方自动添加编号 b)和 c)。

06 最终效果如下图所示。在快速访问工具栏中单击【保存】按钮 🖫，保存【招聘简章】文档。

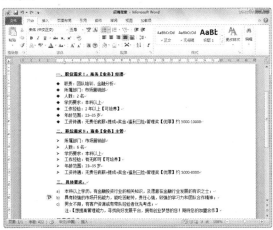

专家解读

要结束自动创建项目符号或编号，可以连续按 Enter 键两次，也可以按 Backspace 键删除新创建的项目符号或编号。

4.7.2 自定义项目符号和编号

在 Word 2010 中，除了可以使用系统提供的项目符号和编号外，还可以使用图片等自定义项目符号和编号样式。

1. 自定义项目符号

选取项目符号段落，打开【开始】选项卡，在【段落】组中单击【项目符号】下拉按钮 ≣，从弹出的快捷菜单中选择【定义新项目符号】命令，打开【定义新项目符号】对话框，在其中可以自定义一种新项目符号。

【例 4-15】在【招聘简章】文档中自定义项目符号。

🎬视频 ＋ 📁素材 (实例源文件\第 04 章\例 4-15)

01 启动 Word 2010，打开【招聘简章】文档，选取项目符号段文本。

02 打开【开始】选项卡，在【段落】组中单击【项目符号】下拉按钮 ≣，从弹出的下拉菜单中选择【定义新项目符号】命令，打开【定义新项目符号】对话框。

03 单击【图片】按钮，打开【图片项目符号】对话框，在该对话框中显示了许多图片项目符号，用户可以根据需要选择图片，然后单击【确定】按钮。

CHAPTER 04

经验谈

在【定义新项目符号】对话框中，单击【字体】按钮，打开【字体】对话框，可用于设置项目符号的字体格式，打开【高级】选项卡，可以设置项目符号段字符间距，如设置缩放比例、加宽或紧缩间距、提升或降低位置等；单击【符号】按钮，打开【符号】对话框，可从中选择合适的符号作为项目符号。

▧ 返回至【定义新项目符号】对话框，在【预览】选项区域中查看项目符号的效果，满意后，单击【确定】按钮。

▧ 返回至 Word 2010 窗口，此时在文档中显示自定义的图片项目符号。

经验谈

在【图片项目符号】对话框中，单击【导入】按钮，打开【将剪辑添加到管理器】对话框，选中自定义的项目图片，单击【添加】按钮，可以将用户喜欢的图片添加到图片项目符号中，选中该项目图片，单击【确定】按钮，可以将其添加到项目段落中。

▧ 在快速访问工具栏中单击【保存】按钮 🖫，保存修改后的【招聘简章】文档。

2. 自定义编号

选取编号段落，打开【开始】选项卡，在【段落】组中单击【编号】下拉按钮 ≡·，从弹出的下拉菜单中选择【定义新编号格式】命令，打开【定义新编号格式】对话框。在【编号样式】下拉列表中选择新的编号样式，在【编号格式】文本框中可以设置新编号的格式，单击【字体】按钮，可以在打开的对话框中设置新编号的字体格式。

另外，在【开始】选项卡的【段落】组中单击【编号】下拉按钮 ≡·，从弹出的下拉菜单中选择【设置编号值】命令，可打开【起始编号】对话框，在其中可以自定义编号的起始数值。

专家解读

自定义项目编号完毕后，将在【段落】组中【编号】下拉列表框的【编号库】中显示自定义的项目编号格式，选择该编号格式，即可将自定义的编号应用到文档中。

4.8 设置边框和底纹

在使用 Word 2010 进行文字处理时，为了使文档更加引人注目，则需要为文字和段落添加各种各样的边框和底纹，以增加文档的生动性和实用性。

4.8.1 设置文本边框和底纹

打开【开始】选项卡，在【字体】组中使

用【字符边框】按钮 Ⓐ、【字符底纹】按钮 Ⓐ 和【以不同颜色突出显示文本】按钮 ab/·，可为文字添加边框、底纹和颜色，从而使文档重点内容更为突出。

为文本添加边框

- ◆ 年龄范围：23-35 岁
- ◆ 工资待遇：无责任底薪+提成+奖金+福利三险

文字突出显示　　　为文本添加底纹

4.8.2 设置段落边框和底纹

设置段落边框和底纹，可以通过【开始】选项卡【段落】组中的【底纹】按钮 和【边框】按钮 来实现，使用方法如下。

首先选择需要添加边框与底纹的段落，然后在【段落】组中，单击【底纹】按钮或【边框】下拉按钮，在弹出的菜单中选择一种底纹和边框样式或选择【边框和底纹】命令，打开【边框和底纹】对话框，在其中进行边框和底纹设置。

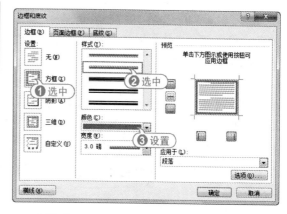

【例4-16】在【招聘简章】文档中，设置边框和底纹。

视频 + 素材 (实例源文件\第04章\例4-16)

01 启动 Word 2010，打开【招聘简章】文档。

02 选取文档中的所有文本，打开【开始】选项卡，在【段落】组中单击【下框线】下拉按钮 ，在弹出的菜单中选择【边框和底纹】命令，打开【边框和底纹】对话框。

03 打开【边框】选项卡，在【设置】选项区域中选择【方框】选项；在【样式】列表框中选择一种线型；在【颜色】下拉列表框中选择【水绿色 强调文字颜色5，深色25%】色块。

04 打开【底纹】选项卡，单击【填充】下拉按钮，从弹出的颜色面板中选择【蓝色，强调文字颜色1，淡色60%】色块，然后单击【确定】按钮。

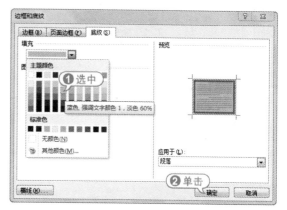

05 此时为整个文档添加了一个矩形的边框和一种淡蓝色底纹。

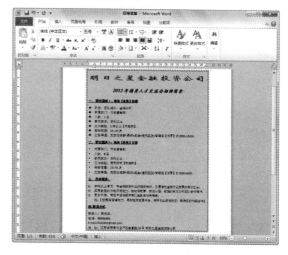

06 按住 Ctrl 键，选取标题 1 和标题 2 中的工资待遇部分，使用同样的方法，打开【边框和底纹】对话框。

07 打开【边框】选项卡，在【设置】选项区域中选择【方框】选项；在【样式】列表框中选择一种线型(虚线)；在【颜色】下拉列表框中选择【深红】色块，单击【确定】按钮，在文本四周添加一个深红色的虚线边框。

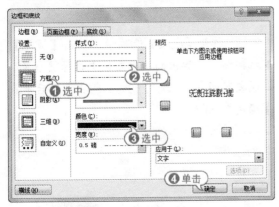

08 按 Ctrl+S 快捷键，保存修改后的【招聘简章】文档。

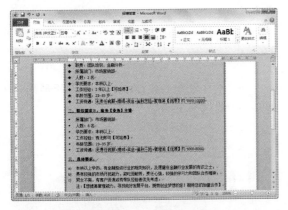

4.8.3 设置页面边框

在 Word 2010 中，设置页面边框可以通过两种方法来实现：

　　打开【页面布局】选项卡，在【页面背景】组中单击【页面边框】按钮，打开【边框和底纹】对话框的【页面边框】选项卡进行设置。

　　打开【开始】选项卡，在【段落】组中单击【边框】下拉按钮，在弹出的菜单中选择【边框和底纹】命令，打开【边框和底纹】对话框，切换到【页面边框】选项卡进行设置。

【例 4-17】 在【招聘简章】文档中，设置页面边框。

视频 + 素材 (实例源文件\第 04 章\例 4-17)

01 启动 Word 2010，打开【招聘简章】文档。

02 打开【页面布局】选项卡，在【页面背景】组中单击【页面边框】按钮，打开【边框和底纹】对话框的【页面边框】选项卡。

03 在【艺术型】下拉列表框中选择需要的艺术样式，在【宽度】微调框中输入"20磅"，单击【确定】按钮，完成页面边框设置。

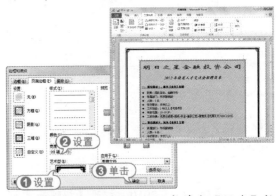

04 在快速访问工具栏中单击【保存】按钮，保存修改后的【招聘简章】文档。

专家解读

要删除页面边框，只需打开【页面边框】选项卡，在【设置】选项区域中选择【无】选项，单击【确定】按钮即可。

4.9　创建和使用表格

为了更形象地说明问题，常常需要在文档中制作各种各样的表格。Word 2010 提供了强大的表格功能，可以快速创建与编辑表格。

4.9.1 创建表格

在Word 2010中可以使用多种方法来创建表格，例如按照指定的行、列插入表格和绘制不规则表格等。

1. 使用表格网格框创建表格

利用表格网格框可以直接在文档中插入表格，这也是最快捷的方法。

将光标定位在需要插入表格的位置，然后打开【插入】选项卡，单击【表格】组中的【表格】按钮，在弹出的菜单中会出现一个网格框。在其中，拖动鼠标左键确定要创建表格的行数和列数，然后单击鼠标就可以完成一个规则表格的创建。

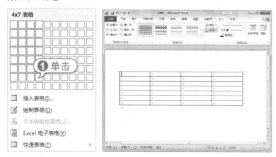

2. 使用对话框创建表格

使用【插入表格】对话框创建表格时，可以在建立表格的同时设置表格的大小。

打开【插入】选项卡，在【表格】组中单击【表格】按钮，在弹出的菜单中选择【插入表格】命令，打开【插入表格】对话框。

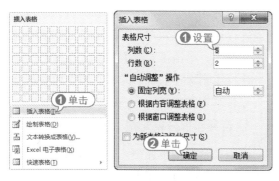

在【列数】和【行数】微调框中可以指定表格的列数和行数，在【"自动调整"操作】选项区域中可以设置根据内容或者窗口调整表格尺寸。

> **专家解读**
>
> 如果需要将某表格尺寸设置为默认的表格大小，则在【插入表格】对话框中选中【为新表格记忆此尺寸】复选框即可。

3. 绘制不规则表格

很多情况下，需要创建各种栏宽、行高都不等的不规则表格。这时通过Word 2010中的绘制表格功能可以创建不规则的表格。

打开【插入】选项卡，在【表格】组中单击【表格】按钮，从弹出的菜单中选择【绘制表格】命令，此时鼠标光标变为 ℓ 形状，按住鼠标左键不放并拖动鼠标，会出现一个表格的虚框，待到达合适大小后，释放鼠标即可生成表格的边框。

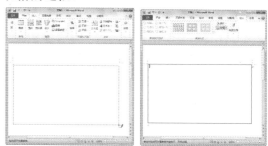

在表格上边框任意位置，用鼠标单击选择一个起点，按住鼠标左键不放向右(或向下)拖动绘制出表格中的横线(或竖线)。

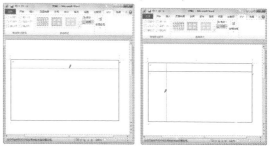

如果在绘制过程中出现了错误，打开【表格工具】的【设计】选项卡，在【绘图边框】

组中单击【擦除】按钮进行擦除。此时鼠标指针将变成橡皮的形状，单击要删除的表格线段，按照线段的方向拖动鼠标，该线会呈高亮显示，松开鼠标，此时该线段将被删除。

4. 快速插入表格

为了快速制作出美观的表格，Word 2010提供了许多内置表格。可以快速地插入内置表格，并输入数据。

打开【插入】选项卡，在【表格】组中单击【表格】按钮，在弹出的菜单中选择【快速表格】命令的子命令，即可插入内置表格。

经验谈

在 Word 2010 中，还可以插入 Excel 工作表。打开【插入】选项卡，在【表格】组中单击【表格】按钮，在弹出的菜单中选择【Excel 电子表格】命令即可。

4.9.2 行、列和单元格的操作

表格创建完成后，还需要对其进行编辑操作，如选定行、列和单元格，插入和删除行、列，合并和拆分单元格等，以满足不同用户的需要。

1. 选定行、列和单元格

对表格进行格式化之前，首先要选定表格编辑对象，然后才能对表格进行操作。选定表格编辑对象的鼠标操作方式如下所示。

- 选定一个单元格：将鼠标移动至该单元格的左侧区域，当光标变为 ➚ 形状时，单击鼠标左键。

- 选定整行：将鼠标移动至该行的左侧，当光标变为 ➚ 形状时，单击鼠标左键。

- 选定整列：将鼠标移动至该列的上方，当光标变为 ↓ 形状时，单击鼠标左键。

- 选定多个连续单元格：沿被选区域左上角向右下角拖拽鼠标。

- 选定多个不连续单元格：选取第 1 个单元格后，按住 Ctrl 键不放，再分别选取其他的单元格。

- 整个表格：移动鼠标到表格左上角图标 ⊞ 时，单击鼠标左键。

2. 插入和删除行、列

要向表格中添加行，应先在表格中选定与需要插入行的位置相邻的行，选定的行数和要增加的行数相同。然后打开表格工具的【布局】选项卡，在【行和列】组中单击【在上方插入】或【在下方插入】按钮即可。插入列的操作与插入行基本类似。

另外，单击【行和列对话框启动器】按钮 ▣，打开【插入单元格】对话框，选中【整行插入】或【整列插入】单选按钮，同样可以插入行和列。

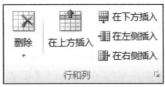

当插入的行或列过多时，就需要删除表格的多余的行和列。选定需要删除的行，或将鼠标放置在该行的任意单元格中，在【行和列】选项区域中，单击【删除】按钮，在打开的菜单中选择【删除行】命令即可。删除列的操作与删除行基本类似。

3. 合并和拆分单元格

选取要合并的单元格，打开【表格工具】的【布局】选项卡，在【合并】组中单击【合

并单元格】按钮，或右击，在弹出的快捷菜单中选择【合并单元格】命令，此时 Word 就会删除所选单元格之间的边界，建立起一个新的单元格，并将原来单元格的列宽和行高合并为当前单元格的列宽和行高。

选取要拆分的单元格，打开【表格工具】的【布局】选项卡，在【合并】组中单击【拆分单元格】按钮，或右击，在弹出的快捷菜单中选择【拆分单元格】命令，打开【拆分单元格】对话框，在【列数】和【行数】文本框中分别输入需要拆分的列数和行数即可。

4. 调整行高和列宽

创建表格时，表格的行高和列宽都是默认值，而在实际工作中常常需要随时调整表格的行高和列宽。

拖动鼠标可以快速地调整表格的行高和列宽。先将鼠标指针指向需调整的行的下边框，然后拖动鼠标至所需位置，整个表格的高度会随着行高的改变而改变。在使用鼠标拖动调整列宽时，先将鼠标指针指向表格中所要调整列的边框，使用不同的操作方法，可以达到不同的效果。

- 以鼠标指针拖动边框，则边框左右两列的宽度发生变化，而整个表格的总体宽度不变。
- 按下 Shift 键，然后拖动鼠标，则边框左边一列的宽度发生改变，整个表格的总体宽度随之改变。
- 按下 Ctrl 键，然后拖动鼠标，则边框左边一列的宽度发生改变，边框右边各列也发生均匀的变化，而整个表格的总体宽度不变。

如果表格尺寸要求的精确度较高，可以使

用对话框，以输入数值的方式精确地调整行高与列宽。将插入点定位在表格中需要设置的行中，打开【表格工具】的【布局】选项卡，在【单元格大小】组中单击【对话框启动器】按钮，打开【表格属性】对话框的【行】选项卡，选中【指定高度】复选框，在其后的数值微调框中输入数值，单击【下一行】按钮，将鼠标指针定位在表格的下一行，进行相同的设置即可。打开【列】选项卡，选中【指定宽度】复选框，在其后的微调框中输入数值。单击【后一列】按钮，将鼠标指针定位在表格的下一列，可以进行相同的设置。

专家解读

将光标定位在表格内，打开【表格工具】的【布局】选项卡，在【单元格大小】组中单击【自动调整】按钮，在弹出的菜单中选择相应的命令，可以十分便捷地调整表格的行高和列宽。

4.9.3 设置表格的外观

在制作表格时，用户可以通过功能区【表格工具】的【设计】选项卡和【布局】选项卡中的操作命令对表格进行设置，例如设置表格边框和底纹、设置表格的对齐方式等，使表格结构更为合理、外观更为美观。

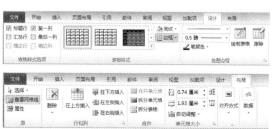

4.10　实战演练

本章主要介绍了 Word 2010 的基本使用方法，本次实战演练通过制作一个【合理化建议提案评审表】来使读者巩固本章所学习的内容。

4.10.1　输入标题和正文

【例 4-18】新建【合理化建议提案评审表】文档，并输入标题和正文。

视频 + 素材　(实例源文件\第 04 章\例 4-18)

01 启动 Word 2010，并将该文档保存为【合理化建议提案评审表】。

02 输入标题文本"合理化建议提案评审表"，并将标题文本的大小设置为【三号】，字体设置为【华文楷体】并【加粗】，然后将其设置为居中显示，如下图所示。

03 按两次 Enter 键换行，然后按 Backspace 键，将光标定位在第二行的行首，输入文本"编号："，将文本格式设置为【五号】、【宋体】，并取消【加粗】效果。

04 将光标定位在文本"编号："的后面，单击【开始】选项卡【字体】组中的【下划线】按钮。此时连续按 12 次空格键，可输入一条下划线，如下图所示。

05 再次单击【下划线】按钮，取消下划线效果，然后按多次空格键，将光标后移。

06 输入文本"提案部门："，然后单击【下划线】按钮，并按空格键，再次输入一条下划线，如下图所示。

4.10.2　插入和编辑表格

【例 4-19】在【合理化建议提案评审表】文档中插入并编辑表格。

视频 + 素材　(实例源文件\第 04 章\例 4-19)

01 承接【例 4-18】的操作，按下 Enter 键换行，并单击【下划线】按钮，取消下划线效果。然后打开【插入】选项卡，单击【表格】按钮，选择【插入表格】命令。

02 打开【插入表格】对话框，在【列数】微调框中输入"7"，在【行数】微调框中输入"13"，然后单击【确定】按钮。插入一个 7×13 的表格。

03 选中下图所示的单元格,打开表格的【布局】选项卡,在【合并】组中单击【合并单元格】按钮,合并单元格。

04 按照同样的方法合并其他的单元格,合并后的效果如下图所示。

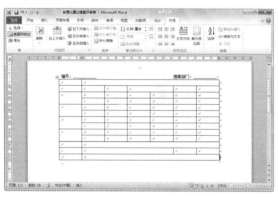

05 选中倒数第三行,打开表格的【布局】选项卡,在【单元格大小】组中的【表格行高】微调框中输入"1.2",然后按下 Enter 键,设置选定行的行高为 1.2 厘米。

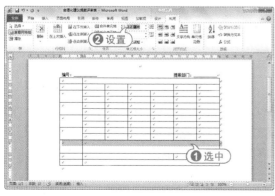

06 按照同样的方法设置倒数第一行的行高为 2 厘米。

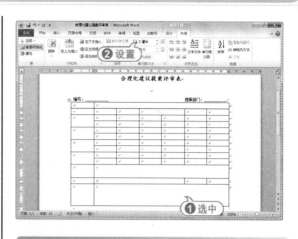

4.10.3 输入和编辑表格内容

【例 4-20】在【合理化建议提案评审表】文档中输入和编辑表格内容。
🎬视频 + 📁素材 (实例源文件\第 04 章\例 4-20)

01 承接【例 4-19】的操作,将光标定位在第一个单元格中,输入文本"提案名称",然后按照同样的方法在其他单元格中输入文本,效果如下图所示。

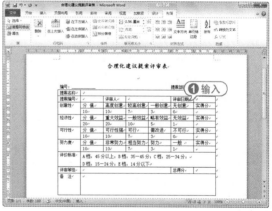

02 将光标定位在"评审等级"所在单元格后方的单元格中,输入大写字母"A"并按下一次空格键。打开【插入】选项卡,在【符号】组中单击【符号】按钮,选择【空心方形】选项,插入一个空心方形。

03 按照同样的方法，输入其他字母并插入【空心方形】符号，效果如下图所示。

04 单击表格左上角的 ⊞ 符号，选定整个表格，打开【开始】选项卡，在【字体】组中设置整个表格中文本的大小为【小五】。

05 打开【布局】选项卡，在【对齐方式】组中单击【水平居中】按钮，设置对齐方式为水平居中，最终效果如下图所示。

经验谈

表格中文本的默认对齐方式【靠上两端对齐】即文字靠单元格左上角对齐。

4.11 专家指点

一问一答

问：为什么在 Word 中输入文本时，新的文本会自动覆盖光标后面的文本？

答：Word 2010 状态栏中有【改写】和【插入】两种状态。在改写状态下，输入的文本将会覆盖其后的文本，而在插入状态下，会自动将其后的文本向后移动。若要更改输入状态，可以在状态栏中单击【插入】按钮 插入，或【改写】按钮 改写。按 Insert 键，也可在这两种状态下切换。

页面: 1/1　字数: 198　✔️　中文(中国)　插入　　此时为改写状态，单击可切换为插入状态

此时为插入状态，单击可切换为改写状态

页面: 1/1　字数: 198　✔️　中文(中国)　改写

一问一答

问：在 Word 2010 中如何隐藏回车符标记？

答：在 Word 2010 中单击【文件】按钮，选择【选项】命令，打开【Word 选项】对话框，单击【选项】标签，打开【显示】选项卡，在【始终在屏幕上显示这些格式标记】区域中取消选中【段落标记】复选框，即可隐藏回车符标记。同理，用户也可在该选项卡中设置显示和隐藏其他标记，例如"制表符"、"空格"等。

第5章

Word 2010 高级应用

　　Word 具有强大的文字处理功能，通过 Word 2010 可以对特殊的文本设置特殊的版式，可以插入图片、剪贴画和 SmartArt 图形等多种元素，进行图文混排，还可以设置各种样式的页面，制作出各种内容丰富多彩的文档。本章就向读者介绍 Word 2010 的这些强大功能。

5.1 设置特殊版式

一般报刊杂志都需要创建带有特殊效果的文档，这就需要使用一些特殊的版式。Word 2010 提供了多种特殊版式，例如文字竖排、首字下沉、中文版式和分栏排版等。

5.1.1 文字竖排

古人写字都是以从右至左、从上至下的方式进行竖排书写，但现代人都是以从左至右的方式书写文字。使用 Word 2010 的文字竖排功能，可以轻松执行古代诗词的输入，从而达到复古的效果。

【例 5-1】新建【古文鉴赏】文档，对其中的文字进行垂直排列。

视频 + 素材 (实例源文件\第 05 章\例 5-1)

01 启动 Word 2010，新建一个名为【古文鉴赏】的文档，在其中输入文本内容。

02 按 Ctrl+A 快捷键，选中所有的文本，设置文本的字体为【华文新魏】，字号为【四号】，行距为固定值【16 榜】。

03 选中文本，打开【页面布局】选项卡，在【页面设置】组中单击【文字方向】按钮，从弹出的菜单中选择【垂直】命令，此时将以从上至下、从右至左的方式排列诗歌内容。另外，选择【文字方向选项】命令，可在打开的对话框中设置更多类型的文字方向。

04 在快速访问工具栏中单击【保存】按钮，保存新建的【古文鉴赏】文档。

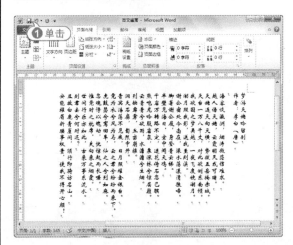

5.1.2 首字下沉

首字下沉是报刊杂志中较为常用的一种文本修饰方式，使用该方式可以很好地改善文档的外观，使文档更美观、更引人注目。

设置首字下沉，就是使第一段开头的第一个字放大。放大到的程度用户可以自行设定，可以占据两行或者三行的位置，而其他字符围绕在它的右下方。

在 Word 2010 中，首字下沉共有 2 种不同的方式，一个是普通的下沉，另外一个是悬挂下沉。两种方式的区别之处就在于：【下沉】

方式设置的下沉字符紧靠其他的文字,而【悬挂】方式设置的字符可以随意移动其位置。

打开【插入】选项卡,在【文本】组中单击【首字下沉】按钮,在弹出的菜单中选择默认的首字下沉样式,例如选择【首字下沉选项】命令,将打开【首字下沉】对话框,在其中进行相关的首字下沉设置。

【例 5-2】新建【时尚点评】文档,将第 1 段的首字设置为首字下沉 2 行,距正文 0.5 厘米。

📹视频 + 📄素材 (实例源文件\第 05 章\例 5-2)

01 启动 Word 2010,新建一个名为【时尚点评】的文档,在其中输入文本。

02 将光标定位在第一段中,然后打开【插入】选项卡,在【文本】组中单击【首字下沉】按钮,在弹出的菜单中选择【首字下沉选项】命令,打开【首字下沉】对话框。

03 选择【下沉】选项,在【字体】下拉列表框中选择【华文新魏】选项,在【下沉行数】微调框中输入 2,在【距正文】微调框中输入"0.5 厘米",单击【确定】按钮。

04 此时正文第 1 段中的首字将以华文新魏字体下沉 2 行的形式显示在文档中。

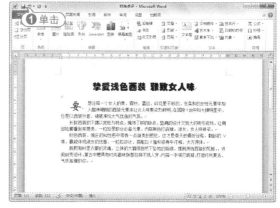

05 在快速访问工具栏中单击【保存】按钮 💾,保存【时尚点评】文档。

5.1.3 分栏

分栏是指按实际排版需求将文本分成若干个条块,使版面更美观。在阅读报刊杂志时,常常会发现许多页面被分成多个栏目。这些栏目有的是等宽的,有的是不等宽的,从而使得整个页面布局显示更加错落有致,易于阅读。

Word 2010 具有分栏功能,用户可以把每一栏都作为一节对待,这样就可以对每一栏单独进行格式化和版面设计。

要为文档设置分栏,打开【页面布局】选项卡,在【页面设置】组中单击【分栏】按钮 ▤分栏▾,在弹出的菜单中选择【更多分栏】命令,打开【分栏】对话框。在其中进行相关分栏设置,如栏数、宽度、间距和分割线等。

另外,单击【分栏】按钮,在弹出的菜单中还可快速应用内置的分栏样式,如【两栏】、

【三栏】、【偏左】和【偏右】样式。

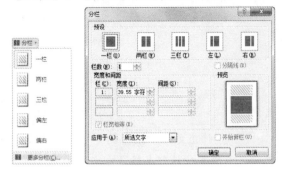

【例5-3】在【时尚点评】文档中，设置分两栏显示第2段和第3段文本。

🎬视频 ＋ 🗂素材 (实例源文件\第05章\例5-3)

01 启动Word 2010，打开【时尚点评】文档。

02 选取第2段和第3段正文文本，打开【页面布局】选项卡，在【页面设置】组中单击【分栏】按钮，在弹出的快捷菜单中选择【更多分栏】命令。

03 打开【分栏】对话框，在【预设】选项区域中选择【两栏】选项，保持选中【栏宽相等】复选框，并选中【分隔线】复选框，然后单击【确定】按钮。

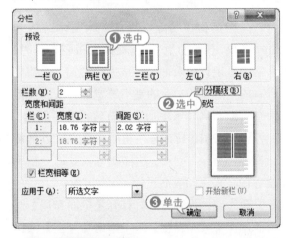

专家解读

进行分栏操作前，必须首先选中分栏的对象，可以是整个文档内容，也可以是一篇内容，又或者是一段内容。

04 此时第2段和第3段正文文本将以两栏的形式排列。

05 在快速访问工具栏中单击【保存】按钮 🖫，保存【时尚点评】文档。

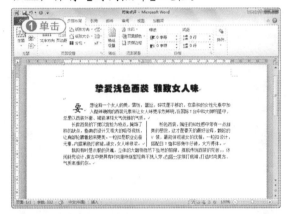

经验谈

如果要取消分栏，打开【分栏】对话框，在【预设】选区中选择【一栏】选项，或者在【页面设置】组中单击【分栏】按钮，在弹出的快捷菜单中选择【一栏】命令即可。

5.1.4 中文版式

Word 2010提供了具有中文特色的中文版式功能，包括纵横混排、合并字符和双行合一等功能。

1. 纵横混排

在默认的情况下，文档窗口中的文本内容都是横向排列的，有时出于某种需要必须使文字纵横混排(如对联中的横联和竖联等)，这时可以使用Word 2010的纵横混排功能，使横向排版的文本在原有的基础上向左旋转90°。

要为文本设置纵横混排效果，可以打开【开始】选项卡，在【段落】组中单击【中文版式】按钮，在弹出的菜单中选择【纵横混排】命令，打开【纵横混排】对话框，如果选中的需要纵横混排的文字比较多，应取消选中【适应行宽】复选框。

2011 年 3 月 23 日↵

日

星期三

14：00↵

专家解读

要删除纵横混排效果，在打开的【纵横混排】对话框，单击【删除】按钮即可恢复所选文本的横向排列。

2. 合并字符

Word 2010 可以设置合并字符效果，该效果能使所选的字符排列成上、下两行，并且可以设置合并字符的字体、字号。

要为文本设置合并字符效果，可以打开【开始】选项卡，在【段落】组中单击【中文版式】按钮，在弹出的菜单中选择【合并字符】命令，打开【合并字符】对话框，在【文字】文本框中，可以对需要设置的文字内容进行修改，在【字体】下拉列表框中选择文本的字体，在【字号】下拉列表框中选择文本的字号，单击【确定】按钮，将显示文字合并后的效果。

在合并字符时，【文字】文本框内出现的文字及其合并效果将显示在【合并字符】对话框右侧的【预览】框内。合并的字符不能超过 6 个汉字的宽度，也就是说可以合并 12 个半角英文字符。超过此长度的字符，将被 Word 2010 截断。

3. 双行合一

在文档的处理过程中，有时会出现一些较多文字的文本，但用户又不希望分行显示。这时，可以使用 Word 2010 提供的双行合一功能来美化文本。双行合一效果能使所选的位于同一文本行的内容平均地分为两部分，前一部分排列在后一部分的上方。在必要的情况下，还可以给双行合一的文本添加不同类型的括号。

要为文本设置双行合一效果，可以选择在【段落】组中单击【中文版式】按钮，在弹出的菜单中选择【双行合一】命令，打开【双行合一】对话框。在【文字】文本框中，可以对需要设置的文字内容进行修改；选中【带括号】复选框后，在右侧的【括号样式】下拉列表框中可以选择为双行合一的文本添加不同类型的括号。

经验谈

合并字符是将多个字符用两行显示，且将多个字符合并成一个整体；双行合一是在一行的空间显示两行文字，且不受字符数的限制。

5.2 图文混排

图文混排是 Word 2010 的主要特色之一，通过在文档中插入多种对象，如艺术字、SmartArt图形、图片、自选图形、表格和图表等，能起到美化文档的作用。

5.2.1 插入艺术字

Word 2010 提供了艺术字功能，可以把文档的标题以及需要特别突出的地方用艺术字显示出来，从而使文章更生动、醒目。

打开【插入】选项卡，在【文本】组中单

击【艺术字】按钮，打开艺术字列表框，在其中选择艺术字的样式，即可在 Word 文档中插入艺术字。

选中艺术字，系统自动会打开【绘图工具】的【格式】选项卡。使用该选项卡中的相应功能工具，可以设置艺术字的样式、填充效果等属性，还可以对艺术字进行大小调整、旋转或添加阴影、三维效果等操作。

【例 5-4】新建【宣传海报】文档，插入艺术字，并设置艺术字的样式、大小和版式。

视频 + 素材 (实例源文件\第 05 章\例 5-4)

01 启动 Word 2010，打开一个空白文档，并将其以文件名【宣传海报】进行保存。

02 打开【插入】选项卡，在【文本】组中，单击【艺术字】按钮，打开艺术字列表框，选择【填充-红色，强调文字颜色 2，暖色粗糙棱台】样式，即可在插入点处插入所选的艺术字样式。

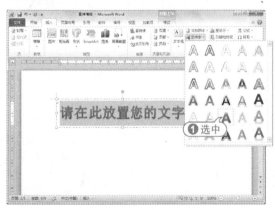

03 在提示文本"请在此放置您的文字"处输入文本，设置字体为【方正舒体】，字号为【小初】。

04 选中艺术字，打开【绘图工具】的【格式】选项卡，在【排列】组中单击【自动换行】按钮，从弹出的菜单中选择【浮于文字上方】命令，为艺术字应用该版式。

05 在【艺术字样式】组中单击【文本效果】按钮，从弹出的菜单中选择【发光】命令，然后在【发光变体】选项区域中选择【紫色，11pt 发光，强调文字颜色 4】选项，为艺术字应用该发光效果。

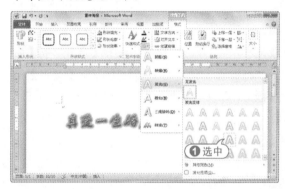

06 将鼠标指针移到选中的艺术字上，待鼠标指针变成形状时，拖动鼠标，将艺术字移到合适的位置。

07 在【大小】组的【高度】和【宽度】微调框中分别输入"3.5 厘米"和"15 厘米"，按 Enter 键，完成艺术字大小的设置。

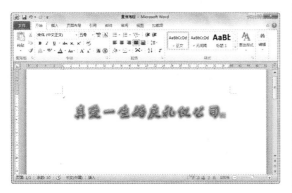

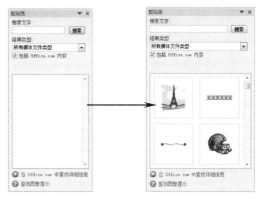

08 在快速访问工具栏中单击【保存】按钮 🖫，保存新建的【宣传海报】文档。

打开【绘图工具】的【格式】选项卡，在【形状样式】组中单击【形状效果】按钮 🔲▾，可以为艺术字设置阴影、三维和发光等效果；单击【形状填充】按钮 🖎▾，可以为艺术字设置填充色；单击【形状轮廓】下拉按钮 ✐▾，可以为艺术字设置轮廓效果；单击【其他】按钮 ▾，可以为艺术字应用形状样式。

5.2.2 插入图片

为了使文档更加美观、生动，可以在其中插入图片。在 Word 2010 中，不仅可以插入系统提供的图片剪贴画，还可以从其他程序或位置导入图片，甚至可以使用屏幕截图功能直接从屏幕中截取画面。

1. 插入剪贴画

Word 2010 所提供的剪贴画库内容非常丰富，设计精美，构思巧妙，能够表达不同的主题，适合于制作各种文档。

要插入剪贴画，可以打开【插入】选项卡，在【插图】组中单击【剪贴画】按钮，打开【剪贴画】窗格，单击【搜索】按钮，将搜索出系统内置的剪贴画。

2. 插入来着文件的图片

在 Word 2010 中除了可以插入剪贴画，还可以从磁盘的其他位置中选择要插入的图片文件。打开【插入】选项卡，在【插图】组中单击【图片】按钮，打开【插入图片】对话框，选择图片文件，单击【插入】按钮，即可将图片插入到文档中。

3. 截取屏幕画面

如果需要在 Word 文档中使用网页中的某个图片或者图片的一部分，则可以使用 Word 2010 提供的【屏幕截图】功能来实现。打开【插入】选项卡，在【插图】组中单击【屏幕截图】按钮，从弹出的菜单中选择【屏幕剪辑】选项，进入屏幕截图状态，拖动鼠标指针截取所需的图片区域。

4. 设置图片格式

插入图片后，自动打开【图片工具】的【格式】选项卡，使用相应功能工具，可以设置图片颜色、大小、版式和样式等。

【例 5-5】在【宣传海报】文档，插入剪贴画和电脑中的图片，并设置其格式。
🎦视频 ➕ 素材 (实例源文件\第 05 章\例 5-5)

01 启动 Word 2010，打开【宣传海报】文档。

02 将插入点定位艺术字下方，打开【插

電腦辦公無師自通

入】選項卡，在【插圖】組中單擊【剪貼畫】按鈕，打開【剪貼畫】任務窗格。

03 在【搜索文字】文本框中輸入"婚紗"，選中【包括Office.com內容】複選框，然後單擊【搜索】按鈕，自動查找電腦與網絡上的剪貼畫文件。

04 搜索完畢後，將在其下的列表框中顯示搜索結果，單擊所需的剪貼畫圖片，即可將其插入到文檔中。

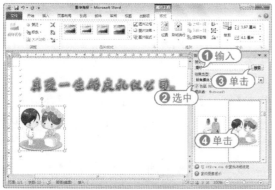

05 打開【圖片工具】的【格式】選項卡，在【排列】組中單擊【自動換行】按鈕，從彈出的菜單中選擇【浮於文字上方】命令，為圖片設置版式。

06 使用鼠標拖動的方法，調節圖片大小和位置，效果如下圖所示。

07 打開【插入】選項卡，在【插圖】組中單擊【圖片】按鈕，打開【插入圖片】對話框，選擇一張圖片，單擊【插入】按鈕，在文檔中插入圖片。

08 使用同樣的方法，設置圖片版式為【浮

于文字上方】，並調節圖片的大小和位置。

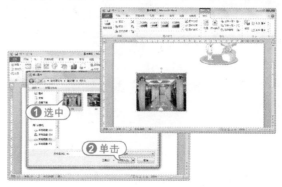

09 按照以上兩步的操作，繼續插入其他圖片，並調整其大小和位置，效果如下圖所示。

10 在快速訪問工具欄中單擊【保存】按鈕，保存【宣傳海報】文檔。

5.2.3 插入文本框

文本框是一種圖形對象，它作為存放文本或圖形的容器，可置於頁面中的任何位置，並可隨意調整其大小。在Word 2010中，文本框用來建立特殊的文本，並且可以對其進行一些

特殊格式的处理，如设置边框、颜色和版式格式。

【例 5-6】 在【宣传海报】文档中，插入文本框，并设置其格式。

视频 ＋ 素材 (实例源文件\第 05 章\例 5-6)

01 启动 Word 2010，打开【宣传海报】文档。

02 打开【插入】选项卡，在【文本】组中单击【文本框】按钮，从弹出的菜单中选择【绘制文本框】命令。

03 将鼠标移动到合适的位置，此时鼠标指针变成"十"字形时，拖动鼠标指针绘制横排文本框，释放鼠标指针，完成绘制操作，此时在文本框中将出现闪烁的插入点。

📚 **经验谈**

Word 2010 提供了 44 种内置文本框，通过插入这些内置文本框，可快速制作出优秀的文档。打开【插入】选项卡，在【文本】组中单击【文本框】下拉按钮，从弹出的列表框中选择内置文本框样式，即可插入。

04 在文本框的插入点处输入文本，并设置字体为【华文细黑】，字号为【五号】，字体颜色为【深蓝】，字形为【加粗】。

05 选中文本框，打开【绘图工具】的【格式】选项卡，在【形状样式】组中单击【形状填充】下拉按钮，从弹出的快捷菜单中选择【无填充颜色】命令；单击【形状轮廓】下

拉按钮，从弹出的快捷菜单中选择【无轮廓】命令，为文本框设置无填充色、无轮廓。

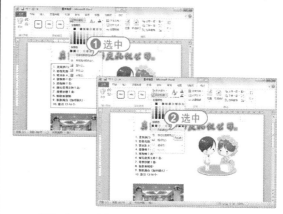

06 打开【插入】选项卡，在【文本】组中单击【文本框】按钮，从弹出的菜单中选择【绘制竖排文本框】命令，拖动鼠标在文档中绘制竖排文本框。

07 在文本框中输入文本，设置字体为【华文琥珀】，字号为【小一】，并且在相邻的两个字之间添加一个空格。

08 使用同样的方法设置竖排文本框为【无填充色】和【无轮廓】，然后调节文本框的大小和位置，效果如下图所示。

09 选中绘制的竖排文本框，打开【格式】选项卡，在【艺术字样式】组的艺术字样式列表中选择一种艺术字样式。

10 继续保持选中竖排文本框，按键盘上的 Ctrl+C 键，复制该文本框，然后在文本框的范围以外的空白区域单击鼠标，再次按下 Ctrl+V 键，粘贴文本框。

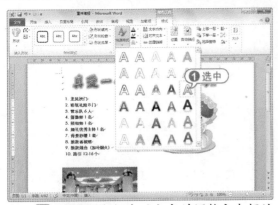

⑪ 修改文本框中的文字并调整文本框的位置，效果如下图所示。

⑫ 按照同样的方法添加其他的文本框并输入文本，效果如下图所示。

⑬ 在快速访问工具栏中单击【保存】按钮，保存【宣传海报】文档。

5.2.4 插入 SmartArt 图形

Word 2010 提供了 SmartArt 图形的功能，用来说明各种概念性的内容。要插入 SmartArt 图形，打开【插入】选项卡，在【插图】组中单击 SmartArt 按钮，打开【选择 SmartArt 图形】对话框，根据需要选择合适的类型即可。

插入 SmartArt 图形后，如果对预设的效果不满意，则可以在 SmartArt 工具的【设计】和【格式】选项卡中对其进行编辑操作，如添加和删除形状，套用形状样式等。

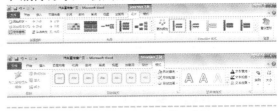

【例 5-7】在【宣传海报】文档，插入 SmartArt 图形，并设置其格式。

🎬视频 + 📁素材 （实例源文件\第 05 章\例 5-7）

⓵ 启动 Word 2010，打开【宣传海报】文档。

⓶ 将插入点定位到合适的位置，打开【插入】选项卡，在【插图】组中单击【SmartArt】按钮，打开【选择 SmartArt 图形】对话框。

⓷ 打开【流程】选项卡，在右侧的列表框中选择【交替流】选项，单击【确定】按钮，在插入点处插入 SmartArt 图形。

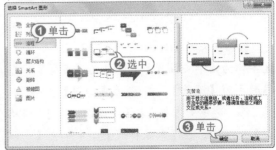

⓸ 打开 SmartArt 工具的【格式】选项卡，在【排列】组中单击【自动换行】按钮，从弹

出的菜单中选择【浮于文字上方】命令，设置
SmartArt 图形浮于文字上方。

⑪ 拖动鼠标调整 SmartArt 图形的大小和
位置，效果如下图所示。

⑫ 右击最右边深色的 "[文本]" 占位符，
选择【添加形状】|【在后面添加形状】命令，
添加一个形状。

⑬ 使用同样的方法，再次添加另外两个
形状。然后在 SmartArt 图形中的 "[文本]" 占
位符中分别输入文字，效果如右上图所示。

⑭ 选中 SmartArt 图形，在【设计】选项
卡的【SmartArt 样式】组中单击【更改颜色】
按钮，在打开的颜色列表中选择【彩色填充-
强调文字颜色 2】选项，为图形更改颜色。

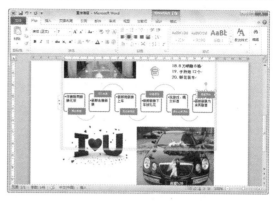

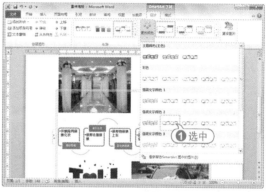

⑮ 设置完成后，最终效果如下图所示，
按 Ctrl+S 键，保存【宣传海报】文档。

5.2.5 插入自选图形

Word 2010 提供了一套可用的自选图形，包括直线、箭头、流程图、星与旗帜、标注等。在文档中，用户可以使用这些图形添加一个形状，或合并多个形状可生成一个绘图或一个更为复杂的形状。

【例 5-8】在【宣传海报】文档，绘制【棱台】图形，并设置其格式。

📹视频 ＋ 🗂素材 (实例源文件\第 05 章\例 5-8)

01 启动 Word 2010，打开【宣传海报】文档。

02 打开【插入】选项卡，在【插图】组中单击【形状】下拉按钮，从弹出的列表框中【基本形状】区域中选择【棱台】选项。

03 将鼠标指针移至文档中，按住鼠标左键拖动鼠标绘制自选图形。

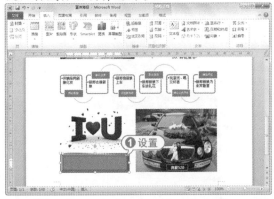

04 选中自选图形，右击，从弹出的快捷菜单中选择【添加文字】命令，此时即可在自选图形的插入点处输入文字。

05 选中绘制的棱台图形，打开【绘图工具】的【格式】选项卡，在【形状样式】组中单击【其他】按钮 ，从弹出的列表框中选择【中等效果-红色，强调颜色 2】样式，为自选图形应用该形状样式。

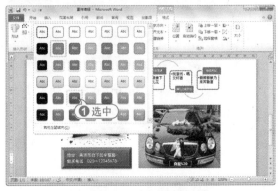

06 单击【形状效果】按钮，从弹出的菜单中选择【发光】命令，在【发光变体】的列表框中选择【红色，11pt 发光，强调文字颜色 2】选项，为自选图形应用该发光效果。

07 最终效果如下图所示，按 Ctrl+S 键保存修改后的【宣传海报】文档。

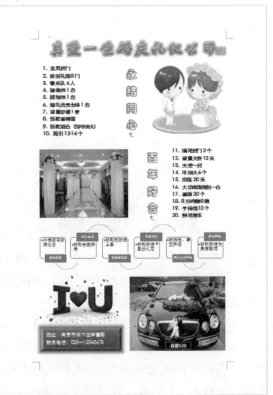

5.3 设置页面背景

为文档添加上丰富多彩的背景，可以使文档更加生动和美观。在 Word 2010 中，不仅可以为文档添加页面颜色，还可以制作出水印背景效果。

5.3.1 使用纯色背景

Word 2010 提供了 70 多种颜色作为备用的颜色，可以选择这些颜色作为文档背景，也可以自定义其他颜色作为背景。

要为文档设置背景颜色，可以打开【页面布局】选项卡，在【页面背景】组中，单击【页面颜色】按钮，将打开【页面颜色】子菜单。在【主题颜色】和【标准色】选项区域中，单击其中的任何一个色块，就可以把选择的颜色作为背景。

如果对系统提供的颜色不满意，可以选择【其他颜色】命令，打开【颜色】对话框，在【标准】选项卡中，选择六边形中的任意色块，即可将选中的颜色作为文档页面背景。

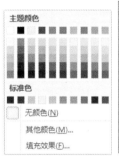
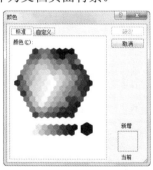

另外，打开【自定义】选项卡，通过拖动鼠标在【颜色】选项区域中选择所需的背景色，或在【颜色模式】选项区域中通过设置颜色的具体参数来选择颜色。

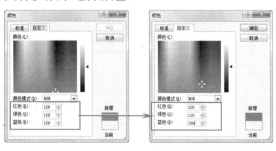

【例 5-9】新建一个文档，为其设置纯色背景。
🎥视频 + 📁素材 (实例源文件\第 05 章\例 5-9)

01 启动 Word 2010，新建一个文档，并将其命名为【纯色背景】。

02 打开【页面布局】选项卡，在【页面背景】组中单击【页面颜色】按钮，从弹出的快捷菜单中选择【其他颜色】命令，打开【颜色】对话框。

03 打开【自定义】选项卡，在【红色】、【绿色】和【蓝色】微调框中分别输入 33、69 和 223，单击【确定】按钮，完成设置。

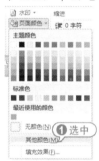
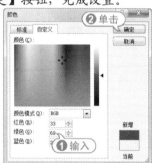

04 按 Ctrl+S 快捷键，保存设置背景颜色后的【纯色背景】文档。

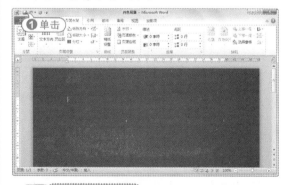

📚 **专家解读**

在【颜色】对话框的【自定义】选项卡中，自定义颜色值的范围为 0~255，不能超过最高值，也不能低于最低值。

5.3.2 使用背景填充效果

使用一种颜色(即纯色)作为背景色,对于一些 Web 页面,会显示过于单调。Word 2010 提供了多种背景填充效果,渐变背景效果、纹理背景效果、图案背景效果及图片背景效果等。使用这些效果,可以使文档更具特色化。

要设置背景填充效果,可以打开【页面布局】选项卡,在【页面背景】组中单击【页面颜色】按钮,在弹出的菜单中选择【填充效果】命令,打开【填充效果】对话框,其中包括 4 个选项卡。

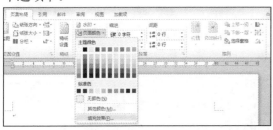

Q 【渐变】选项卡:可以通过选中【单色】或【双色】单选按钮来创建不同类型的渐变效果,在【底纹样式】选区中选择渐变的样式。

Q 【纹理】选项卡:可以在【纹理】选项区域中,选择一种纹理作为文档页面的背景,单击【其他纹理】按钮,可以添加自定义的纹理作为文档的页面背景。

 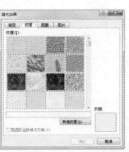

Q 【图案】选项卡:可以在【图案】选项区域中选择一种基准图案,并在【前景】和【背景】下拉列表框中选择图案的前景和背景颜色。

Q 【图片】选项卡:单击【选择图片】

按钮,从打开的【选择图片】对话框中选择一个图片作为文档的背景。

【例 5-10】新建一个文档,为其设置图片填充效果。

📹视频 + 📁素材 (实例源文件\第 05 章\例 5-10)

01 启动 Word 2010,新建一个文档,并将其命名为【图片填充】。

02 打开【页面布局】选项卡,在【页面背景】组中单击【页面颜色】按钮,从弹出的快捷菜单中选择【填充效果】命令,打开【填充效果】对话框。

03 打开【图片】选项卡,单击【选择图片】按钮,打开【选择图片】对话框。

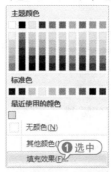 

04 打开图片的存放路径,选择所需的图片,单击【插入】按钮。

05 返回至【图片】选项卡,查看图片的整体效果。

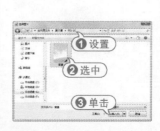 

06 单击【确定】按钮，即可将选定的图片设置为文档的背景，效果如下图所示。

07 在快速访问工具栏中单击【保存】按钮 ![保存图标]，保存【图片填充】文档。

5.3.3 设置水印效果

在 Word 2010 中，不仅可以从水印文本库中插入预先设计好的水印，还可以插入一个自定义的水印。

打开【页面布局】选项卡，在【页面背景】组中单击【水印】按钮，在弹出的水印样式列表框中可以选择内置的水印。若选择【自定义水印】命令，将打开【水印】对话框，在其中可以自定义水印样式。

【例 5-11】 在【图片填充】文档中，添加自定义水印。

📹视频 + 📄素材 (实例源文件\第 05 章\例 5-11)

01 启动 Word 2010，打开【图片填充】文档，然后打开【页面布局】选项卡。

02 在【页面背景】组中单击【水印】按钮 ![水印图标]，从弹出的菜单中选择【自定义水印】命令，打开【水印】对话框。

03 选中【文字水印】单选按钮，在【文字】列表框中输入文本"公司绝密 请勿带出"，在【字体】下拉列表框中选择【楷体】，在【字号】下拉列表框中选择 60，在【颜色】面板中选择【深蓝，文字 2，淡色 40%】色块，并选中【水平】单选按钮。

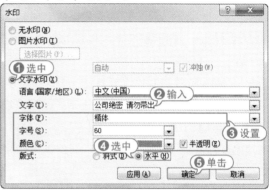

04 单击【确定】按钮，关闭【水印】对话框，此时将在文档中显示文字水印。

05 在快速访问工具栏中单击【保存】按钮 ![保存图标]，保存设置水印效果后的文档。

经验谈

打开【水印】对话框，选中【图片水印】单选按钮，然后单击【选择图片】按钮，打开【选择图片】对话框，可以选择自定义的图片，单击【确定】按钮，即可在文档中插入图片水印。

5.4 使用样式

所谓样式就是字体格式和段落格式等特性的组合。在排版中使用样式可以快速提高工作效率，从而迅速改变文档的外观。

5.4.1 应用样式

Word 2010 自带的样式库中，内置了多种样式，可以为文档中的文本设置标题、字体和背景等样式。使用这些样式可以快速地美化文档。

选择要应用某种内置样式的中文本，打开【开始】选项卡，在【样式】组中进行相关设置。单击【样式对话框启动器】按钮，将打开【样式】任务窗格，在【样式】列表框中可以选择样式。

【例 5-12】新建【办公室管理条例】文档，对文档中的标题应用标题和副标题样式。

视频 + 素材 (实例源文件\第 05 章\例 5-12)

01 启动 Word 2010，新建一个名为【办公室管理条例】的文档，在其中输入文本内容，默认情况下文档中所有的文本都应用【正文】样式，如下图所示。

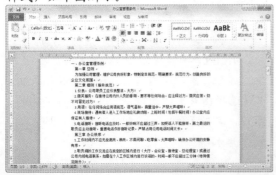

02 选中第一行中的正标题文本，在【开始】选项卡的【样式】组中，单击【其他】按钮，从弹出的列表框中选择【标题】样式，即可将该样式应用于该段文字中。

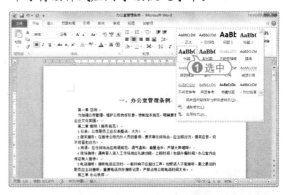

03 将插入点定位在二级标题文本"第一章 总则"中任意位置，在【开始】选项卡的【样式】组中，单击对话框启动器按钮，打开【样式】任务窗格。

04 在【样式】列表框中，选择【标题 2】样式，快速应用【标题 2】样式。

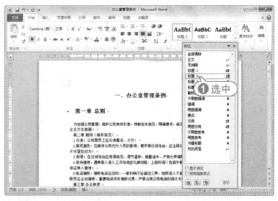

05 使用同样的方法，为其他标题文本应用相应的样式。

专家解读

在为多段文本应用同一样式时，可在按住 Ctrl 键的同时选中多段文本。

06 在快速访问工具栏中，单击【保存】按钮 ，将【办公室管理条例】文档保存。

5.4.2 修改样式

如果某些内置样式无法完全满足某组格式设置的要求，则可以在内置样式的基础上进行修改。下面以实例来介绍修改样式的方法。

【例 5-13】在【办公室管理条例】文档中，修改【标题 2】样式并为其添加虚线型的下划线。
视频 + 素材 （实例源文件\第 05 章\例 5-13）

01 启动 Word 2010，打开【办公室管理条例】文档，将插入点定位在任意一处带有【标题 2】样式的文本中。

02 在【开始】选项卡的【样式】组中，单击对话框启动器按钮 ，打开【样式】任务窗格。

03 单击【标题 2】样式旁的箭头按钮，从弹出的快捷菜单中选择【修改】命令。

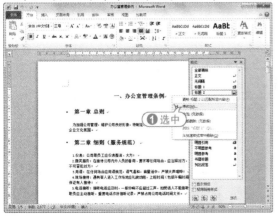

04 打开【修改样式】对话框，在【属性】选项区域的【样式基准】下拉列表框中选择【无样式】选项；在【格式】选项区域的字体下拉列表框中选择【华文楷体】选项，在【字号】下拉列表框中选择【三号】选项，单击【格式】按钮，从弹出的快捷菜单中选择【段落】选项。

05 打开【段落】对话框，在【间距】选项区域中，将段前、段后的距离设置为【0.5 行】，并且将行距设置为【最小值】、【16 磅】，单击【确定】按钮，完成段落设置。

06 返回至【修改样式】对话框，单击【格式】按钮，从弹出的快捷菜单中选择【边框】命令，打开【边框和底纹】对话框。

07 打开【边框】选项卡，在【样式】列表中选择一种虚线样式，在【预览】区域通过单击鼠标，仅保留下边框，然后单击【确定】

按钮，设置边框效果。

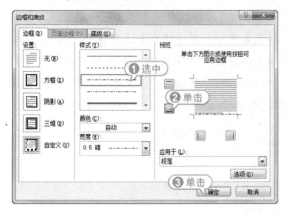

08 返回【修改样式】对话框，查看修改后的【标题2】样式效果，单击【确定】按钮，完成样式修改操作。

09 此时【标题 2】样式自动应用到文档中，按 Ctrl+S 快捷键，保存文档。

5.4.3 创建样式

如果现有文档的内置样式与所需格式设置相去甚远时，用户可以创建一个新样式，将会更有效率。

在【样式】任务窗格中，单击【新样式】按钮，打开【新建样式】对话框。在该对话框中可以进行样式的创建操作。

【例 5-14】在【办公室管理条例】文档中，创建【备注】样式，将其应用到文档中。
📹视频 + 📁素材 (实例源文件\第 05 章\例 5-14)

01 启动 Word 2010，打开【办公室管理

条例】文档，将插入点定位到最后一行文本的任意位置。

02 在【开始】选项卡的【样式】组中，单击对话框启动器按钮，打开【样式】任务窗格。

03 单击【新建样式】按钮，打开【根据格式设置创建新样式】对话框，在【名称】文本框中输入"备注"；在【样式基准】下拉列表框中选择【无样式】选项；在【格式】选项区域的【字体】下拉列表框中选择【华文楷体】选项；在【字体颜色】下拉列表框中选择【深红色】色块。

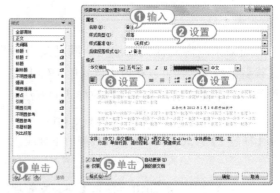

04 单击【格式】按钮，在弹出的菜单中选择【段落】命令，打开【段落】对话框，设置【对齐方式】为右对齐，【段前】间距设为0.5 行，单击【确定】按钮，完成设置。

05 备注文本自动应用新样式，此时在【样式】任务窗格中将显示【备注】样式。

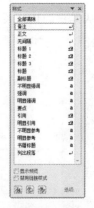

06 在快速访问工具栏中，单击【保存】

按钮■，将修改后的【办公室管理条例】文档保存。

经验谈

在【样式】任务窗格中，单击样式旁的箭头按钮，在弹出的菜单中选择相应的【删除】命令，打开确认删除对话框，单击【是】按钮，即可删除该样式，但要注意的是，无法删除内置样式。如果删除了创建的段落样式，Word 将对所有具有此样式的段落应用【正文】样式，然后从任务窗格中删除该样式的定义。

5.5 完善文档

对于书籍、手册等长文档，Word 2010 提供了许多便捷的操作方式及管理工具。例如用户可以为文档添加封面、插入目录、插入页码等，使文档更加完善。

5.5.1 插入封面

通常情况下，在书籍的首页可以插入封面，用于说明文档的主要内容和特点。

封面是文档给人的第一印象，因此必须要制作得非常美观。封面主要包括标题、副标题、编写时间、编著及公司名称等信息。另外，在书籍的首页，需要创建独特的页眉和页脚。

【例 5-15】在【办公室管理条例】文档中添加封面。

视频 + 素材 (实例源文件\第 05 章\例 5-15)

01 启动 Word 2010，打开【办公室管理条例】文档。

02 打开【插入】选项卡，在【页】组中单击【封面】按钮，从弹出的【内置】列表框中选择【年刊型】选项，即可快速插入封面。

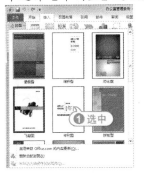

03 单击【选取日期】下拉列表，选择一个日期。

04 然后按照提示在封面的其他位置输入相应的文本，效果如下图所示。

专家解读

有时根据内置封面样式，可以在所添加的封面插入自选的图片，插入图片的方法与在文档中插入图片方法类似。另外，封面中表格框的大小并不是固定不变的，用户可通过鼠标拖动的方法调整其大小。

5.5.2 设置页眉和页脚

页眉和页脚是文档中每个页面的顶部、底部和两侧页边距(即页面上打印区域之外的空白空间)中的区域。页眉和页脚通常用于显示文档的附加信息，例如页码、时间和日期、作者名称、单位名称、徽标或章节名称等。

在长文档或书籍中，奇偶页的页眉页脚通常是不同的。在 Word 2010 中，可以为文档中的奇、偶页设计不同的页眉和页脚。

【例 5-16】在【办公室管理条例】文档中为奇、偶页创建不同的页眉。

📹视频 + 📁素材 (实例源文件\第 05 章\例 5-16)

01 启动 Word 2010，打开【办公室管理条例】文档。

02 打开【插入】选项卡，在【页眉和页脚】组中单击【页眉】按钮，选择【编辑页眉】命令，进入页眉和页脚编辑状态。

03 打开【页眉和页脚】工具的【设计】选项卡，在【选项】组中保持【首页不同】复选框的选中状态，然后选中【奇偶页不同】复选框。

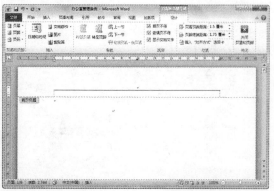

04 在奇数页页眉区域中选中段落标记符，打开【开始】选项卡，在【段落】组中单击【边框】按钮，在弹出的菜单中选择【无框线】命令，隐藏奇数页页眉的边框线。

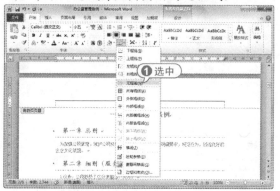

05 将光标定位在段落标记符上，输入文字"办公室管理条例"，设置文字字体为【华文楷体】，字号为【小四】，字形为【加粗】。

06 选中偶数页段落标记符，使用同样的方法，删除偶数页页眉的边框线。

07 在偶数页页眉处输入文本，并设置文字字体为【华文楷体】，字号为【小四】，字形为【加粗】。

08 打开【页眉和页脚】工具的【设计】选项卡，在【关闭】组中单击【关闭页眉和页脚】按钮，完成奇、偶页页眉的设置。

09 在快速访问工具栏中单击【保存】按钮，保存所作的设置。

专家解读

选中【首页不同】复选框后，在编辑页眉和页脚时，首页是独立存在的，不属于奇数页也不属于偶数页。

5.5.3 插入页码

页码就是给文档每页所编的号码，便于读者阅读和查找。页码可以添加在页面顶端、页面底端和页边距等地方。

要插入页码，可以打开【插入】选项卡，在【页眉和页脚】组中单击【页码】按钮，在弹出的菜单中选择页码的位置和样式。

【例5-17】在【办公室管理条例】文档中添加页码。

视频 + **素材** (实例源文件\第05章\例5-17)

01 启动 Word 2010，打开【办公室管理条例】文档。

02 打开【插入】选项卡，在【页眉和页脚】组中，单击【页码】按钮，在弹出的菜单中选择【页面底端】命令，在【普通数字】类别框中选择【括号2】选项，即可在奇数页插入【括号2】样式的页码。

03 将插入点定位在偶数页，使用同样的方法，在页面底端中插入【括号2】样式的页

码，效果如下图所示。

04 打开【页眉和页脚工具】的【设计】选项卡，在【关闭】组中单击【关闭页眉和页脚】按钮，退出页码编辑状态。

05 在快速访问工具栏中单击【保存】按钮，保存【办公室管理条例】文档。

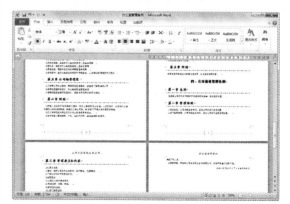

5.5.4 设置页码格式

在文档中，如果要使用不同于默认格式的页码，例如 i 或 a 等，就需要对页码的格式进

行设置。

打开【插入】选项卡，在【页眉和页脚】组中单击【页码】按钮，在弹出的菜单中选择【设置页码格式】命令，打开【页码格式】对话框。在该对话框中进行页码的格式化设置。

【例 5-18】在【办公室管理条例】文档中重新设置页码的样式。

视频 + 素材 (实例源文件\第 05 章\例 5-18)

01 启动 Word 2010，打开【办公室管理条例】文档。

02 在任意页码的页眉或页脚处双击，使文档进入页眉和页脚编辑状态。

03 打开【页眉和页脚工具】的【设计】选项卡，在【页眉和页脚】组中单击【页码】按钮，从弹出的菜单中选择【设置页码格式】命令，打开【页码格式】对话框。

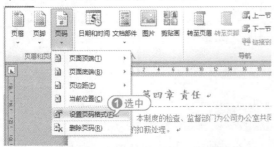

04 在【编号样式】下拉列表框中选择

【-1-,-2-,-3-,…】选项，单击【确定】按钮，完成编码样式的设置。

05 此时所有页脚中的页码将应用新的页码样式。

经验谈

在【页码格式】对话框中，选中【包含章节号】复选框，可以在添加的页码中包含章节号，还可以设置章节号的样式及分隔符；在【页码编号】选项区域中，可以设置页码的起始页。

06 在【关闭】组中单击【关闭页眉和页脚】按钮，退出页码编辑状态。

07 在快速访问工具栏中单击【保存】按钮，保存【办公室管理条例】文档。

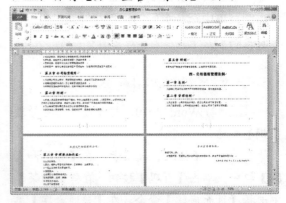

5.5.5 插入目录

目录与一篇文章的纲要类似，通过它可以了解全文的结构和整个文档所要讨论的内容。

在 Word 2010 中，可以对一个编辑和排版完成的稿件自动生成目录。

1. 创建目录

Word 2010 有自动提取目录的功能，用户可以很方便地为文档创建目录。

【例 5-19】在【办公室管理条例】文档中创建目录。

视频 + 素材 (实例源文件\第 05 章\例 5-19)

01 启动 Word 2010，打开【办公室管理条例】文档。

02 将插入点定位在正文文本"一、办公室管理条例"的前方。

03 按下两次 Enter 键换行，然后将插入点定位在第一行，在光标闪烁位置处输入文本"目录"，设置字体为【黑体】，字号为【小二】，字形为【加粗】，并设置居中对齐。

04 将插入点移至下一行，打开【引用】选项卡，在【目录】组中单击【目录】按钮，从弹出的菜单中选择【插入目录】命令，打开【目录】对话框。

05 打开【目录】选项卡，在【显示级别】微调框中输入 3，单击【确定】按钮，即可插入目录。

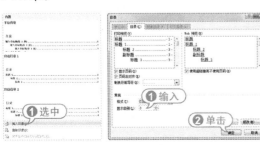

专家解读

在【引用】选项卡的【目录】组中，单击【目录】按钮，从弹出的内置目录样式菜单中选取目录样式，即可快速在文档中创建具有特殊格式的目录。

06 按 Ctrl+S 快捷键，保存修改后的【办公室管理条例】文档。

经验谈

制作完目录后，只需按 Ctrl 键，再单击目录中的某个页码，就可将插入点跳转到该页的标题处。

2. 美化目录

创建完目录后，用户还可像编辑普通文本一样对其进行样式的设置，如更改目录字体、字号和对齐方式等，以便让目录更为美观。

【例 5-20】在【办公室管理条例】文档中美化目录。

视频 + 素材 (实例源文件\第 05 章\例 5-20)

01 启动 Word 2010，打开【办公室管理条例】文档。

02 选取整个目录，打开【开始】选项卡，在【字体】组中的【字体】下拉列表框中选择【华文楷体】选项，在【字号】下拉列表框中选择【小四】选项。

03 在【段落】组中单击对话框启动器按钮，打开【段落】对话框的【缩进和间距】选

项卡,在【间距】选项区域的【行距】下拉列表框中选择【固定值】选项,在【设置值】微调框中输入"25磅"。

🔲 单击【确定】按钮,此时全部目录将以固定值25磅的行距显示。

🔲 按Ctrl+S快捷键,保存修改后的【办公室管理条例】文档。

3. 更新目录

当创建了一个目录后,如果对正文文档中的内容进行编辑修改了,那么目录中标题和页码都有可能发生变化,与原始目录中的页码不一致,此时就需要更新目录。

右击选中的整个目录,从弹出的快捷菜单中选择【更新域】命令,打开【更新目录】对话框。选中【更新整个目录】单选按钮,单击【确定】按钮即可。

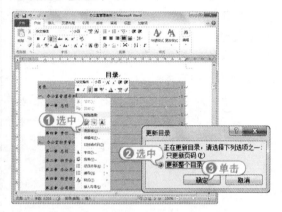

专家解读

要将整个目录文件复制到另一个文件中单独保存或打印,必须要将其与原来的文本断开链接,选中整个目录,按Ctrl+Shift+F9组合键,即可断开链接。

5.6 页码版式设置

在编辑文档的过程中,为了使文档页面更加美观,可以根据需求对文档的页面进行布局,如设置页边距、纸张、版式和文档网格等,从而制作出一个要求较为严格的文档版面。

5.6.1 设置页边距

设置页边距,包括调整上、下、左、右边距,以及装订线的距离和纸张方向。

打开【页面布局】选项卡,在【页面设置】组中单击【页边距】按钮,从弹出的下拉列表框中选择页边距样式,即可快速为页面应用该页边距样式。若选择【自定义边距】命令,打开【页面设置】对话框的【页边距】选项卡,

在其中可以精确设置页面边距和装订线距离。

CHAPTER 05

【例5-21】新建【贺卡】文档，对其页边距、装订线和纸张方向进行设置。

视频 + 素材 (实例源文件\第05章\例5-21)

01 启动 Word 2010，新建一个空白文档，将其命名为【贺卡】。

02 打开【页面布局】选项卡，在【页面设置】组中单击【页边距】按钮，从弹出的菜单中选择【自定义边距】命令，打开【页面设置】对话框。

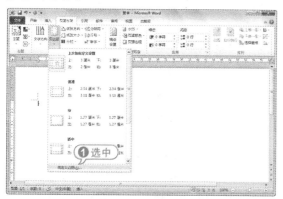

03 打开【页边距】选项卡，在【纸张方向】选项区域中选择【横向】选项，在【页边距】的【上】、【下】和【右】微调框中输入"3厘米"，在【左】微调框中输入"2厘米"，在【装订线位置】下拉列表框中选择【左】选项，在【装订线】微调框中输入"1厘米"。

04 单击【确定】按钮，为文档应用所设置的页面版式。

5.6.2 设置纸张大小

默认情况下，Word 2010 文档的纸张大小

为A4。在制作某些特殊文档(如明信片、名片或贺卡)时，用户可以根据需要调整纸张的大小，从而使文档更具特色。

【例5-22】在【贺卡】文档中设置纸张大小。

视频 + 素材 (实例源文件\第05章\例5-22)

01 启动 Word 2010 应用程序，打开【贺卡】文档。

02 打开【页面布局】选项卡，在【页面设置】组中单击【纸张大小】按钮，从弹出的菜单中选择【其他页面大小】命令，打开【页面设置】对话框。

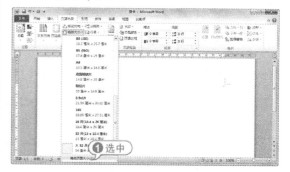

03 打开【纸张】选项卡，在【纸张大小】下拉列表框中选择【自定义大小】选项，在【宽度】和【高度】微调框中分别输入"22厘米"和"15厘米"。

04 单击【确定】按钮，即可为【贺卡】文档重新设置纸张大小。

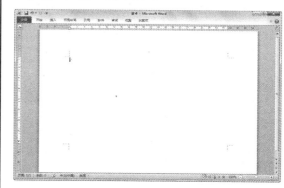

5.6.3 设置文档网格

文档网格用于设置文档中文字排列的方向、每页的行数和每行的字数等内容。

【例 5-23】 在【贺卡】文档中设置文档网格。
视频 + 素材 (实例源文件\第 05 章\例 5-23)

01 启动 Word 2010 应用程序，打开【贺卡】文档。

02 打开【页面布局】选项卡，单击【页面设置】对话框启动器，打开【页面设置】对话框。

03 打开【文档网格】选项卡，在【文字排列】选项区域的【方向】选项中选中【水平】单选按钮；在【网格】选项区域中选中【指定行和字符网格】单选按钮；在【字符数】的【每

行】微调框中输入 26；在【行数】的【每页】微调框中输入 8，单击【确定】按钮，完成设置。

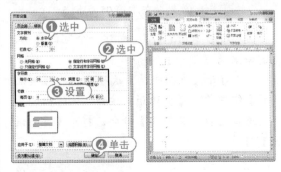

专家解读

如果用户想将修改后的文档网格设置为默认格式，则可以在【文档网格】选项卡中单击【设为默认值】按钮。

5.7 输出文档

完成文档的制作后，必须先对其进行打印预览，按照用户的不同需求进行修改和调整，然后对打印文档的页面范围、打印份数和纸张大小等进行设置，再输出文档。Word 2010 提供了多种文档的打印方式，不仅可以指定范围打印文档，而且可以双面打印多份、多篇文档等。

5.7.1 预览文档

在打印文档之前，如果想预览打印效果，可以使用打印预览功能，利用该功能查看文档效果，以便及时纠正错误。

在 Word 2010 窗口中，单击【文件】按钮，从弹出的菜单中选择【打印】命令，在右侧的预览窗格中可以预览打印效果。

如果看不清楚预览的文档，可以单击多次预览窗格下方的缩放比例工具右侧的+按钮，以达到合适的缩放比例进行查看。单击-按钮，可以将文档缩小至合适大小，以多页方式查看文档效果。

另外，拖动滑块同样可以对文档的显示比例进行调整。单击【缩放到页面】按钮，可以将文档自动调节到当前窗格合适的大小显示内容。

5.7.2 打印文档

如果一台打印机与计算机已正常连接，并且安装了所需的驱动程序，就可以在 Word 2010 中直接输出所需的文档。

在文档中，单击【文件】按钮，在弹出的菜单中选择【打印】命令，可在打开的视图中

设置打印份数、打印机属性、打印页数和双页打印等。设置完成后，直接单击【打印】按钮，即可开始打印文档。

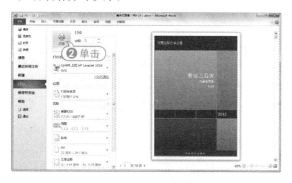

如果用户需要对打印机属性进行设置，单击【打印机属性】链接，打开【\\QHWK\ HP LaserJet 1018 属性】对话框，在该对话框中可以进行纸张尺寸、水印效果、打印份数、纸张方向和旋转打印等参数的设置。

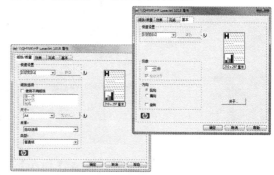

5.8 实战演练

本章主要介绍了 Word 2010 的高级应用，包括设置特殊版式、图文混排和页面版式设置等内容。本次实战演练通过制作一个公司专用的草稿纸文档，使读者进一步熟悉本章所学习的内容。

【例 5-24】 制作公司专用草稿纸，设置页面大小、页眉、页脚和页面背景。

🎬视频 ＋ 📁素材　(实例源文件\第 05 章\例 5-24)

01 启动 Word 2010，新建一个空白文档，将其命名为【公司草稿纸】。

02 打开【页面布局】选项卡，单击【页面设置】对话框启动器按钮 📑，打开【页面设置】对话框。

03 打开【页边距】选项卡，在【上】微调框中输入"2 厘米"，在【下】微调框中输入"1.5 厘米"，在【左】、【右】微调框中输入"1.5 厘米"，在【装订线】微调框中输入"1 厘米"，在【装订线位置】列表框中选择【上】选项。

04 打开【纸张】选项卡，在【纸张大小】下拉列表框中选择【32 开(13×18.4 厘米)】选项，此时在【宽度】和【高度】文本框中自动填充尺寸。

05 打开【版式】选项卡，在【页眉】和【页脚】微调框中分别输入"2 厘米"和"1.5 厘米"，然后单击【确定】按钮，完成页面大小的设置。

06 在页眉区域双击，进入页眉和页脚编辑状态。

07 在页眉编辑区域中选中段落标记符，打开【开始】选项卡，在【段落】组中单击【下框线】按钮 ⊞，在弹出的菜单中选择【无框线】命令，隐藏页眉处的边框线。

08 将插入点定位在页眉处，打开【插入】

选项卡，在【插图】组中单击【图片】按钮，
打开【插入图片】对话框。

09 选择需要插入的图片，单击【插入】
按钮，将图片插入到页眉中。

10 打开【图片工具】的【格式】选项卡，
在【排列】组中单击【自动换行】按钮，从弹
出的菜单中选择【浮于文字上方】选项，设置
环绕方式为浮于文字上方，并拖动鼠标调节图
片大小和位置。

11 打开【插入】选项卡，在【插图】组
中单击【形状】按钮，在【线条】选项区域中
单击【直线】按钮，在页眉处绘制一条直线。

12 打开【绘图工具】的【格式】选项卡，
在【形状样式】组中单击【其他】按钮，从弹
出的列表框中选择【粗线-强调颜色2】选项，
为直线应用样式，并调整直线到合适的位置。

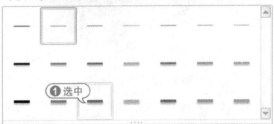

13 打开【页眉和页脚工具】的【设计】
选项卡，在【导航】组中单击【转至页脚】按
钮，切换到页脚中，打开搜狗拼音输入法，输
入公司的电话和地址，并且设置字体为【华文
细墨】，字号为五号，颜色为【红色，强调文
字颜色2，深色25%】。

14 使用同样的方法在页脚处绘制一条与
页眉处同样的直线。

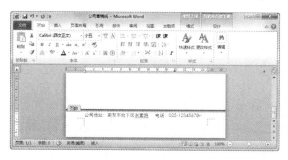

⒂ 打开【页眉和页脚工具】的【设计】选项卡，在【关闭】组中单击【关闭】按钮，退出页眉和页脚编辑状态。

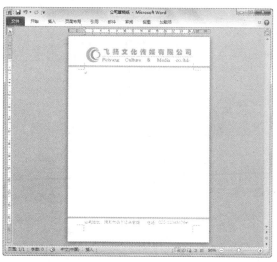

⒃ 打开【页面布局】选项卡，在【页面背景】组中，单击【水印】按钮，在弹出的菜单中选择【自定义水印】命令，打开【水印】对话框，选中【图片水印】单选按钮，并且单击【选择图片】按钮。

⒄ 打开【插入图片】对话框，选择一张图片后，单击【插入】按钮。

⒅ 返回至【水印】对话框，取消选中【冲淡】复选框，然后单击【确定】按钮，将选择的图片水印应用到文档中。

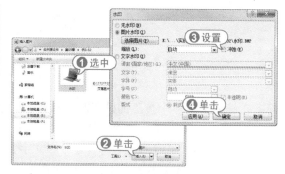

⒆ 在快速访问工具栏中单击【保存】按钮，保存【公司草稿纸】文档。

⒇ 单击【文件】按钮，选择【打印】命令，打开 Microsoft Office Backstage 视图，在最右侧预览窗格中可以查看整体效果。

㉑ 在中间的【打印】窗格中的【份数】微调框中输入 20；单击【每版打印1页】下拉按钮，从弹出的下拉菜单中选择【每版打印2页】选项，单击【打印】按钮，打印 20 份文档，然后将打印纸旋转 180 度摆放，继续打印 20 份该文档。

电脑办公无师自通

5.9 专家指点

一问一答

问： 在输入公司多个员工的姓名时，如何将姓名按照姓氏笔划数从低到高排序？

答： 首先在 Word 中输入多个员工的姓名，使每个姓名占一行，然后打开【开始】选项卡，在【段落】组中单击【排序】按钮，打开【排序文字】对话框，在【主要关键字】下拉列表框中选择【段落数】选项，在【类型】下拉列表框中选择【笔划】选项，并选中【升序】单选按钮，设置完成后，单击【确定】按钮，即可将所有姓名按照姓氏笔划数从低到高排序。

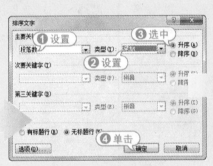

一问一答

问： 如何在文档中插入和删除批注？

答： 批注是指审阅读者给文档内容加上的注解或说明，或者是阐述批注者的观点。在上级审批文件或老师批改作业时非常有用。要插入批注可先将插入点定位在要插入批注的位置或选中要添加批注的文本，打开【审阅】选项卡，在【批注】组中单击【新建批注】按钮，此时 Word 会自动显示一个红色的批注框，在其中输入内容即可。如果要删除批注可采用以下两种方法。(1)右击要删除的批注，在弹出的快捷菜单中选择【删除批注】命令。(2)将插入点定位在要删除的批注框中，打开【审阅】选项卡，在【批注】组中单击【删除】按钮，在弹出的菜单中选择【删除】命令。另外，将插入点定位在批注框中，打开【审阅】选项卡，在【批注】组中单击【删除】按钮，在弹出的菜单中选择【删除文档中的所有批注】命令，即可将文档中所有的批注删除。

CHAPTER 05

第6章

电子表格——Excel 2010

Excel 2010 是 Microsoft 公司推出的 Windows 环境下最受欢迎的电子表格处理软件，它凭借友好的界面、强大的数据计算功能，广泛地应用于办公自动化领域并深受广大用户的喜爱。本章来介绍 Excel 2010 的基本操作方法。

对应光盘视频

例 6-1 创建空白工作簿
例 6-2 保存工作簿
例 6-3 打开工作簿
例 6-4 合并单元格
例 6-5 输入文本型数据
例 6-6 输入数字型数据
例 6-7 快速填充数据
例 6-8 设置数据格式

例 6-9 设置字体格式
例 6-10 设置对齐方式
例 6-11 设置边框和底纹
例 6-12 套用内置单元格样式
例 6-13 自定义单元格样式
例 6-14 调整列宽与行高
例 6-15 套用表格样式
例 6-16 应用条件格式

6.1 认识 Excel 2010 工作环境

Microsoft Excel 2010 是 Microsoft 公司出品的 Office 2010 系列办公软件中的一个电子表格软件，可以用来制作电子表格，完成复杂的数据运算，进行数据分析和预测，并且具有强大的制作图表和打印输出等功能。

6.1.1 Excel 2010 的视图模式

Excel 2010 为用户提供了普通视图、页面布局视图和分页预览视图 3 种视图模式。

打开【视图】选项卡，在【工作簿视图】组中单击相应的视图按钮，或者在视图栏中单击视图按钮，即可将当前操作界面切换至相应的视图。

普通视图是 Excel 2010 的默认视图，在该视图下无法查看页边距、页眉和页脚，仅可对表格进行设计和编辑。

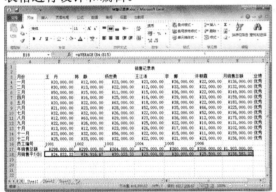

而页面布局视图兼有打印预览和普通视图的优点，在该视图中，既可对表格进行编辑修改，也可查看和修改页边距、页眉和页脚，同时显示水平和垂直标尺，方便用户测量和对齐表格中的对象。

在分页预览视图中，Excel 2010 自动将表格分成多页，通过拖动界面右侧或者下方的滚动条，可分别查看各页面中的数据内容。

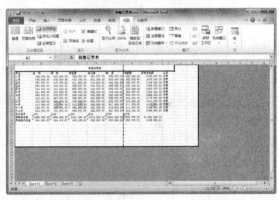

> **专家解读**
>
> 在 Excel 2010 中进行视图切换时，打开【视图】选项卡，在【工作簿视图】组中单击【全屏显示】按钮，可切换至全屏视图，显示工作表中数据内容。

6.1.2 Excel 的主要组成要素

一个完整的 Excel 电子表格文档主要由 3 个部分组成，分别是工作簿、工作表和单元格，这 3 个部分相辅相成缺一不可。

1. 工作簿

工作簿是 Excel 用来处理和存储数据的文件。新建的 Excel 文件就是一个工作簿，它可以由一个或多个工作表组成。实质上，工作簿是工作表的一个容器。刚启动 Excel 2010 时，系统会打开一个名为【工作簿1】的空白工作簿。

2. 工作表

工作表是在 Excel 中用于存储和处理数据的主要文档，也是工作簿中的重要组成部分，它又被称为电子表格。

在默认情况下，一个工作簿由 3 个工作表构成，其默认名字是 sheet1、sheet2 和 sheet3，单击不同的工作表标签可以在工作表中进行切换。

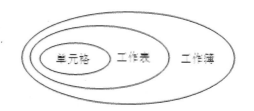

3. 单元格

单元格是 Excel 工作表中的最基本单位，对数据的操作都是在单元格中完成的。单元格的位置由行号和列标来确定，每一行的行号由 1、2、3 等数字表示；每一列的列标由 A、B、C 等字母表示。行与列的交叉形成一个单元格。

专家解读

每张工作表只有一个单元格是活动单元格，它四周有粗线黑框，其名称显示在编辑栏左侧的名称框中。

4. 工作簿、工作表和单元格之间的关系

工作簿、工作表与单元格之间的关系是包含与被包含的关系，即工作表由多个单元格组成，而工作簿又包含一个或多个工作表。

6.2 工作簿的基本操作

Excel 的文档就是工作簿，其扩展名为.XLS。基本操作包括新建、保存、关闭、打开等。

6.2.1 新建工作簿

运行 Excel 2010 应用程序后，系统会自动创建一个新的工作簿。除此之外，用户还可以通过【文件】按钮来创建新的工作簿。

经验谈

由此得出，单元格是最小的单位，工作表是由单元格构成的，而工作表又构成了 Excel 工作簿。工作簿则是保存 Excel 文件的基本的单位，其扩展名为.xlsx。

6.1.3 掌握 Excel 的制作流程

使用 Excel 2010 可以制作出诸如工资表、统计表等电子表格，但无论什么表格，其制作流程都是相同的。其具体操作步骤如下。

第一步，将插入点定位在要输入数据的单元格中，输入需要的数据。

第二步，完成数据的输入后，对其进行格式化设置，如设置字体、字号、数据类型、边框和底纹、工作表背景等。

第三步，根据表格内容，插入适当的艺术字、图片及图表等内容。

第四步，选择需要的单元格或单元格区域，对输入的各种数据进行求和、求平均数、汇总等计算。

第五步，完成表格的制作后，通过打印功能将其打印出来。

工作簿是保存 Excel 文件的基本的单位，它的

【例 6-1】在 Excel 2010 中，创建一个新空白工作簿。 视频

01 单击【开始】按钮，从弹出的菜单中选择【所有程序】| Microsoft Office | Microsoft Excel 2010 命令，启动 Excel 2010。

02 单击【文件】按钮，打开【文件】菜单，并选择【新建】命令。

03 在中间的【可用模板】列表框中选择【空白工作簿】选项，单击【创建】按钮。

专家解读

在【可用模板】列表框中选择【样本模板】选项，即可打开 Excel 内置的模板，在模板列表中选择一种模板，单击【创建】按钮，即可新建一个基于模板的工作簿。

04 此时即可新建一个名为【工作簿 2】的工作簿。

6.2.2 保存工作簿

在对工作表进行操作时，应记住经常保存

Excel 工作簿，以免因为一些突发状况而丢失数据。在 Excel 2010 中，常用的保存工作簿方法有以下 3 种。

- 在快速访问工具栏中单击【保存】按钮 ▣ 。
- 单击【文件】按钮，从弹出的菜单中选择【保存】命令。
- 使用 Ctrl+S 快捷键。

当 Excel 工作簿第一次被保存时，会自动打开【另存为】对话框。在对话框中可以设置工作簿的保存名称、位置以及格式等。当工作簿保存后，再次执行保存操作时，会根据第一次保存时的相关设置直接保存工作簿。

【例 6-2】将新建的空白工作簿保存，并设置其名称为【公司总账】。

视频＋素材　(实例源文件\第 06 章\例 6-2)

01 承接【例 6-1】的操作，单击【文件】按钮，在弹出的菜单中选择【保存】命令，打开【另存为】对话框。

02 切换至搜狗拼音输入法，在【文件名】文本框中输入"公司总账"，单击【保存】按钮，保存工作簿。

03 此时在标题栏中就可以看到工作簿的名称。

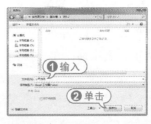 

6.2.3 打开和关闭工作簿

当工作簿被保存后，即可在 Excel 2010 中再次打开该工作簿。然而在不需要该工作簿时，即可将其关闭。

1. 打开工作簿

打开工作簿的常用方法如下所示。

- 单击【文件】按钮,从弹出的菜单中选择【打开】命令。
- 直接双击创建的 Excel 文件图标。
- 使用 Ctrl+O 快捷键。

【例 6-3】以只读方式打开【例 6-2】中保存的【公司总账】工作簿。 📹视频

[01] 启动 Excel 2010,打开一个名为【工作簿 1】的空白工作簿。

[02] 单击【开始】按钮,在弹出的菜单中选择【打开】命令,打开【打开】对话框。

[03] 选择要打开的【公司总账】工作簿文件,然后单击【打开】下拉按钮,从弹出的快捷菜单中选择【以只读方式打开】命令,即可以只读方式打开工作簿。

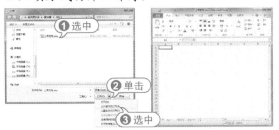

2. 关闭工作簿

在 Excel 2010 操作界面中,单击【文件】按钮,在弹出的【文件】菜单中选择【关闭】命令,或者直接单击功能区右侧的【关闭窗口】 按钮,即可关闭当前工作簿,但并不退出 Excel 2010。

专家解读

以只读方式打开的工作簿,用户只能进行查看,不能做任何修改。

6.3 工作表的基本操作

工作簿是由工作表组成的,而工作表是工作簿文档窗口的主体,也是进行操作的主体,它是由若干个行和列组成的表格。对工作表的基本操作主要包括工作表的选择与切换、工作表的插入与删除、工作表的移动与复制以及工作表的重命名等。

6.3.1 工作表的选择与切换

在一个工作簿中往往不止一个工作表,若要对其中的一个工作表进行编辑,就要先选定该工作表。在 Excel 工作界面的左下角有一个标签组,单击其中的某一个标签,即可选定对应的工作表,单击不同的标签可在不同的工作表之间相互切换。

另外,按住 Shift 键单击标签,可选定相邻的多个工作表。

按住 Ctrl 键单击标签,可选定不相邻的多个工作表。

6.3.2 工作表的插入

若工作簿中的工作表数量不足,用户可以在工作簿中插入工作表。插入的工作表不仅可以是空白的工作表,还可以是根据模板插入的

带有样式的新工作表。插入工作表最常用的方法有以下 3 种。

1. 单击【插入工作表】按钮

工作表切换标签的右侧有一个【插入工作表】按钮，单击该按钮可以快速新建工作表。

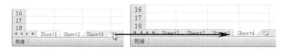

2. 使用右键快捷菜单

使用右键快捷菜单将会使插入的新工作表位于选定工作表的左侧，具体方法为：选定当前活动工作表，将光标指向该工作表标签，然后单击鼠标右键，在弹出的快捷菜单中选择【插入】命令。打开【插入】对话框，在对话框的【常用】选项卡中选择【工作表】选项，然后单击【确定】按钮。

3. 选择功能区中的命令

打开【开始】选项卡，在【单元格】组中单击【插入】下拉按钮，在弹出的菜单中选择【插入工作表】命令，即可插入工作表。插入的新工作表位于当前工作表左侧。

6.3.3 工作表的删除

对工作表进行编辑时，可以删除一些多余或错误的工作表。这样不仅可以方便用户对工作表进行管理，还可以节省系统资源。

要删除一个工作表，首先单击工作表标签来选定该工作表，然后在【开始】选项卡的【单元格】组中单击【删除】下拉按钮，在弹出的快捷菜单中选择【删除工作表】命令，即可删除该工作表。此时，和它相邻的右侧的工作表会变成当前的活动工作表。

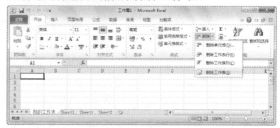

要删除多个工作表，可先同时选定这些工作表，然后在要删除的工作表的工作表标签上右击，在弹出的快捷菜单中选择【删除】命令，即可删除选定的工作表。

在删除有数据的表格时，系统会打开一个对话框询问是否确定要删除。如果确认删除，则单击【删除】按钮即可；如果不想删除，则单击【取消】按钮即可。

6.3.4 工作表的移动与复制

在使用 Excel 2010 进行数据处理时，经常把描述同一事物相关特征的数据放在一个工作表中，而把相互之间具有某种联系的不同事物安排在不同的工作表或不同的工作簿中，这时就需要在工作簿内或工作簿间移动或复制工作表。

1. 在工作簿内移动或复制工作表

在同一工作簿内移动或复制工作表的操作方法非常简单,只需选定要移动的工作表,然后沿工作表标签行拖动选定的工作表标签即可;如果要在当前工作簿中复制工作表,需要在按住 Ctrl 键的同时拖动工作表,并在目的地释放鼠标,然后松开 Ctrl 键。

专家解读

在拖动工作表时,Excel 用黑色的倒三角指示工作表要放置的目标位置,如果要放置的目标位置不可见,只要沿工作表标签行拖动,Excel 会自动滚动工作表标签行。

如果复制工作表,则新工作表的名称由原来相应工作表名称附加用括号括起来的数字

组成,表示两者是不同的工作表。例如,源工作表名为 Sheet1,则第一次复制的工作表名为 Sheet1(2),依此类推。

2. 在工作簿间移动或复制工作表

在工作簿间移动或复制工作表同样可以通过在工作簿内移动或复制工作表的方法来实现,不过这种方法要求源工作簿和目标工作簿均打开。

6.3.5 工作表的重命名

Excel 2010 在创建一个新的工作表时,它的名称是以 Sheet1、Sheet2 等来命名的,这在实际工作中很不方便记忆和进行有效的管理。这时,用户可以通过改变这些工作表的名称来进行有效的管理。

要改变工作表的名称,只需双击选中的工作表标签,这时工作表标签以反黑白显示(即黑色背景白色文字),在其中输入新的名称并按下 Enter 键即可。

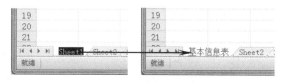

6.4 单元格的基本操作

单元格是工作表的基本单位,在 Excel 2010 中,绝大多数的操作都是针对单元格来完成的。对单元格的操作主要包括单元格的选定、合并与拆分单元格等。

6.4.1 单元格的命名规则

工作表是由单元格组成的,每个单元格都有其独一无二的名称,在学习单元格的基本操作前,用户首先应掌握单元格的命名规则。

在 Excel 中,对单元格的命名主要是通过行号和列标来完成的,其中又分为单个单元格的命名和单元格区域的命名两种方式。

单个单元格的命名是选取【列标+行号】的方法,例如 A3 单元格指的是第 A 列,第 3

行的单元格。

多个连续的单元格区域的命名规则是【单元格区域中左上角的单元格名称+":"+单元格区域中右下角的单元格名称】。例如在下图中,选定单元格区域的名称为 A1:E6。

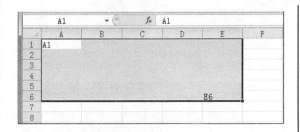

6.4.2 单元格的选定

要对单元格进行操作，首先要选定单元格，对单元格的选定操作主要包括选定单个单元格、选定连续的单元格区域和选定不连续的单元格。

要选定单个单元格，只需用鼠标单击该单元格即可；按住鼠标左键拖动鼠标可选定一个连续的单元格区域。

按住 Ctrl 键配合鼠标操作，可选定不连续的单元格或单元格区域。

另外，单击工作表中的行标，可选定整行；单击工作表中的列标，可选定整列；单击工作表左上角行标和列标的交叉处，即全选按钮，可选定整个工作表。

6.4.3 合并与拆分单元格

在编辑表格的过程中，有时需要对单元格

进行合并或者是拆分操作，以方便对单元格的编辑。

1. 合并单元格

要合并单元格，需要先将要合并的单元格选定，然后打开【开始】选项卡，在【对齐方式】组中单击【合并并居中】按钮 田▼ 即可。

【例 6-4】在【公司总账】工作簿的 Sheet1 工作表中对单元格进行合并。

🎥视频 ╋ 📁素材 （实例源文件\第 06 章\例 6-4）

01 启动 Excel 2010，打开【公司总账】工作簿的 Sheet1 工作表。

02 选定 A1:H2 单元格区域，打开【开始】选项卡，在【对齐方式】组中单击【合并并居中】按钮 田▼ ，即可将该单元格区域合并为一个单元格。

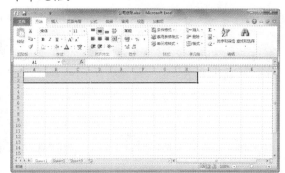

03 选定 A4:A11 单元格区域，在【开始】选项卡的【对齐方式】组中单击【合并并居中】下拉按钮 田▼ ，从弹出的下拉菜单中选择【合并单元格】命令，即可将 A4:A11 单元格区域合并为一个单元格。

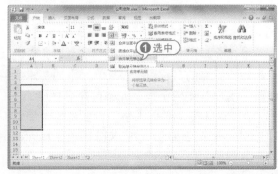

04 选定 C11:H11 单元格区域，在【开始】选项卡中单击【对齐方式】对话框启动器按钮，

打开【设置单元格格式】的【对齐】选项卡，选中【合并单元格】复选框，单击【确定】按钮，此时 C11:H11 单元格区域即可合并为一个单元格。

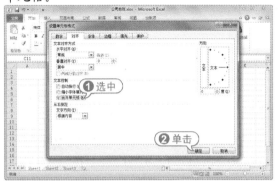

05 在快速访问工具栏中单击【保存】按钮 🖫，保存【公司总账】工作簿中的 Sheet1 工作表。

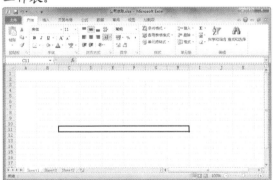

📚 专家解读

单元格被合并后，原单元格中的数据将不会被保留，仅保留选定区域左上角的第一个单元格中的数据。因此在合并单元格之前应先对相关的重要数据进行备份。

2. 拆分单元格

拆分单元格是合并单元格的逆操作，只有是合并后的单元格才能够进行拆分。

要拆分单元格，用户只需选定要拆分的单元格，然后在【开始】选项卡的【对齐方式】组中再次单击【合并并居中】按钮 ，即可将已经合并的单元格拆分为合并前的状态。或者可单击【合并后居中】下拉按钮 ，选择【取消单元格合并】命令，也可拆分单元格。

另外用户也可打开【设置单元格格式】对话框，在该对话框的【对齐】选项卡中，取消选中【文本控制】选项区域中的【合并单元格】复选框，然后单击【确定】按钮，同样可以将单元格拆分为合并前的状态。

6.5 数据的输入

Excel 的主要功能是用来处理数据，熟悉了工作簿、工作表和单元格的基本操作后，就可以在 Excel 中输入数据了，本节就来介绍在 Excel 中输入和编辑数据的方法。

6.5.1 输入文本型数据

在 Excel 2010 中，文本型数据通常是指字符或者任何数字和字符的组合。输入到单元格内的任何字符集，只要不被系统解释成数字、公式、日期、时间或者逻辑值，则 Excel 2010 一律将其视为文本。在 Excel 2010 中输入文本时，系统默认的对齐方式是左对齐。

在表格中输入文本型数据的方法主要有 3 种,即在数据编辑栏中输入、在单元格中输入和选定单元格输入。

- 在数据编辑栏中输入:选定要输入文本型数据的单元格,将鼠标光标移动到数据编辑栏处单击,将插入点定位到编辑栏中,然后输入内容。
- 在单元格中输入:双击要输入文本型数据的单元格,将插入点定位到该单元格内,然后输入内容。
- 选定单元格输入:选定要输入文本型数据的单元格,直接输入内容即可。

【例 6-5】创建【员工工资统计】工作簿,在【销售部工资统计】工作表中输入文本型数据。

📹视频 + 📁素材 (实例源文件\第 06 章\例 6-5)

01 启动 Excel 2010,新建一个名为【员工工资统计】的工作簿,并将自动打开的 Sheet1 工作表命名为【销售部工资统计】。

02 选定 A1 单元格,然后输入文本标题"销售部工资统计"。

03 按 Enter 键,完成输入,此时插入点自动转换到 A2 单元格,然后在 A2:G2 单元格中分别输入表格的列标题。

04 选定 B3 单元格,将插入点定位在数据编辑栏中,输入文本型数据(员工姓名)。

05 使用同样的方法,在 B4:B12 单元格中分别输入其他员工的姓名,至此完成输入【销售部工资统计】表中的文本型数据操作。

6.5.2 输入数字型数据

在 Excel 工作表中,数字型数据是最常见、最重要的数据类型。而且,Excel 2010 强大的数据处理功能、数据库功能以及在企业财务、数学运算等方面的应用几乎都离不开数字型数据。在 Excel 2010 中数字型数据包括货币、日期与时间等类型,具体如下表所示。

数值类型	说　明
数字	默认情况下的数字型数据都为该类型，用户可以设置其小数点格式与百分号格式等
货币	该类型的数字型数据会根据用户选择的货币样式自动添加货币符号
时间	该类型的数字数据可将单元格中的数字变为 00:00:00 的日期格式
长/短日期	该类型的数字数据可将单元格中的数字变为【年月日】的日期格式
百分比	该类型的数字数据可将单元格中的数字变为 00.00% 的格式
分数	该类型的数字数据可将单元格中的数字变为分数格式，如将 0.5 变为 1/2
科学计数	该类型的数字数据可将单元格中的数字变为 1.00E+04 格式
其他	除了这些常用的数字数据类型外，用户还可以根据自己的需要自定义数字数据

在功能区中打开【开始】选项卡，在【数字】组中【常规】列表框中可以设置要输入的数字数据的类型、样式以及小数点格式等。在【数字】组中单击对话框启动器按钮，可以打开【设置单元格格式】对话框的【数字】选项卡，在其中同样可以对数字数据进行设置。设置完毕后，参照输入文本型数据的方法输入数字型输入。

【例6-6】在【销售部工资统计】工作表中输入数字、日期和货币型数据。
视频＋素材（实例源文件\第06章\例6-6）

01 启动 Excel 2010 应用程序，打开【员工工资统计】工作簿的【销售部工资统计】工作表。

02 选定 A3 单元格，输入数字"1001"，然后按 Enter 键，此时数字将右对齐显示。

03 选定 C3:G12 单元格区域，打开【开始】选项卡，单击【数字】组的【常规】下拉按钮，在弹出的列表框中选择【货币】选项。

04 在 C3 单元格中输入基本工资1800，按回车键，Excel 会自动添加设置的货币符号。

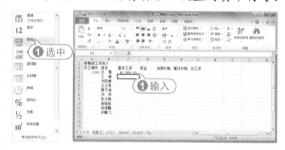

05 使用同样的方法，输入相应的奖金、加班补贴和餐饮补贴。

专家解读

输入数据时，如果单元格中出现一串"#"，表示单元格的宽度不够，需要调节列宽，具体调节方法将在6.7.1节介绍。

6.5.3 快速填充数据

在制作表格时，有时需要输入一些相同或有规律的数据。如果手动依次输入这些数据，会占用很多时间。Excel 2010 针对这类数据提供了自动填充功能，可以大大提高输入效率。

1. 使用控制柄填充相同的数据

选定单元格或单元格区域时会出现一个黑色边框的选区，此时选区右下角会出现一个控制柄，将鼠标光标移动至它的上方时会变成 **+** 形状，通过拖动该控制柄可实现数据的快速填充。

2. 使用控制柄填充有规律的数据

填充有规律的数据的方法为：在起始单元格中输入起始数据，在第二个单元格中输入第二个数据，然后选择这两个单元格，将鼠标光标移动到选区右下角的控制柄上，拖动鼠标左键至所需位置，最后释放鼠标即可根据第一个单元格和第二个单元格中数据的特点自动填充数据。

3. 使用对话框快速填充数据

在【开始】选项卡的【编辑】组中单击【填充】按钮 ，在弹出的菜单中选择【系列】命令，打开【序列】对话框。使用该对话框可以快速填充等差、等比、日期等特殊数据。

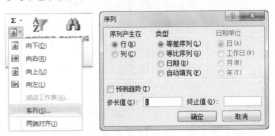

> **专家解读**
>
> 只有在创建日期序列时，【日期单位】选项区域才有效，在【日期单位】选项区域中，可以指定日期序列是按天、按工作日、按月，还是按年增长。

【例 6-7】在【销售部工资统计】工作表中快速填充数据。

视频 + 素材 (实例源文件\第 06 章\例 6-7)

01 启动 Excel 2010 应用程序，打开【员工工资统计】工作簿的【销售部工资统计】工作表。

02 选定 A3:A12 单元格区域，打开【开始】选项卡，单击【编辑】组中的【填充】按钮 ，在弹出的菜单中选择【系列】命令，打开【序列】对话框。

03 在【序列产生在】选项区域中选中【列】单选按钮；在【类型】选项区域中选中【等差序列】单选按钮；在【步长值】文本框中输入 1，单击【确定】按钮。

04 此时自动填充步长为 1 的等差数列。

选中 A3 单元格后,在按住 Ctrl 键的同时拖动控制柄到 A12 单元格中,也可在 A3:A12单元格区域中填充首项为1步长为1的等差数列。

05 选定 F3 单元格,将光标移动到该单元格右下角的控制柄上,按住鼠标左键拖动到单元格 F12 中。

06 释放鼠标左键,此时 F4:F12 单元格区域中填充了相同的数据。

07 在快速访问工具栏中单击【保存】按钮,保存【销售部工资统计】工作表。

6.6 设置单元格格式

在 Excel 2010 中,对工作表中不同单元格的数据,可以根据需要设置不同的格式,如设置单元格数据格式、文本的对齐方式和字体、单元格的边框和图案等。

6.6.1 设置数据格式

默认情况下,数字以常规格式显示。当用户在工作表中输入数字时,数字以整数、小数方式显示。此外,Excel 还提供了多种数字显示格式,如数值、货币、会计专用、日期格式以及科学记数等。

虽然在【开始】选项卡的【数字】组中可以设置数字格式,但有时还满足不了用户的需求。这时可以在【设置单元格格式】对话框的【数字】选项卡中,详细设置数字格式。在【数字】组中,单击对话框启动器按钮,可以打开【设置单元格格式】对话框。

【例 6-8】在【销售部工资统计】工作表中设置数字的格式。

视频 + 素材 (实例源文件\第 06 章\例 6-8)

01 启动 Excel 2010 应用程序,打开【员工工资统计】工作簿的【销售部工资统计】工作表。

02 选定 F3:F12 单元格区域,在【开始】选项卡的【数字】组中单击对话框启动器,打开【设置单元格格式】对话框。

03 打开【数字】选项卡,在【分类】列表框中选择【货币】选项,在【小数位数】微调框中设置数值为 0,然后单击【确定】按钮,完成设置。

04 此时所选单元格区域中的数据将设置

为所选的不带小数的数字格式。

经验谈

设置货币型数据的小数位数时，在【数字】选项区域中，单击【增加小数位数】按钮或【减少小数位数】按钮，快速增加或减少其位数。

6.6.2 设置字体格式

为了使工作表中的某些数据醒目和突出，也为了使整个版面更为丰富，通常需要对不同的单元格设置不同的字体。

【例 6-9】在【销售部工资统计】工作表中设置单元格中字体格式。

视频 + 素材 (实例源文件\第 06 章\例 6-9)

01 启动 Excel 2010，打开【员工工资统计】工作簿的【销售部工资统计】工作表。

02 选定 A1 单元格，在【字体】组的【字体】下拉列表框中选择【楷体】选项，在【字号】下拉列表框中选择 20 选项，在【字体颜色】面板中选择【红色】色块，并且单击【加粗】按钮。

03 选定 A2:G2 单元格，在【字体】组单击对话框启动器按钮，打开【设置单元格格式】对话框的【字体】选项卡。

04 在【字形】列表框中选择【加粗】选项，在【字号】列表框中选项 12 选项，在【下划线】下拉列表框中选择【会计用单下划线】选项，在【颜色】面板中选择【深蓝】色块，单击【确定】按钮，完成单元格格式的设置。

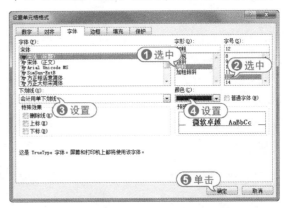

6.6.3 设置单元格对齐方式

对齐是指单元格中的内容在显示时相对单元格上下左右的位置。

默认情况下，单元格中的文本靠左对齐，数字靠右对齐，逻辑值和错误值居中对齐。此外，Excel 还允许用户为单元格中的内容设置

其他对齐方式，如合并后居中、旋转单元格中的内容等。

【例6-10】在【销售部工资统计】工作表中设置标题合并后居中，并且设置其他数据全部水平和垂直居中。

📹视频 ✚ 📁素材 (实例源文件\第06章\例6-10)

01 启动 Excel 2010，打开【员工工资统计】工作簿的【销售部工资统计】工作表。

02 选择要合并的单元格区域 A1:G1，在【对齐方式】组中单击【合并后居中】按钮，即可居中对齐标题并合并。

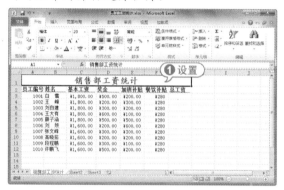

03 选择 A2:G12 单元格区域，然后单击【对齐方式】组中的【垂直居中】按钮和【居中】按钮，将列标题单元格中的内容水平并垂直居中显示。

04 在快速访问工具栏中单击【保存】按钮，保存所作的设置。

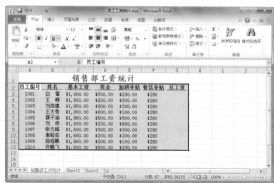

对于简单的对齐操作，可以直接单击【对齐方式】组中的按钮来完成。如果要设置较复杂的对齐操作，可以使用【设置单元格格式】对话框的【对齐】选项卡来完成。在【方向】

选项区域中，还可以精确设置单元格中数据的旋转方向。

6.6.4 设置边框和底纹

默认情况下，Excel 并不为单元格设置边框，工作表中的框线在打印时并不显示出来。但在一般情况下，用户在打印工作表或突出显示某些单元格时，都需要添加一些边框以使工作表更美观和容易阅读。设置底纹和设置边框一样，都是为了对工作表进行形象设计。使用底纹为特定的单元格加上色彩和图案，不仅可以突出显示工作表的重点内容，还可以美化工作表的外观。

在【设置单元格格式】对话框的【边框】与【填充】选项卡中，可以分别设置工作表的边框与底纹。

【例6-11】在【销售部工资统计】工作表中设置边框和底纹。

📹视频 ✚ 📁素材 (实例源文件\第06章\例6-11)

01 启动 Excel 2010，打开【员工工资统计】工作簿的【销售部工资统计】工作表。

02 选定除标题单元格外的所有单元格 A2:G12，设置边框范围。

03 打开【开始】选项卡，在【字体】组单击【边框】下拉按钮⊞▾，从弹出的菜单中选择【其他边框】命令，打开【设置单元格格式】对话框的【边框】选项卡。

04 在【线条】选项区域的【样式】列表框中选择右列第 6 行的样式，在【预置】选项区域中单击【外边框】按钮，为选定的单元格区域设置外边框。

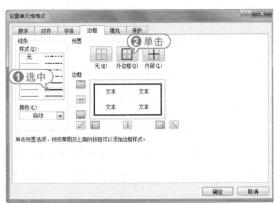

05 在【线条】选项区域的【样式】列表框中选择左列第 4 行的样式，在【颜色】下拉列表框中选择【深蓝，文字 2，深色 25%】选项，在【预置】选项区域中单击【内部】按钮，单击【确定】按钮，完成设置。

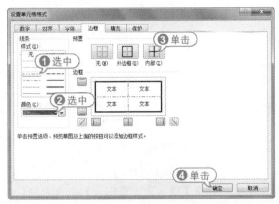

06 选择列标题单元格区域 A2:G2，打开【设置单元格格式】对话框的【填充】选项卡，在【背景色】选项区域中选择一种颜色，单击【确定】按钮，为列标题区域应用底纹。

07 选择标题单元格 A1，打开【设置单元格格式】对话框的【填充】选项卡。

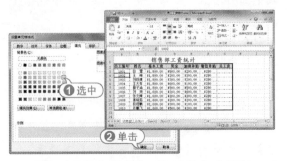

08 在【图案样式】下拉列表中选择【细 对角线 剖面线】样式，在【图案颜色】下拉列表中选择【深蓝】颜色，单击【确定】按钮，为标题设置底纹样式。

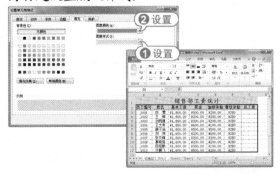

09 在快速访问工具栏中单击【保存】按钮🖫，保存所作的设置。

6.6.5 套用单元格格式

样式就是字体、字号和缩进等格式设置特性的组合，将这一组合作为集合加以命名和存储。应用样式时，将同时应用该样式中所有的格式设置指令。

在 Excel 2010 中自带了多种单元格样式，可以对单元格方便地套用这些样式。同样，用户也可以自定义所需的单元格样式。

1. 套用内置单元格样式

如果要使用 Excel 2010 的内置单元格样式，可以先选中需要设置样式的单元格或单元格区域，然后再对其应用内置的样式。

【例 6-12】在【销售部工资统计】工作表中，为指定的单元格应用内置样式。

🎬视频 ➕ 🗂️素材 (实例源文件\第 06 章\例 6-12)

01 启动 Excel 2010，打开【员工工资统计】工作簿的【销售部工资统计】工作表。

02 选定单元格 G3:G12，在【开始】选项卡的【样式】组中单击【单元格样式】按钮，在弹出的【标题】菜单中选择【汇总】选项。

03 此时选定的总工资单元格区域会自动套用【汇总】样式。

04 在快速访问工具栏中单击【保存】按钮，保存套用的内置单元格样式。

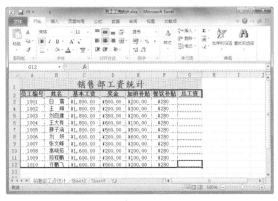

2. 自定义单元格样式

除了套用内置的单元格样式外，用户还可以创建自定义的单元格样式，并将其应用到指定的单元格或单元格区域中。

【例 6-13】自定义【我的样式】单元格样式，并应用到 B3:B12 单元格区域中。

视频 + 素材 (实例源文件\第 06 章\例 6-13)

01 启动 Excel 2010，打开【员工工资统计】工作簿的【销售部工资统计】工作表。

02 在【开始】选项卡的【样式】组中单击【单元格样式】按钮，从弹出的单元格样式

菜单中选择【新建单元格样式】命令，打开【样式】对话框。

03 在【样式名】文本框中输入文字"我的样式"，单击【格式】按钮，打开【设置单元格格式】对话框。

04 打开【字体】选项卡，在【颜色】面板中选择【白色，背景1】色块。

05 打开【边框】选项卡，选择【外边框】样式，然后打开【填充】选项卡，在【背景色】选项区域中选择一种浅蓝色色块，单击【确定】按钮。

06 返回【样式】对话框，单击【确定】按钮，此时在单元格样式菜单中将出现【我的样式】选项。

07 选定 B3:B12 单元格区域，在【开始】选项卡【样式】组中的单元格样式菜单中选择【我的样式】选项，应用样式。

08 在快速访问工具栏中单击【保存】按钮，保存套用的自定义单元格样式。

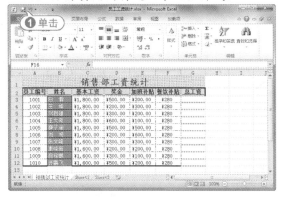

6.7 设置行列格式

在编辑工作表的过程中，用户经常需要调整行高和列宽，还需要进行隐藏或显示行与列操作。本节将介绍调整行高和列宽、隐藏或显示行与列的方法。

6.7.1 调整行高和列宽

在向单元格输入文字或数据时，经常会出现这样的现象：有的单元格中的文字只显示了一半；有的单元格中显示的是一串"#"符号，而在编辑栏中却能看见对应单元格的数据。出现这些现象的原因在于单元格的宽度或高度不够，不能将其中的文字正确显示。因此，需要对工作表中的单元格高度和宽度进行适当的调整。

【例 6-14】在【销售部工资统计】工作表中调整列宽与行高。
视频 + 素材 (实例源文件\第 06 章\例 6-14)

01 启动 Excel 2010，打开【员工工资统计】工作簿的【销售部工资统计】工作表。

02 选择工作表的 C 列，在【开始】选项卡的【单元格】组中，单击【格式】下拉按钮，在弹出的菜单中选择【列宽】命令，打开【列宽】对话框。

03 在【列宽】文本框中输入列宽大小 16，单击【确定】按钮，完成列宽的设置。

04 在工作表中选择列标题所在的第 2 行，然后在【单元格】组中单击【格式】下拉按钮，在弹出的菜单中选择【行高】命令，打开【行高】对话框。

05 在【行高】文本框中加大数值，如输入 18，单击【确定】按钮，完成行高的设置。

06 在快速访问工具栏中单击【保存】按钮，保存调整行高和列宽后的【销售部工资统计】工作表。

经验谈

选择要调整行高或列宽的行或列，在【单元格】组中单击【格式】下拉按钮，在【格式】菜单中选择【自动调整行高】或【自动调整列宽】命令，自动调整行高或列宽。

除了可以使用【列宽】和【行高】对话框来调整列宽和行高外，用户还可使用鼠标拖动的方法来调整。将鼠标光标移动到列标中两列的交汇处，当光标变为双向箭头的形状时，按住鼠标左键不放，左右移动鼠标，即可调整光标左边列的列宽。

同理将鼠标光标移动到行号中两行的交汇处，当光标变为双向箭头的形状时，按住鼠标左键不放，上下移动鼠标，即可调整光标上面行的行高。

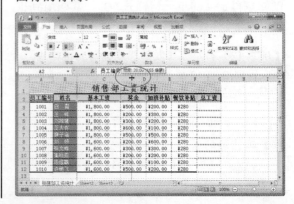

6.7.2 隐藏或显示行与列

为了保护工作表中的某些数据，用户可以隐藏行或列。

隐藏行或列的方法很简单，选择要隐藏的行或列，在【开始】选项卡的【单元格】组中，单击【格式】下拉按钮，从弹出的菜单中选择【隐藏和取消隐藏】|【隐藏行】或【隐藏列】命令。

隐藏行或列时，行号或列标将同时也被隐藏起来。

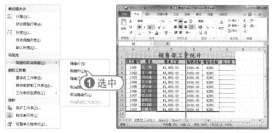

如果要显示隐藏的行与列，可以在弹出的【格式】菜单中选择【隐藏和取消隐藏】|【取消隐藏行】或【取消隐藏列】命令。

6.8 快速设置表格样式

Excel 2010 提供了 60 种表格样式，用户可以自动套用这些预设的表格样式快速美化工作表，以提高工作效率。

在 Excel 2010 中，除了可以套用单元格样式外，还可以整个套用工作表样式，节省格式化工作表的时间。

打开【开始】选项卡，在【样式】组中，单击【套用表格格式】按钮，在弹出的工作表样式菜单中选择要套用的工作表样式，将打开【套用表格格式】对话框。单击文本框右边的按钮，选择套用工作表样式的范围，单击【确定】按钮，即可自动套用工作表样式。

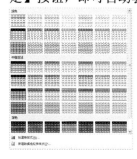

【例 6-15】在【销售部工资统计】工作表中，套用【表样式中等深浅 27】表格样式。
📹视频 ＋ 📁素材 (实例源文件\第 06 章\例 6-15)

01 启动 Excel 2010，打开【员工工资统计】工作簿的【销售部工资统计】工作表。

02 在【开始】选项卡的【样式】组中，单击【套用表格格式】按钮，在表格样式菜单

中选择【表样式中等深浅 27】选项。

03 打开【套用表格式】对话框，单击按钮，返回到表格中选择单元格区域 A2:G12。

04 在【套用表格式】对话框中，单击按钮，返回【创建表】对话框，然后单击【确定】按钮，即可自动套用【表样式中等深浅 27】工作表样式。

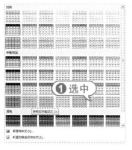

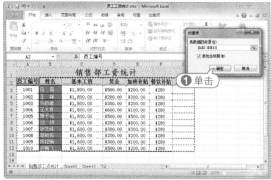

05 在快速访问工具栏中单击【保存】按钮，保存套用的表格样式。

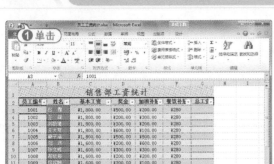

专家解读

在表格样式菜单中选择【新建表样式】命令，打开【新建表快速样式】对话框，在其中可以自定义设置表格样式。完成设置后，选择该表格样式，即可快速地将其套用到当前表格中。右击自定义的表格样式，选择【修改】命令，可修改自定义表格样式。

6.9 实战演练

本章主要介绍了 Excel 2010 的基本操作，本次实战演练向读者介绍一种比较特殊并且很有实用价值的表格样式——条件格式。

条件格式功能可以根据指定的公式或数值来确定搜索条件，然后将格式应用到符合搜索条件的选定单元格中，并突出显示要检查的动态数据。例如，希望使单元格中的负数用红色显示，超过 1000 以上的数字字体增大等。

【例 6-16】在【销售部工资统计】工作表中，使奖金列中所有等于或高于全部员工奖金平均值的数字呈红色显示。

📹视频 ✚ 📄素材 （实例源文件\第 06 章\例 6-16）

01 启动 Excel 2010，打开【员工工资统计】工作簿的【销售部工资统计】工作表。

02 选中奖金所在的 D3:D12 单元格区域，在【开始】选项卡的【样式】组中单击【条件格式】按钮 条件格式▾，在弹出的菜单中选择【新建规则】命令，打开【新建格式规则】对话框。

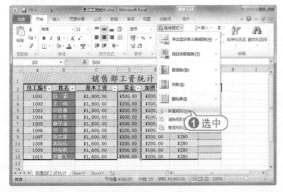

03 在【选择规则类型】列表中选择【仅对高于或低于平均值的数值设置格式】选项，

在【为满足以下条件的值设置格式】下拉列表中选择【等于或高于】选项。

04 单击【格式】按钮，打开【设置单元格格式】对话框，切换至【字体】选项卡，在【颜色】下拉列表中选择【红色】选项，然后单击【确定】按钮。

05 返回【新建格式规则】对话框，单击【确定】按钮，此时满足条件格式的数字将呈红色显示，如下图所示。

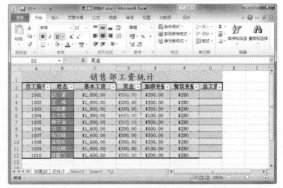

06 在快速访问工具栏中单击【保存】按钮，保存套用的表格样式。

6.10 专家指点

一问一答

问：什么是批注？如何为单元格添加批注？

答： 在 Excel 2010 中，使用批注可以对单元格进行注释，当在某个单元格中输入批注后，会在该单元格的右上角显示一个红色三角标记，只要将鼠标指针移到该单元格中，就会显示出输入的批注内容。用户可以为某个单元格添加批注，也可以为某个单元格区域添加批注，添加的批注一般都是简短的提示性文字。选定要添加批注的单元格，打开【审阅】选项卡，在【批注】组中单击【新建批注】按钮，即可打开批注文本框，输入批注内容。此时拥有批注的单元格比其他单元格在右下角多出一个红色三角标记，将鼠标指针移动至该标记处即可查看批注。

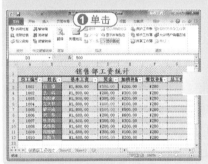 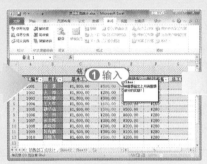 

一问一答

问：如何修改自定义的单元格样式？

答： 要修改自定义的单元格样式，可在【开始】选项卡的【样式】组中，单击【单元格样式】按钮，在弹出的样式列表中右击自定义的单元格样式，例如右击【我的样式】选项，然后选择【修改】命令，打开【样式】对话框，在该对话框中可修改样式的一些基本属性，单击【格式】按钮，打开【设置单元格格式】对话框，可对样式进行更多的设置。

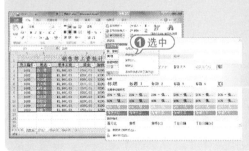 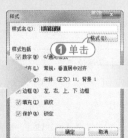 

一问一答

问：如何设置工作表背景？

答： 为了使工作表更加美观，用户可为工作表设置背景图案。首先打开工作表，在【页面布局】选项卡的【页面设置】组中单击【背景】按钮，打开【工作表背景】对话框，在该对话框中选择

要设置为背景的图片，然后单击【插入】按钮即可。

一问一答

问：如何设置页眉和页脚？

答： 打开要设置页眉和页脚的工作表，打开【插入】选项卡，在【文本】组中单击【页眉和页脚】按钮，打开【页眉和页脚工具】的【设计】选项卡。此时 Excel 2010 自动切换到页面布局显示方式，并默认打开页眉编辑状态，在工作表中输入要添加的页眉信息"飞扬文化传媒有限公司"，并可对其进行字体设置。在【页眉和页脚工具】的【设计】选项卡的【导航】组中单击【转至页脚】按钮，切换至页脚编辑状态，可输入页脚信息。

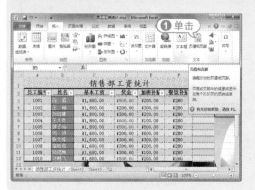
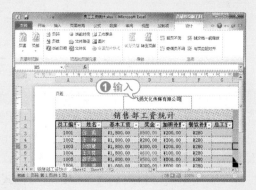

一问一答

问：如何能让单元格中较长的文本自动换行？

答： 当单元格中的文本过长时，用户可采用增加单元格列宽的方法以显示所有文本，如果用户不想改变单元格的列宽，可将该单元格的格式设置为自动换行。首先选定要设置自动换行的单元格，然后右击该单元格，在弹出的快捷菜单中选择【设置单元格格式】命令，打开【设置单元格格式】对话框。单击【对齐】选项卡，在【文本控制】选项区域中选中【自动换行】复选框，设置完成后单击【确定】按钮，即可完成自动换行的设置。此时，用户在该单元格中输入较长的文本时，Excel 将会自动换行。

第7章

Excel 2010 高级应用

　　Excel 最出色的功能就是对数据高速和高效的处理，例如对数据进行自动计算、自动排序、自动筛选以及对数据进行分类汇总等。在日常工作中，利用 Excel 的这些功能，可以方便地对各类数据进行处理，提高工作效率。

7.1 使用公式

为了便于用户管理电子表格中的数据，Excel 2010 提供了强大的公式功能，运用此功能可大大简化大量数据间的繁琐运算，极大地提高工作效率。

7.1.1 公式的语法

Excel 2010 中的公式由一个或多个单元格的值和运算符组成，公式主要用于对工作表进行加、减、乘、除等的运算，类似于数学中的表达式。

公式的语法规则如下：在输入公式时，首先应输入等号"＝"，然后输入参与计算的元素和运算符，其中运算符包括算术运算符、比较运算符、文本运算符和引用运算符 4 种。例如公式"=A5+A6-A8"表示将 A5 和 A6 单元格中的数据进行加法运算，然后再将得到的结果与 A8 单元格中的数据进行减法运算，其中A5、A6、A8 是单元格引用，"+"和"-"是运算符。

7.1.2 运算符的类型

运算符主要对公式中的元素进行特定类型的运算。Excel 2010 中包含了 4 种运算符类型，下面分别对其进行介绍。

1. 算术运算符

如果要完成基本的数学运算，如加法、减法和乘法，连接数据和计算数据结果等，可以使用如下表所示的算术运算符。

算术运算符	含 义	示 例
+(加号)	加法运算	2+2
-(减号)	减法运算或负数	2-1 或-1
*(星号)	乘法运算	2*2
/(正斜线)	除法运算	2/2
%(百分号)	百分比	20%
^(插入符号)	乘幂运算	2^2

2. 比较运算符

使用下表所示的比较运算符可以比较两个值的大小。当用运算符比较两个值时，结果为逻辑值，比较成立则为 TRUE，反之则为 FALSE。

比较运算符	含 义	示 例
=(等号)	等于	A1=B1
>(大于号)	大于	A1>B1
<(小于号)	小于	A1<B1
>=(大于等于号)	大于或等于	A1>=B1
<=(小于等于号))	小于或等于	A1<=B1
<>(不等号)	不相等	A1<>B1

3. 文本连接运算符

使用和号(&)可加入或连接一个或更多文本字符串以产生一串新的文本，如下表所示。

文本连接运算符	含 义	示 例
&(和号)	将两个文本值连接或串连起来以产生一个连续的文本值	"spuer"&"man"

例如，A1 单元格中为 2014，A2 单元格中为【南京】，A3 单元格中为【青奥会】，那么公式=A1&A2&A3 的值应为【2014 南京青奥会】。

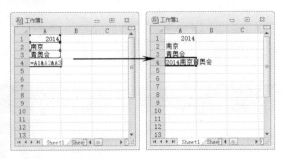

4. 引用运算符

单元格引用是用于表示单元格在工作表上所处位置的坐标集。例如，显示在第 B 列和第 3 行交叉处的单元格，其引用形式为 B3。

使用如下表所示的引用运算符，可以将单元格区域合并计算。

引用运算符	含 义	示 例
:(冒号)	区域运算符，产生对包括在两个引用之间的所有单元格的引用	(A5:A15)
,(逗号)	联合运算符，将多个引用合并为一个引用	SUM(A5:A15, C5:C15)
(空格)	交叉运算符，产生对两个引用共有的单元格的引用	(B7:D7 C6:C8)

比如，对于 A1=B1+C1+D1+E1+F1 公式，如果使用引用运算符，就可以把这一公式写为 A1=SUM(B1:F1)。

7.1.3 运算符的优先级

如果公式中同时用到多个运算符，Excel 2010 将会依照运算符的优先级来依次完成运算。如果公式中包含相同优先级的运算符，例如公式中同时包含乘法和除法运算符，则 Excel 将从左到右进行计算。如下表所示的是 Excel 2010 中的运算符优先级。其中，运算符优先级从上到下依次降低。

运 算 符	说 明
:(冒号) (单个空格) ,(逗号)	引用运算符
–	负号
%	百分比
^	乘幂
* 和 /	乘和除
+ 和 –	加和减
&	连接两个文本字符串
= < > <= >= <>	比较运算符

如果要更改求值的顺序，可以将公式中需要先计算的部分用括号括起来。例如，公式【=8+3*4】的值是 20，因为 Excel 2010 按先乘除后加减的顺序进行运算，即先将 3 与 4 相乘，然后再加上 8，得到结果 20。若在该公式上添加括号，如【=(8+3)*4】，则 Excel 2010 先用 8 加上 3，再用结果乘以 4，得到结果 44。

7.1.4 公式的基本操作

在学习应用公式时，首先应掌握公式的基本操作，包括在表格中输入、修改、显示、复制以及删除公式等。

1. 输入公式

在 Excel 2010 中，输入公式的方法与输入文本的方法类似，具体步骤为：选择要输入公式的单元格，然后在编辑栏中直接输入"="符号，然后输入公式内容，按 Enter 键即可将公式运算的结果显示在所选单元格中。

【例 7-1】打开【销售业绩统计】工作簿，在【上半年销售统计】工作表的 I4 单元格中输入公式"=B4+C4+D4+E4+F4+G4"。

📹视频 + 📄素材 (实例源文件\第 07 章\例 7-1)

01 启动 Excel 2010，打开【销售业绩统计】工作簿中的【上半年销售统计】工作表。

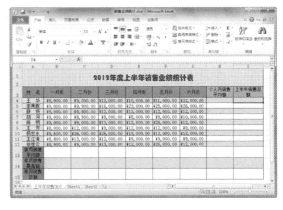

02 选定 I4 单元格，然后在单元格中输入公式"=B4+C4+D4+E4+F4+G4"。

五月份	六月份	个人月销售平均数	上半年销售总额
¥11,000.00	¥22,000.00	❶输入	=B4+C4+D4+E4+F4+G4

03 输入完成后，按 Enter 键，即可在 I4 单元格中显示公式计算结果，得到该员工上半年的销售总额。

04 输入公式后，在单元格中只显示公式的计算结果，若要查看公式的具体内容，则选定 I4 单元格后，在 Excel 2010 的编辑栏中可以查看。

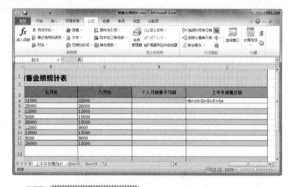

专家解读

用户可以对公式进行修改，具体方法为：选定单元格，在编辑栏中使用修改文本的方法对公式进行修改，按下 Enter 键即可。

05 在快速访问工具栏中单击【保存】按钮 💾，保存所作的设置。

2. 显示公式

默认设置下，在单元格中只显示公式计算的结果，而公式本身则只显示在编辑栏中。为了方便用户检查公式的正确性，可以设置在单元格中显示公式。

【例 7-2】在【上半年销售统计】工作表中设置显示单元格中的公式。

视频 + 素材 (实例源文件\第 07 章\例 7-2)

01 启动 Excel 2010，打开【销售业绩统计】工作簿中的【上半年销售统计】工作表。

02 打开【公式】选项卡的【公式审核】组，在该组中可以完成 Excel 2010 中公式的常用设置操作。

03 在【公式审核】组中单击【显示公式】按钮，即可设置在单元格中显示公式。

专家解读

在【公式】选项卡的【公式审核】组再次单击【显示公式】按钮，即可将显示的公式隐藏。

3. 复制公式

通过复制公式操作，可以快速地在其他单元格中输入公式。复制公式的方法与复制数据的方法相似，但在 Excel 2010 中，复制公式往往与公式的相对引用(7.1.5 节中将有介绍)结合使用，以提高输入公式的效率。

【例 7-3】在【上半年销售统计】工作表中，将工作表 I4 单元格中的公式复制到 I5。

视频 + 素材 (实例源文件\第 07 章\例 7-3)

01 启动 Excel 2010，打开【销售业绩统计】工作簿中的【上半年销售统计】工作表。

02 选定 I4 单元格，将光标移至 I4 单元格的右下方，当其变为 ➕ 形状时，按住鼠标左键并向下拖动至 I5 单元格。

03 释放鼠标后，Excel 2010 会自动将 I4

单元格中的公式复制到 I5 单元格中。

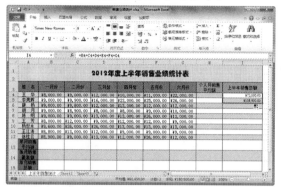

经验谈

右击 I4 单元格，在弹出的菜单中选择【复制】命令，复制 I4 单元格中的公式；右击 I5 单元格，选择【粘贴】命令，将公式复制到 I5 单元格，并且 Excel 2010 自动修改公式为 "=B5+C5+D5+E5+F5+G5"。

[04] 在快速访问工具栏中单击【保存】按钮 📷，保存所作的设置。

专家解读

在工作表中选定单元格，按 Ctrl+C 快捷键复制单元格中的公式，然后在目标单元格中按 Ctrl+V 快捷键，可以粘贴复制的公式。

4. 删除公式

在 Excel 2010 中，当使用公式计算出结果后，可以删除表格中的公式，但是仍然保留公式的计算结果。

【例 7-4】在【上半年销售统计】工作表中，将工作表 I4 单元格中的公式删除但是保留公式的计算结果。

💿视频 + 📄素材 (实例源文件\第 07 章\例 7-4)

[01] 启动 Excel 2010，打开【销售业绩统计】工作簿中的【上半年销售统计】工作表。

[02] 右击 I4 单元格，在弹出的快捷菜单中选择【复制】命令，复制单元格中的内容。

[03] 在【开始】选项卡的【剪贴板】组中

单击【粘贴】按钮下方的倒三角按钮，在弹出的菜单中选择【选择性粘贴】命令。

[04] 打开【选择性粘贴】对话框，在【粘贴】选项区域中选中【数值】单选按钮，然后单击【确定】按钮。

[05] 返回工作簿窗口，即可发现 I4 单元格中的公式已经被删除，但是公式计算结果仍然保存在 I4 单元格中。

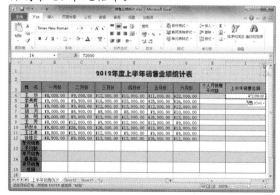

[06] 在快速访问工具栏中单击【保存】按钮 📷，保存所作的设置。

7.1.5 公式引用

公式的引用就是对工作表中的一个或一

组单元格进行标识，从而确定公式使用哪些单元格的值。通过引用，可以在一个公式中使用工作表不同部分的数据，或者在几个公式中使用同一单元格的数值。在 Excel 2010 中，引用公式的常用方式包括相对引用、绝对引用与混合引用。

1. 相对引用

相对引用是通过当前单元格与目标单元格的相对位置来定位引用单元格的。

相对引用包含了当前单元格与公式所在单元格的相对位置。默认设置下，Excel 2010 使用的都是相对引用，当改变公式所在单元格的位置时，引用也会随之改变。

【例 7-5】在【上半年销售统计】工作表中，将 I5 单元格中的公式相对引用到 I6:I12 单元格区域中。

📹视频 + 📄素材 (实例源文件\第 07 章\例 7-5)

01 启动 Excel 2010，打开【销售业绩统计】工作簿中的【上半年销售统计】工作表。

02 选定 I5 单元格，将光标移动至 I5 单元格的右下方，当其变为➕形状时，按住鼠标左键并拖动选定 I6:I12 单元格区域。

五月份	六月份	个人月销售平均额	上半年销售总额
¥11,000.00	¥22,000.00		¥72,000.00
¥25,000.00	¥26,000.00		¥108,900.00
¥12,000.00	¥12,000.00		
¥9,000.00	¥10,000.00		
¥26,000.00	¥13,000.00		
¥12,000.00	¥9,000.00		
¥13,000.00	¥13,000.00		
¥9,000.00	¥9,000.00		
¥26,000.00	¥12,000.00		

03 释放鼠标，即可将 I5 单元格中的公式复制到 I6:I12 单元格区域中，完成公式的相对引用操作。

五月份	六月份	个人月销售平均额	上半年销售总额
¥11,000.00	¥22,000.00		¥72,000.00
¥25,000.00	¥26,000.00		¥108,900.00
¥12,000.00	¥12,000.00		¥67,800.00
¥9,000.00	¥10,000.00		¥52,900.00
¥26,000.00	¥13,000.00		¥83,000.00
¥12,000.00	¥9,000.00		¥62,000.00
¥13,000.00	¥13,000.00		¥100,600.00
¥9,000.00	¥9,000.00		¥60,800.00
¥26,000.00	¥12,000.00		¥80,900.00

04 在快速访问工具栏中单击【保存】按钮 💾，保存所作的设置。

2. 绝对引用

绝对引用就是公式中单元格的精确地址，与包含公式的单元格的位置无关。它在列标和行号前分别加上美元符号$。例如，$B$2 表示单元格 B2 的绝对引用，而$B$2:$E$5 表示单元格区域 B2:E5 的绝对引用。

绝对引用与相对引用的区别是：复制公式时，若公式中使用相对引用，则单元格引用会自动随着移动的位置相对变化；若公式中使用绝对引用，则单元格引用不会发生变化。

例如，在 C1 单元格中输入绝对引用公式"=$A$1&$B$1"，然后拖动引用公式至 C2:C3 单元格区域，此时用户会发现在 C2:C3 单元格中显示的结果与 C1 单元格相同，这是由于使用绝对引用后，C2 与 C3 单元格中的公式并没有改变，而是完全与 C1 单元格中的公式相同，均为"=$A$1&$B$1"，因此公式计算出的结果也是相同的。

 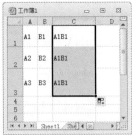

专家解读

如果用户使用的是前面介绍的相对引用，即 C1 单元格中的公式为"=A1&B1"，则引用后 C2 与 C3 单元格中的公式应分别为"=A2&B2"与"=A3&B3"，因此公式得到的结果应分别为"A2B2"与"A3B3"。

3. 混合引用

混合引用指的是在一个单元格引用中，既有绝对引用，同时也包含有相对引用，即混合引用具有绝对列和相对行，或具有绝对行和相对列。绝对引用列采用 $A1、$B1 的形式，绝对引用行采用 A$1、B$1 时形式。如果公式所在单元格的位置改变，则相对引用改变，而绝对引用不变。如果多行或多列地复制公式，相对引用自动调整，而绝对引用不作调整。

例如，在 C1 单元格中输入混合引用公式"=$A$1&B1"，然后拖动引用公式至 C2:C3 单元格区域，此时用户会发现 C2 与 C3 单元格中的值分别为"A1B2"与"A1B3"。

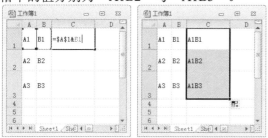

又如，在 C1 单元格中输入混合引用公式"=A1&$B$1"，然后拖动引用公式至 C2:C3 单元格区域，此时用户会发现 C2 与 C3 单元格中的值分别为"A2B1"与"A3B1"。

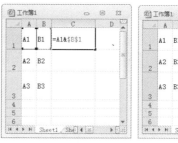
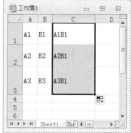

经验谈

在编辑栏中选择公式后，利用 F4 键可以进行相对引用与绝对引用的切换。按一次 F4 键可以将相对引用转换成绝对引用，继续按两次 F4 键转换为不同的混合引用，再按一次 F4 键可还原为相对引用。

7.2 使用函数

Excel 2010 将具有特定功能的一组公式组合在一起形成函数。使用函数，可以大大简化公式的输入过程。

7.2.1 函数的概念

Excel 中的函数实际上是一些预定义的公式，函数是运用一些称为参数的特定数据值按特定的顺序或者结构进行计算的公式。

Excel 提供了大量的内置函数，这些函数可以有一个或多个参数，并能够返回一个计算结果，函数中的参数可以是数字、文本、逻辑值、表达式、引用或其他函数。函数一般包含 3 个部分：等号、函数名和参数，如下所示。

=函数名(参数 1,参数 2,参数 3,....)

其中，函数名为需要执行运算的函数的名称。参数为函数使用的单元格或数值。例如，=SUM(A1:F10)，表示对 A1:F10 单元格区域内所有数据求和。

函数中还可以包括其他的函数，即函数的嵌套使用。不同的函数需要的参数个数也是不同的，没有参数的函数则为无参函数，无参函数的形式为：函数名()。

7.2.2 函数的基本操作

在 Excel 2010 中，所有函数操作都是在【公式】选项卡的【函数库】组中完成的。

Excel 2010 将函数分成【自动求和】、【最近使用的函数】、【财务】、【逻辑】、【文本】、【日期和时间】、【查找与引用】、【数学和三角函数】以及【其他函数】这 9 大类。其中【自动求和】分类中包括一些最常用的函数，例如求和、求平均值等；【最近使用的函数】分类则会自动

记录用户最近使用的一些函数,帮助用户反复使用;【其他函数】分类中包含了【统计】、【工程】、【多维数据集】以及【信息】分类。

1. 插入函数

在 Excel 2010 中,插入函数的方法十分简单,首先在【公式】选项卡的【函数库】组中选择要插入的函数,然后设置函数参数的引用单元格即可。

【例 7-6】打开【上半年销售统计】工作表,在工作表的 B15 单元格中插入求和函数,计算单月所有员工的销售业绩总额。

视频 + 素材 (实例源文件\第 07 章\例 7-6)

01 启动 Excel 2010,打开【销售业绩统计】工作簿中的【上半年销售统计】工作表。

02 选定 B15 单元格,然后打开【公式】选项卡,在【函数库】组中单击【自动求和】下拉按钮,在弹出的菜单中选择【求和】命令。

03 在表格中选择要求和的单元格区域,这里选择 B4:B12 单元格区域。

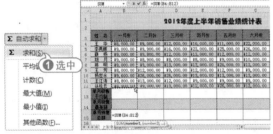

04 选择求和范围后,按 Enter 键,求和函数会计算 B4:B12 单元格中所有数据的和,然后显示在 B15 单元格中。

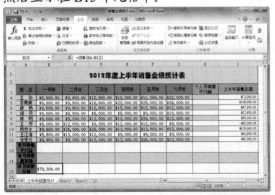

05 在快速访问工具栏中单击【保存】按钮,保存所作的设置。

> **专家解读**
>
> 在【公式】选项卡的【函数库】中单击【插入函数】按钮,打开【插入函数】对话框,在其中同样可以设置要插入的 SUM 求和函数。

2. 修改函数

有些时候使用函数仍然无法在表格中计算出需要的数据,此时用户可以对函数进行一些修改或者嵌套操作,发挥函数更大的功能。

【例 7-7】在【上半年销售统计】工作表中,计算一月份所有员工的销售平均额(方法为一月份销售总额除以总员工数 9)。

视频 + 素材 (实例源文件\第 07 章\例 7-7)

01 启动 Excel 2010,打开【销售业绩统计】工作簿的【上半年销售统计】工作表。

02 选定 B13 单元格,打开【公式】选项卡,在【函数库】组中单击【自动求和】按钮,在弹出的菜单中选择【求和】命令。

03 在表格中选择要求和的单元格区域,这里选择 B4:B12 单元格区域。

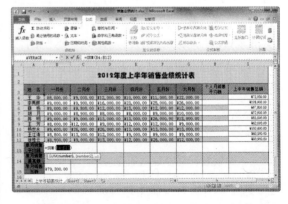

04 按 Enter 键显示结果,然后在 B13 单元格的编辑栏中,修改函数为=SUM(B4:B12)/9,即可通过函数嵌套来计算出一月份所有员工

的销售平均额。

> **专家解读**
>
> 将某个公式或函数的返回值作为另一个函数的参数来使用，这就是函数的嵌套使用。使用该功能的方法为：首先插入 Excel 2010 自带的一种函数，然后通过修改函数来实现函数的嵌套使用。

05 按 Enter 键，即可根据要求计算出一月份所有员工的销售平均额。

06 在快速访问工具栏中单击【保存】按钮 🔲 ，保存所作的设置。

7.2.3 常用函数应用举例

Excel 2010 中包括 7 种类型的上百个具体函数，每个函数的应用各不相同。下面对几种常用的函数进行讲解，包括求和函数、平均值函数、条件函数和最大值函数。

1. 求和函数

求和函数表示对选择单元格或单元格区

域进行加法运算，其函数语法结构为 SUM(number1,number2,....)。

【例 7-8】 在【上半年销售统计】工作表中，计算所有员工的上半年销售总额。

💿视频 + 📁素材 （实例源文件\第 07 章\例 7-8）

01 启动 Excel 2010，打开【销售业绩统计】工作簿中的【上半年销售统计】工作表。

02 合并 H13:H15 单元格区域和 I13:I15 单元格区域，然后在合并后的 H13 单元格中输入"上半年销售总额"并设置为自动换行。然后为合并后的两个单元格设置底纹。

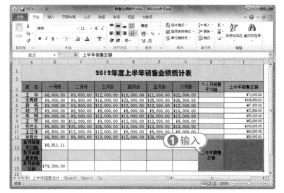

03 选定合并后的 I13 单元格，打开【公式】选项卡，在【函数库】组中单击【数学和三角函数】按钮，在弹出的菜单中选择 SUM 命令，打开【函数参数】对话框，在 SUM 选项区域的 Number1 文本框后，单击 🔢 按钮。

04 返回到工作表中选取作为函数参数的单元格区域 B4:G12。

05 单击 🔢 按钮，展开【函数参数】对话框，单击【确定】按钮，即可在 I13 单元格中显示计算结果。

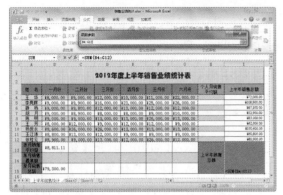

06 在快速访问工具栏中单击【保存】按钮，保存所作的设置。

📖 **专家解读**

另外，用户还可在【函数参数】对话框的 SUM 选项区域的 Number1 文本框中直接输入计算总和的单元格范围。

2. 平均值函数

平均值函数可以将选择的单元格区域中的平均值返回到需要保存结果的单元格中，其语法结构为 AVG(number1,number2,…)。

【例 7-9】打开【上半年销售统计】工作表，在 H4 单元格计算出个人月销售平均额。

🎬视频 ＋ 📁素材 (实例源文件\第 07 章\例 7-9)

01 启动 Excel 2010，打开【销售业绩统计】工作簿中的【上半年销售统计】工作表。

02 选定 H4 单元格，打开【公式】选项卡，在【函数库】组中单击【其他函数】按钮，在弹出的菜单中选择【统计】|AVERAGE 命

令，打开【函数参数】对话框。

03 在 AVERAGE 选项区域的 Number1 文本框中输入计算平均值的范围，这里输入 B4:G4。

04 单击【确定】按钮，即可在 H4 单元格中显示计算结果。

05 在快速访问工具栏中单击【保存】按钮，保存所作的设置。

3. 条件函数

条件函数可以实现真假值的判断，它根据逻辑计算的真假值返回两种结果。其语法结构为：IF(logical_test,value_if_true,value_if_false)。其中，logical_test 表示计算结果为 true 或 false 的任意值或表达式；value_if_true 表示当 logical_test 为 true 值时返回的值；value_if_false 表示当 logical_test 为 false 值时返回的值。

【例 7-10】调整【上半年销售统计】工作表的结构，添加【是否奖励】列，并在该列中使用条件格式，要求对个人月销售平均额大于 13000 的员工给予奖励。

🎬视频 ＋ 📁素材 (实例源文件\第 07 章\例 7-10)

01 启动 Excel 2010，打开【销售业绩统

计】工作簿中的【上半年销售统计】工作表，并调整表格的结构，效果如下图所示。

02 将 H4 单元格中的求平均值函数引用到 H5:H12 单元格区域中，然后选定 I4 单元格，打开【公式】选项卡，在【函数库】组中单击【逻辑】按钮，在弹出的菜单中选择 IF 命令，打开条件函数的【函数参数】对话框。

03 在 IF 选项区域的 Logical_test 文本框中输入 H4>13000，在 Value_if_true 文本框中输入"是"，在 Value_if_false 文本框中输入"否"。

04 单击【确定】按钮，即可通过条件函数在 I5 单元格中显示是否奖励。

05 通过相对引用功能，复制条件函数至

I6:I12 单元格区域。

06 在快速访问工具栏中单击【保存】按钮，保存所作的设置。

专家解读

在 Excel 2010 中，IF 条件函数的返回值可以为中文，但需要在中文返回值两边加上英文双引号。

4. 最大值函数

最大值函数可以将选择的单元格区域中的最大值返回到需要保存结果的单元格中，其语法结构为 MAX(number1,number2,...)。

【例 7-11】在【上半年销售统计】工作表中，统计单月销售最高额。

👁视频 + 🗋素材 （实例源文件\第07章\例 7-11）

01 启动 Excel 2010，打开【销售业绩统计】工作簿的【上半年销售统计】工作表。

02 选定 B14 单元格，打开【公式】选项卡，在【函数库】组中单击【其他函数】按钮，在弹出的菜单中选择【统计】| MAX 命令，打开最大值函数的【函数参数】对话框。

03 在 MAX 选项区域中的 Number1 文本

框中输入函数 B4:B12，设定获取最大值的单元格区域。

04 单击【确定】按钮，可在 B14 单元格中显示最高工资的金额，然后使用相对引用的

方法，求出其他月份的最高销售额。

05 在快速访问工具栏中单击【保存】按钮 ，保存所作的设置。

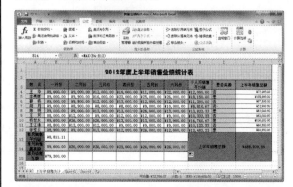

7.3 数据的排序

数据排序是指按一定规则对数据进行整理、排列，这样可以为数据的进一步处理作好准备。Excel 2010 的数据排序包括简单排序、自定义排序等。

7.3.1 简单排序

对工作表中的数据按某一字段进行排序时，如果按照单列的内容进行排序，可以直接通过【开始】选项卡的【编辑】组完成排序操作。如果要对多列内容排序，则需要在【数据】选项卡中的【排序和筛选】组中进行操作。

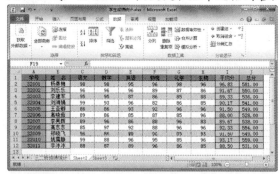

【例 7-12】在【三二班成绩统计】工作表中，设置按【语文】成绩由高到低的顺序排列表格中的数据。

😊视频 ✚ 素材 (实例源文件\第 07 章\例 7-12)

01 启动 Excel 2010，打开【学生成绩统计】工作簿中的【三二班成绩统计】工作表。选中 A3:J14 单元格区域，按 Ctrl+C 键。

02 打开 Sheet2 工作表，选取 A1:J12 单元格区域，按 Ctrl+V 快捷键粘贴单元格内容。

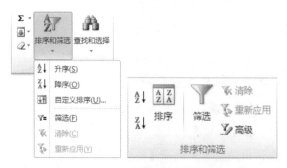

03 选取【语文】成绩所在的 C2:C12 单元格区域，打开【数据】选项卡，在【排序和筛选】组中单击【降序】按钮。

04 打开【排序提醒】对话框，选中【扩展选定区域】单选按钮，单击【排序】按钮。

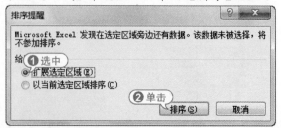

05 返回工作簿窗口，即可实现按照语文成绩从高到低的顺序进行排列。

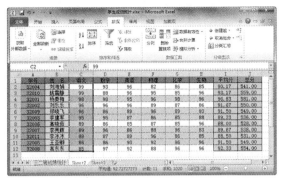

06 按 Ctrl+S 快捷键，保存进行排序后的工作簿。

【经验谈】

使用【升序】进行排列时，如果排序的对象是数字，则从最小的负数到最大的正数进行排序；如果对象是文本则按英文字母 A~Z 的顺序进行排序；如果对象是逻辑值则按 FLASE 值在 TRUE 值前的方式进行排序，空格排在最后。使用【降序】进行降序排列，其结果与升序排序结果相反。

7.3.2 自定义排序

在使用简单排序时，只能使用一个排序条件。因此，当使用简单排序后，表格中的数据可能仍然没有达到用户的排序需求。这时，用户可以设置多个排序条件，例如，当排序值相等时，可以参考第二个排序条件进行排序。

【例 7-13】在【三二班成绩统计】工作表中，设置按总分由高到低的顺序进行排列，如果总分相同，则按照学号由小到大的顺序排列。

🎬视频 + 📄素材 (实例源文件\第 07 章\例 7-13)

01 启动 Excel 2010，打开【学生成绩统计】工作簿中的【三二班成绩统计】工作表，并选定排序区域 A3:J14。

02 打开【数据】选项卡，在【排序和筛选】组中，单击【排序】按钮。

03 打开【排序】对话框，在【主要关键字】下拉列表框中选择【总分】选项，在【排序依据】下拉列表框中选择【数值】选项，在

【次序】下拉列表框中选择【降序】选项。

04 单击【添加条件】按钮，添加新的排序条件。在【次要关键字】下拉列表框中选择【学号】选项，在【排序依据】下拉列表框中选择【数值】选项，在【次序】下拉列表框中选择【升序】选项，单击【确定】按钮。

05 返回工作簿窗口，即可按照自定义的排序条件对表格中的数据进行排序。

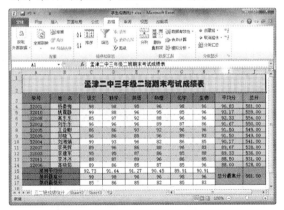

06 按 Ctrl+S 快捷键，保存排序后的工作表数据。

【经验谈】

默认情况下，排序时把第 1 行作为标题栏，不参与排序。另外，若表格中有多个合并的单元格或者空白行，而且单元格的大小不一样，则会影响 Excel 2010 的排序功能。

若要删除已经添加的排序条件，则在【排序】对话框中选择该排序条件，然后单击上方的【删除条件】按钮即可。单击【选项】按钮，可以打开【排序选项】对话框，在其中可以设置排序方法。当添加多个排序条件后，可以单击对话框上方的上下箭头按钮，调整排序条件

的主次顺序。

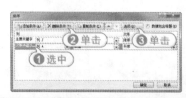

7.4 数据的筛选

数据筛选功能是一种用于查找特定数据的快速方法。经过筛选后的数据只显示包含指定条件的数据行，以供用户浏览、分析。

7.4.1 自动筛选

使用 Excel 2010 提供的自动筛选功能，可以快速筛选表格中的数据。自动筛选为用户提供了从具有大量记录的数据清单中快速查找符合某种条件记录的功能。筛选数据时，字段名称将变成一个下拉列表框的框名。

【例 7-14】在【三二班成绩统计】工作表中，自动筛选出总分最高的 3 条记录。
📹视频 + 📄素材 (实例源文件\第 07 章\例 7-14)

01 启动 Excel 2010，打开【学生成绩统计】工作簿中的【三二班成绩统计】工作表，并选定筛选区域 A3:J14。

02 打开【数据】选项卡，在【排序和筛选】组中单击【筛选】按钮，进入筛选模式，然后删除 J15 单元格中的数据(避免因该单元格中的数据参加筛选而造成结果错误)。

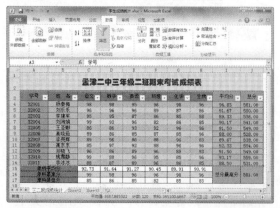

03 单击【总分】单元格旁边的倒三角按

钮，在弹出的菜单中选择【数字筛选】|【10个最大的值】命令。

04 打开【自动筛选前 10 个】对话框，在【最大】右侧的微调框中输入 3，单击【确定】按钮。

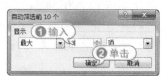

05 返回工作表窗口，即可显示筛选出的总分最高的 3 条记录。

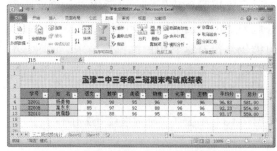

06 在快速访问工具栏中单击【保存】按钮🖫，保存【学生成绩统计】工作簿。

> 📖 **专家解读**
>
> 要取消筛选，单击筛选条件单元格旁边的🔽按钮，选择相应的清除筛选命令即可。

7.4.2 自定义筛选

使用 Excel 2010 中自带的筛选条件，可以

快速完成对数据的筛选操作。当自带的筛选条件无法满足需要时，用户可以根据需要自定义筛选条件。

【例7-15】在【三二班成绩统计】工作表中，自定义筛选出数学成绩大于等于85分而小于等于95分的所有学生记录。

🎬视频 + 📁素材 (实例源文件\第07章\例7-15)

01 启动 Excel 2010，打开【学生成绩统计】工作簿的【三二班成绩统计】工作表，并选定筛选区域 A3:J14。

02 打开【数据】选项卡，在【排序和筛选】组中单击【筛选】按钮，进入筛选模式。

03 单击【数学】单元格右侧下拉按钮，在弹出的菜单中选择【数字筛选】|【介于】命令，打开【自定义自动筛选方式】对话框。

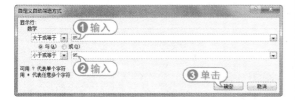

专家解读

选择【数字筛选】|【自定义筛选】命令，也可以打开【自定义自动筛选方式】对话框。

04 在【大于或等于】文本框中输入85，在【小于或等于】文本框中输入95，单击【确定】按钮。

05 返回工作簿窗口，Excel 自动筛选出数学成绩在85到95之间的记录。

06 在快速访问工具栏中单击【保存】按钮 💾，保存筛选后的工作表。

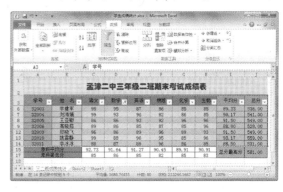

7.4.3 高级筛选

如果数据清单中的字段比较多，筛选的条件也比较多，那么自定义筛选的操作将会变得十分麻烦。对筛选条件较多的情况，可以使用高级筛选功能来处理。

使用高级筛选功能，必须先建立一个条件区域，用来指定筛选的数据所需满足的条件。条件区域的第一行是所有作为筛选条件的字段名，这些字段名与数据清单中的字段名必须完全一致。条件区域的其他行则是筛选条件。需要注意的是，条件区域和数据清单不能连接，必须用一个空行将其隔开。

【例7-16】在【三二班成绩统计】工作表中，使用高级筛选功能筛选出平均成绩在90分以上并且数学成绩在95分以上的学生记录。

🎬视频 + 📁素材 (实例源文件\第07章\例7-16)

01 启动 Excel 2010，打开【学生成绩统计】工作簿中的【三二班成绩统计】工作表。

02 在 A18:B19 单元格区域中输入筛选条件，【平均分】大于90，【数学】大于95。

18	平均分	数学	
19	>90	>95	
20		①输入	

03 在表格中选择 A3:J14 单元格区域，然后打开【数据】选项卡，在【排序和筛选】组中单击【高级】按钮。

04 打开【高级筛选】对话框，单击【条件

区域】文本框后的 按钮，返回工作簿窗口，选择之前输入筛选条件的 A18:B19 单元格区域。

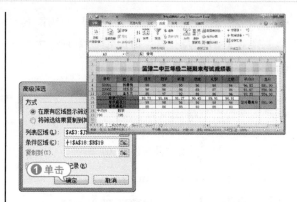

专家解读

在【高级筛选】对话框中，若选中【将筛选结果复制到其他位置】单选按钮，则可以在下面的【复制到】文本框中输入要将筛选结果插入工作表中的位置。

⑩5 单击 按钮，展开【高级筛选】对话框，可以查看选定的列表区域与条件区域。

⑩6 单击【确定】按钮，返回工作簿窗口，筛选出平均成绩在 90 分以上并且数学成绩在 95 分以上的学生的数据。

⑩7 在快速访问工具栏中单击【保存】按钮 ，保存高级筛选后的工作表。

经验谈

用户在对工作表中的表格数据进行筛选或者排序操作后，如果想要清除操作重新显示工作表的全部数据内容，则在【数据】选项卡的【排序和筛选】组中单击【清除】按钮即可。清除排序和筛选操作后，可重新显示完整的工作表。

7.5 数据的分类汇总

分类汇总是对数据清单进行数据分析的一种方法。分类汇总对数据库中指定的字段进行分类，然后统计同一类记录的有关信息。统计的内容可以由用户指定，也可以统计同一类记录的记录条数，还可以对某些数值段求和、求平均值或求极值等。

7.5.1 创建分类汇总

Excel 2010 可以在数据清单中自动计算分类汇总及总计值。用户只需指定需要进行分类汇总的数据项、待汇总的数值和用于计算的函数(如求和函数)即可。如果要使用自动分类汇总，工作表必须组织成具有列标志的数据清单。在创建分类汇总之前，用户必须先根据需要进行分类汇总的数据列对数据清单排序。

【例 7-17】在【三二班成绩统计】工作表中，添加【性别】列，并将表中的数据按性别排序后分类，然后分别计算男女生各科的平均成绩。

📹视频 ➕ 📄素材 (实例源文件\第 07 章\例 7-17)

⑩1 启动 Excel 2010，打开【学生成绩统计】工作簿中的【三二班成绩统计】工作表，并添加【性别】列，然后删除最后 3 行，效果如下图所示。

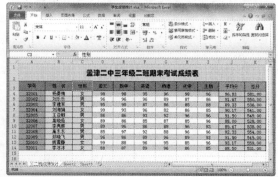

⑩2 选中 A3:K14 单元格区域，然后打开

【数据】选项卡，在【排序和筛选】组中单击【排序】按钮，打开【排序】对话框，设置按照【性别】升序排列。

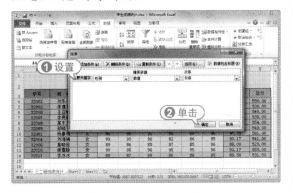

专家解读

在分类汇总前，最好对数据进行排序操作，使分类字段的同类数据排列在一起，否则在执行分类汇总操作后，Excel 2010 只会对连续相同的数据进行汇总。

03 继续选定 A3:K14 单元格区域，打开【数据】选项卡，在【分级显示】组中单击【分类汇总】按钮，打开【分类汇总】对话框。

04 在【分类字段】下拉列表框中选择【性别】选项；在【汇总方式】下拉列表框中选择【平均值】选项；在【选定汇总项】列表框中选中各个科目名称前面的复选框；选中【替换当前分类汇总】与【汇总结果显示在数据下方】复选框，最后单击【确定】按钮。

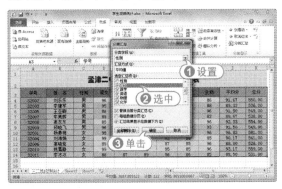

05 返回工作簿窗口，即可查看表格的分类汇总后的效果。

06 在快速访问工具栏中单击【保存】按钮，保存高级筛选后的工作表。

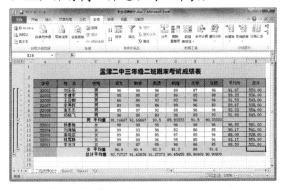

专家解读

若要删除分类汇总，则可以在【分类汇总】对话框中单击【全部删除】按钮即可。

7.5.2 隐藏与显示分类汇总

为了方便查看数据，可将分类汇总后暂时不需要使用的数据隐藏，减小界面的占用空间。当需要查看时，再将其显示。

【例 7-18】在【例 7-17】分类汇总后的【三二班成绩统计】工作表中，隐藏除汇总外的所有分类数据，然后显示女生的详细数据。
视频 + 素材 (实例源文件\第 07 章\例 7-18)

01 打开分类汇总后的【学生成绩统计】工作簿中的【三二班成绩统计】工作表。

02 选定【男 平均值】所在的 C10 单元格，打开【数据】选项卡，在【分级显示】组中单击【隐藏明细数据】按钮，即可隐藏男生的详细记录。

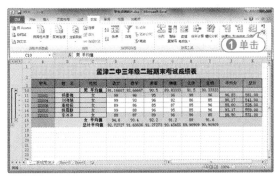

03 使用同样的方法，隐藏女生的详细记录，如下图所示。

04 选定【女 平均值】所在的 C16 单元格，打开【数据】选项卡，在【分级显示】组中单击【显示明细数据】按钮，即可重新显示所有女生的详细数据。

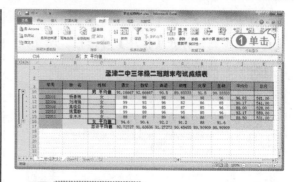

经验谈

单击分类汇总工作表左边列表树中的
![+]、[-] 符号按钮，同样可以实现显示与隐藏详细数据的操作。

7.6 使用图表

在 Excel 2010 中，为了能更加直观地表达表格中的数据，可将数据以图表的形式表示出来。使用图表，可以更直观地表现表格中数据的发展趋势或分布状况，方便对数据进行对比和分析。

7.6.1 图表概述

Excel 2010 提供了多种图表，如柱形图、折线图、饼图、条形图、面积图和散点图等，各种图表各有优点，适用于不同的场合。

- 柱形图：可直观地对数据进行对比分析以得出结果。在 Excel 2010 中，柱形图又可细分为二维柱形图、三维柱形图、圆柱图、圆锥图以及棱锥图。
- 折线图：折线图可直观地显示数据的走势情况。在 Excel 2010 中，折线图又分为二维折线图与三维折线图。
- 饼图：能直观地显示数据占有比例，而且比较美观。在 Excel 2010 中，饼图又可细分为二维饼图与三维饼图。
- 条形图：就是横向的柱形图，其作用也与柱形图相同，可直观地对数据进行对比分析。在 Excel 2010 中，条形图又可细分为二维条形图、三维条形图、圆柱图、圆锥图以及棱锥图。
- 面积图：能直观地显示数据的大小与走势范围，在 Excel 2010 中，面积图

又可分为二维面积图与三维面积图。

- 散点图：可以直观地显示图表数据点的精确值，帮助用户对图表数据进行统计计算。

专家解读

图表的基本元素包括：图表区、绘图区、图表标题、数据系列、网格线和图例等。通常在与工作表数据一起显示或打印一个或多个图表时使用嵌入式图表。

Excel 2010 包含两种样式的图表，嵌入式图表和图表工作表。嵌入式图表是将图表看作一个图形对象，并作为工作表的一部分进行保存；图表工作表是工作簿中具有特定工作表名称的独立工作表。在需要独立于工作表数据查看或编辑大而复杂的图表以及节省工作表上的屏幕空间时，就可以使用图表工作表。

无论是建立哪种图表，创建图表的依据都是工作表中的数据。当工作表中的数据发生变化时，图表便会更新。

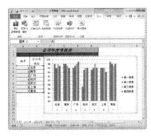
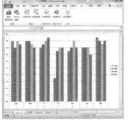

7.6.2 创建图表

使用 Excel 2010 可以方便、快速地建立一个标准类型或自定义类型的图表。选择要用于图表的单元格，打开【插入】选项卡，在【插图】组中选择需要的图表样式，即可在工作表中插入图表。

【例 7-19】在【价格走势】工作表中，使用工作表中的部分数据创建图表。

📹视频 ＋ 📄素材 (实例源文件\第 07 章\例 7-19)

01 启动 Excel 2010 应用程序，打开【价格统计】工作簿中的【价格走势】工作表。

02 在工作表中选定单元格区域 A3:H10，打开【插入】选项卡，在【图表】组中单击【条形图】按钮，在弹出的菜单中选择【三维簇状条形图】选项。

03 此时三维簇状条形图将自动被插入工作表中。

04 在快速访问工具栏中单击【保存】按钮 💾，保存所创建的图表。

7.6.3 编辑图表

图表创建完成后，Excel 2010 会自动打开【图表工具】的【设计】、【布局】和【格式】

选项卡，在其中可以设置图表位置和大小、图表样式、图表的布局等操作，还可以为图表添加趋势线和误差线。

1. 调整图表的位置和大小

在 Excel 2010 中，除了可以移动图表的位置外，还可以调整图表的大小。用户可以调整整个图表的大小，也可以单独调整图表中的某个组成部分的大小，如绘图区、图例等。

【例 7-20】在【价格走势】工作表中，调整图表的大小和位置。

📹视频 ＋ 📄素材 (实例源文件\第 07 章\例 7-20)

01 启动 Excel 2010 应用程序，打开【价格统计】工作簿中的【价格走势】工作表。

02 选定整个图表，按住鼠标左键并拖动图表，将虚线位置移动到合适的位置。释放鼠标，即可移动图表至虚线位置。

03 打开【图表工具】的【格式】选项卡，在【大小】组中的【形状高度】和【形状宽度】文本框中分别输入"6 厘米"和"16 厘米"，快速调节其大小。

04 选中图表中的图例，在其边框上会出

现 8 个控制柄，将光标移动至控制柄上，当其变为双箭头形状时按住鼠标左键并拖动，调整图例的大小。

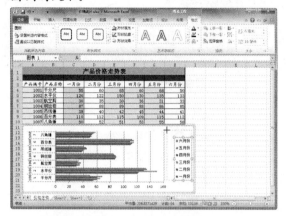

05 在快速访问工具栏中单击【保存】按钮，保存调整大小和位置后的图表工作簿。

经验谈

缩放整个图表时，其中的绘图区和图例也将随图表按比例进行相应的缩小或放大。

2. 设置图表样式

创建图表后，可以将 Excel 2010 的内置图表样式快速应用到图表中，无须手动添加或更改图表元素的相关设置。

选定图表区，打开【图表工具】的【设计】选项卡，在【图表样式】组中单击【其他】按钮，打开 Excel 2010 的内置图表样式列表，选择一种样式，如选择【样式 18】选项，即可将其应用到图表中。

3. 设置图表布局

在【图表工具】的【布局】选项卡中可以完成设置图表的标签、坐标轴和背景等操作。

【例 7-21】在【价格走势】工作表中布局图表。
视频 + 素材（实例源文件\第 07 章\例 7-21）

01 启动 Excel 2010 应用程序，打开【价格统计】工作簿中的【价格走势】工作表。

02 选中图表，打开【图表工具】的【布局】选项卡，在【标签】组中单击【图表标题】按钮，从弹出的菜单中选择【居中覆盖标题】命令，在图表中添加图表标题。

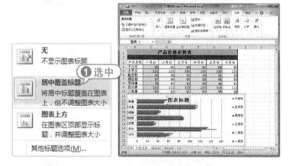

03 在【图表标题】文本框中输入文本"价格走势分析"。

04 在【标签】组中单击【数据标签】按钮，从弹出的菜单中选择【显示】命令，即可在数据条中显示数据标签。

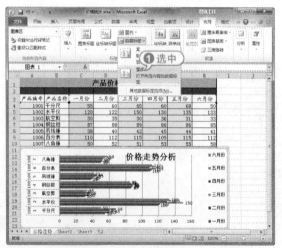

专家解读

如果需要设置图表标题的字体格式，则直接在【字体】组中或浮动工具栏进行设置。

05 在【坐标轴】组中单击【网格线】按钮，从弹出的菜单中选择【主要横网格线】|【主要网格线】命令，为图表添加网格线。

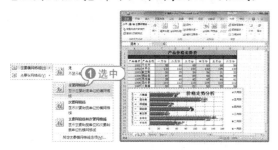

06 右击图表区，从弹出的快捷菜单中选择【设置图表区域格式】命令，打开【设置图表区格式】对话框。

07 打开【填充】选项卡，选中【纯色填充】单选按钮，在【填充颜色】选项区域中单击【颜色填充】按钮，从弹出的颜色面板中选择【深蓝，文字2，淡色80%】颜色。

08 单击【关闭】按钮，即可为图表区填充背景色。

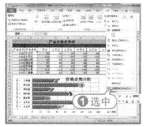

09 在快速访问工具栏中单击【保存】按钮，保存布局后的图表工作簿。

4. 添加趋势线

运用图表进行回归分析时，可以在图表中添加趋势线来显示数据的变化趋势。

专家解读

只有柱形图、条形图、折线图、XY散点图、面积图和气泡图的二维图表，才能添加趋势线，三维图表无法添加趋势线。

【例7-22】在【价格走势】工作表中添加趋势线。
🎥视频 + 💾素材 (实例源文件\第07章\例7-22)

01 启动 Excel 2010 应用程序，打开【价格统计】工作簿中的【价格走势】工作表。

02 打开【图表工具】的【设计】选项卡，在【类型】组中单击【更改图表类型】按钮，打开【更改图表类型】对话框。

03 选中一种三维条形图，单击【确定】按钮，更改图表的类型。

04 打开【图表工具】的【布局】选项卡，在【分析】组中单击【趋势线】按钮，从弹出的菜单中选择【线性趋势线】命令。

05 打开【添加趋势线】对话框，选择【三月份】选项，单击【确定】按钮，即可为图表添加三月份各个产品的价格趋势线。

06 将图表放大后，效果如下图所示。选中趋势线，打开【图表工具】的【格式】选项卡，在【形状样式】组中单击【其他】按钮。

色线型样式，即可为趋势线应用该样式。

08 在快速访问工具栏中单击【保存】按钮，保存添加趋势线后的图表工作簿。

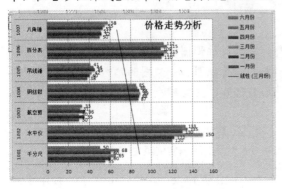

07 在弹出的形状样式列表框选择一种橙

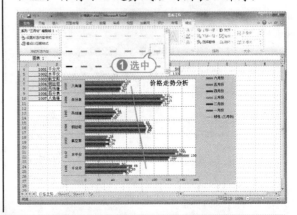

7.7 数据透视图表

Excel 2010 提供了一种简单、形象且实用的数据分析工具——数据透视表及数据透视图，可以生动、全面地对数据清单重新组织和统计数据。

7.7.1 创建数据透视表

数据透视表是一种对大量数据快速汇总和建立交叉列表的交互式表格，它不仅可以转换行和列以查看源数据的不同汇总结果，也可以显示不同页面以筛选数据或根据需要显示区域中的细节数据。

【例 7-23】在打开的【学生成绩统计】工作簿中，为【三二班成绩统计】工作表创建数据透视表。

视频 ＋ 素材 (实例源文件\第 07 章\例 7-23)

01 启动 Excel 2010，打开【学生成绩统计】工作簿中的【三二班成绩统计】工作表。

02 打开【插入】选项卡，在【表格】组中单击【数据透视表】按钮，在弹出的菜单中选择【数据透视表】命令，打开【创建数据透视表】对话框。

03 在【请选择要分析的数据】组中选中【选择一个表或区域】单选按钮，然后单击 按钮，选定 A3:K14 单元格区域；在【选择放置数据透视表的位置】选项区域中选中【新工

作表】单选按钮，单击【确定】按钮。

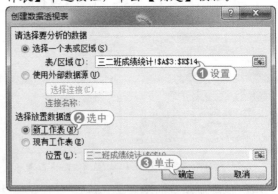

04 此时在工作簿中添加一个新工作表，同时插入数据透视表，并将新工作表命名为【数据透视表】。

05 在【数据透视表字段列表】窗格的【选

择要添加到报表的字段】列表中选中【姓名】、【性别】、【语文】、【数学】、【英语】、【物理】、【化学】、【生物】和【总分】字段，并将它们分别拖动到对应的区域，进行一些列的设置，完成数据透视表的布局设计。

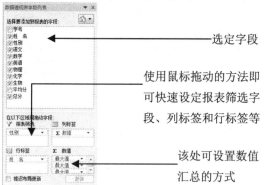

选定字段

使用鼠标拖动的方法即可快速设定报表筛选字段、列标签和行标签等

该处可设置数值汇总的方式

06 最终效果如下图所示，在【数据透视表字段列表】任务窗格中调整布局后，数据透视表会及时更新。

07 单击【文件】按钮，在弹出的菜单中选择【保存】命令，将【数据透视表】工作表保存。

专家解读

数据透视表完成后，用户还可通过【数据透视表工具】的【选项】和【设计】选项卡，对数据透视表进行编辑操作。

7.7.2 创建数据透视图

数据透视图可以看作是数据透视表和图表的结合，它以图形的形式表示数据透视表中的数据。在 Excel 2010 中，可以根据数据透视

表快速创建数据透视图，从而更加直观地显示数据透视表中的数据，方便用户对其进行分析和管理。

【例 7-24】在【三二班成绩统计】工作表中根据【例7-23】创建的数据透视表创建数据透视图。

视频 + 素材　(实例源文件\第 07 章\例 7-24)

01 启动 Excel 2010，打开【学生成绩统计】工作簿的【三二班成绩统计】工作表。

02 选中数据透视表的任意单元格，打开【数据透视表工具】的【选项】选项卡，在【工具】组中单击【数据透视图】按钮，打开【插入图表】对话框。

03 打开【柱形图】选项卡，选择【簇状圆柱图】选项，单击【确定】按钮。

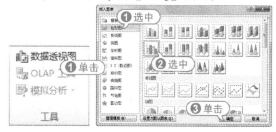

04 此时在数据透视表中插入一个数据透视图。

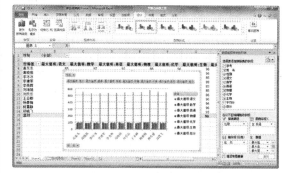

05 打开【数据透视图工具】的【设计】选项卡，在【位置】组中单击【移动图表】按钮，打开【移动图表】对话框。

06 选中【新工作表】单选按钮，单击【确定】按钮，在工作簿中添加一个新工作表，同时插入数据透视图，并将该工作表命名为【数据透视图】。

07 在快速访问工具栏中单击【保存】按

钮 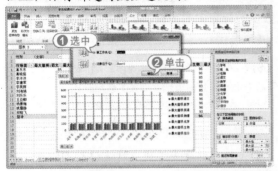，保存新建的数据透视图。

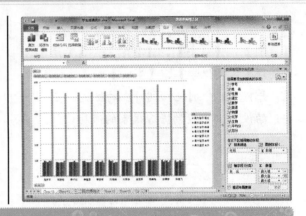

7.8 打印工作表

通常需要将制作完成的工作表打印到纸张上，在打印工作表之前需要先进行工作表的页面设置，并通过预览视图预览打印效果，当设置满足要求时再进行打印。

7.8.1 页面设置

页面设置是指打印页面布局和格式的合理安排，如确定打印方向、页面边距和页眉与页脚等。打开【页面布局】选项卡，在【页面设置】组对打印页面进行设置，或者单击【页面设置】对话框启动器，在打开的【页面设置】对话框中进行设置。

- 【页面】选项卡：可以设置打印表格的打印方向、打印比例、纸张大小、打印质量和起始页码等。
- 【页边距】选项卡：如果对打印后的表格在页面中的位置不满意，可以在其中进行设置。

- 【页眉/页脚】选项卡：可以为工作表设置自定义的页眉和页脚。设置页眉页脚后，打印出来的工作表顶部将出现页眉，工作表底部将显示页脚。
- 【工作表】选项卡：用于设置工作表的打印区域、打印顺序和指定打印【网格线】等其他打印属性。

7.8.2 打印预览

页面设置完毕后，可以预览打印预览效果。方法很简单，单击【文件】按钮，在弹出的菜单中选择【打印】命令，进入 Microsoft Office Backstage 视图，在最右侧的窗格中可以查看工作表的打印效果。

在预览窗格中单击【显示边距】按钮，可以开启页边距、页眉和页脚控制线。

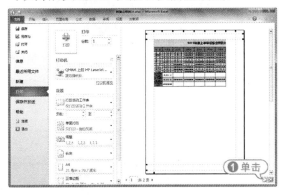

7.8.3 打印表格

打印预览完工作表后，即可打印输出整个工作表或表格的指定区域。

1. 打印当前工作表

单击【文件】按钮，在弹出的菜单中选择【打印】命令，进入 Microsoft Office Backstage 视图，在中间的【打印】窗格中可以设置打印份数、选择连接的打印机，还可以设置打印范围、页码范围、打印方式、纸张、页边距以及缩放比例等，设置完毕后，单击【打印】按钮，即可打印当前工作表。

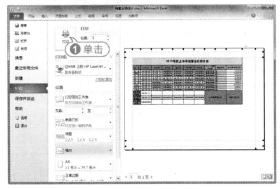

2. 打印指定区域

如果要打印工作表的一部分，则需要对当前工作表进行设置，设置指定区域打印。

【例 7-25】在【学生成绩统计】工作簿中，打印【三二班成绩统计】工作表指定区域。 视频

01 启动 Excel 2010，打开【学生成绩统计】工作簿中的【三二班成绩统计】工作表。

02 选定 A3:H17 单元格区域，单击【文件】按钮，在弹出的菜单中选择【打印】命令，进入 Microsoft Office Backstage 视图，即可查看打印预览效果。

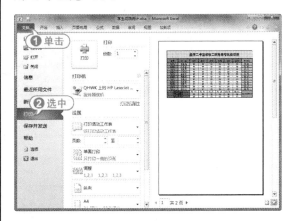

03 在中间窗格的【设置】选项区域中单击【打印活动工作表】下拉按钮，从弹出的菜单中选择【打印选定区域】选项。

04 此时在右侧的预览窗格中即可预览指定区域的打印效果。

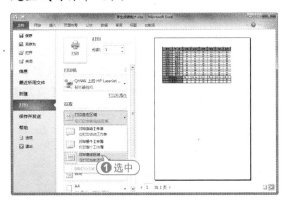

05 单击【页面设置】链接，打开【页面设置】对话框。

06 打开【页边距】选项卡，在【居中方式】选项区域中选中【水平】复选框，单击【确定】按钮。

07 返回到打印设置窗口，在预览窗格中预览效果。

08 完成设置后，单击【打印】按钮，即可打印工作表的指定区域中的数据。

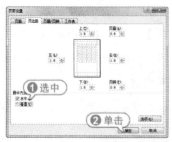

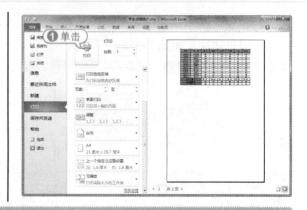

7.9 实战演练

本章主要介绍了 Excel 2010 的高级操作，包括公式与函数的使用，数据的排序、筛选、分类汇总以及图表的使用等。本次实战演练通过一个具体实例来使读者巩固本章所学习的内容。

7.9.1 管理【产品信息表】数据

【例 7-26】创建【产品信息表】工作簿，在其中输入数据，并管理数据。

📹视频 + 📁素材 (实例源文件\第 07 章\例 7-26)

01 启动 Excel 2010 应用程序，创建【产品信息表】工作簿，并在 Sheet1 工作表中输入表格数据和设置表格格式。

02 打开【数据】选项卡，在【排序和筛选】组中，单击【排序】按钮。

03 打开【排序】对话框，在【主要关键字】下拉列表中选择【单价】选项，在【次序】下拉列表中选择【升序】选项，单击【确定】按钮，为数据排序。

04 打开【数据】选项卡，在【排序和筛选】组中，单击【筛选】按钮，进入数据筛选模式。

05 单击 B3 单元格右下角的下拉按钮，在弹出的菜单中仅保留选中【白雪文具】复选框。

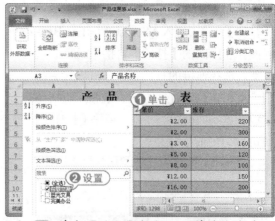

06 单击【确定】按钮，可筛选出生产厂家为【白雪文具】的产品信息。

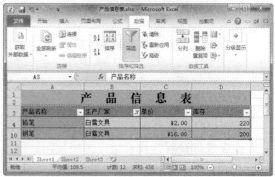

07 在快速访问工具栏中单击【保存】按钮，保存【产品信息表】工作簿的 Sheet1

工作表。

7.9.2 创建数据透视图表

【例 7-27】为【产品信息表】工作簿创建数据透视图表。

视频 + 素材 (实例源文件\第 07 章\例 7-27)

01 启动 Excel 2010 应用程序，打开【产品信息表】工作簿。

02 打开【数据】选项卡，在【排序和筛选】组中，单击【筛选】按钮，退出筛选数据状态。

03 打开【插入】选项卡，在【表格】组中单击【数据透视表】按钮，在弹出的菜单中选择【数据透视表】命令，打开【创建数据透视表】对话框。

04 在【请选择要分析的数据】选项区域中，选中【选择一个表或区域】单选按钮，单击【表/区域】文本框后的 按钮，在 Sheet1 工作表中选择 A3:D10 单元格区域。单击 按钮，返回【创建数据透视表】对话框，在【选择放置数据透视表的位置】选项区域中，选中【现有工作表】单选按钮，在【位置】文本框后单击 按钮，选定 Sheet 2 工作表的 B2 单元格。

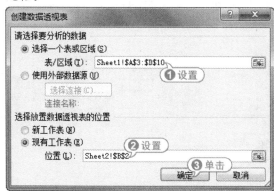

05 单击【确定】按钮，即可在 Sheet 2 工作表中插入数据透视表。

06 在【数据透视表字段列表】任务窗格中设置字段布局，调整数据透视表的结构。

07 如要查看属于【白雪文具】生产厂家的产品，可以在 C2 单元格的下拉列表框中选择【白雪文具】选项。

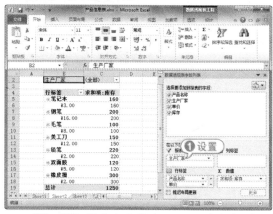

08 单击【确定】按钮，即可在数据透视表中筛选出所有与【白雪文具】生产厂家有关的产品信息。

09 选定数据透视表，打开【数据透视表工具】的【选项】选项卡，在【工具】组中单击【数据透视图】按钮，打开【插入图表】对话框。

10 打开【饼图】选项卡，选择【分离型三维饼图】选项，然后单击【确定】按钮，即可插入数据透视图。

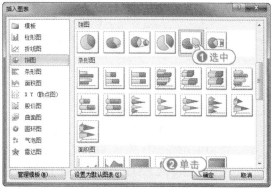

11 选定数据透视图，打开【数据透视图工具】的【设计】选项卡，在【图表布局】组

中选择一种图表样式，并调整数据透视图中的位置和大小。

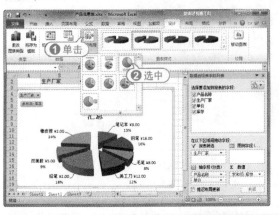

⓬ 在快速访问工具栏中单击【保存】按钮■，保存在【产品信息表】工作簿中创建的数据透视表和数据透视图。

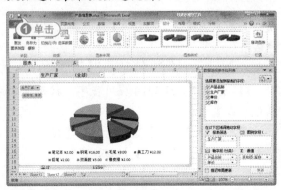

7.10 专家指点

一问一答

问：在 Excel 中输入数据时，如何能让 Excel 自动提示数据输入错误？

答：要使 Excel 自动提示数据输入错误需要使用到 Excel 的数据有效性功能。选择相关单元格或单元格区域，单击【数据】选项卡下【数据工具】组中的【数据有效性】按钮，弹出【数据有效性】对话框，在【设置】选项卡中可设置数据的有效性条件，例如设置只能输入 10 到 100 之间的整数，在【输入信息】选项卡中可以输入提示信息，设置完成后单击【确定】按钮，可使设置生效，此时当用户选定相关单元格时，将会弹出提示信息，当用户输入的数据不符合要求时，将弹出提示对话框，提示输入错误。

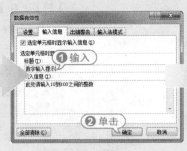
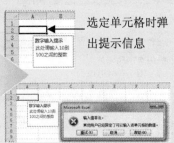

选定单元格时弹出提示信息

一问一答

问：如何进行多个单元格的运算？

答：如果需要同时将 A1、B2、C2、D3 和 E6 等多个单元格中的数据都加 55，可采取以下方法。在一个空白的单元格中输入 55，右键单击这个单元格，选择【复制】命令，在按住 Ctrl 键的同时单击 A1、B2、C2、D3 和 E6 等多个单元格以选中这些单元格，然后右击鼠标，选择【选择性粘贴】命令，在打开的【选择性粘贴】对话框的【运算】组中选中【加】单选按钮，最后单击【确定】按钮即可。

第 8 章
演示文稿——PowerPoint 2010

PowerPoint 2010 是目前最为常用的多媒体演示软件，它可以将文字、图形、图像、动画、声音和视频剪辑等多种媒体对象集合于一体，在一组图文并茂的画面中显示出来，从而更有效地向他人展示自己想要表述的内容。本章将向读者介绍 PowerPoint 2010 的基本操作方法。

对应光盘视频

例 8-1 根据现有模板新建演示文稿

例 8-2 根据自定义模板新建演示文稿

例 8-3 在演示文稿中输入文本

例 8-4 插入文本框

例 8-5 设置文本格式

例 8-6 插入图片

例 8-7 插入截图

例 8-8 插入艺术字

例 8-9 编辑艺术字

例 8-10 插入图表

例 8-11 编辑图表

例 8-12 设置表格格式

例 8-13 创建演示文稿并编辑

8.1 认识 PowerPoint 2010 工作环境

PowerPoint 和 Word、Excel 等应用软件一样，是 Microsoft 公司推出的 Office 系列软件之一。它可以制作出集文字、图形、图像、声音和视频等多媒体对象为一体的演示文稿，把学术交流、辅助教学、广告宣传、产品演示等信息以更轻松、更高效的方式表达出来。

8.1.1 PowerPoint 2010 视图模式

PowerPoint 2010 提供了普通视图、幻灯片浏览视图、备注页视图、幻灯片放映视图和阅读视图 5 种视图模式。

打开【视图】选项卡，在【演示文稿视图】组中单击相应的视图按钮，或者在视图栏中单击视图按钮，即可将当前操作界面切换至对应的视图模式。

1. 普通视图

普通视图又可以分为两种形式，主要区别在于 PowerPoint 工作界面最左边的预览窗口，它分为幻灯片和大纲两种形式来显示，用户可以通过单击该预览窗口上方的切换按钮进行切换。

2. 幻灯片浏览视图

使用幻灯片浏览视图，可以在屏幕上同时看到演示文稿中的所有幻灯片，这些幻灯片以缩略图方式显示在同一窗口中。

在幻灯片浏览视图中，可以查看设计幻灯片的背景、配色方案或更换模板后演示文稿发生的整体变化，也可以检查各个幻灯片是否前后协调、图标的位置是否合适等问题。

3. 备注页视图

在备注页视图模式下，用户可以方便地添

加和更改备注信息，也可以添加图形等信息。

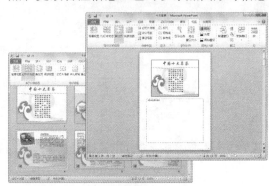

4. 幻灯片放映视图

幻灯片放映视图是演示文稿的最终效果。在幻灯片放映视图下，用户可以看到幻灯片的最终效果。幻灯片放映视图并不是显示单个的静止的画面，而是以动态的形式显示演示文稿中的各个幻灯片。

5. 阅读视图

如果用户希望在一个设有简单控件的审阅的窗口中查看演示文稿，而不想使用全屏的幻灯片放映视图，则可以在自己的电脑中使用阅读视图。要更改演示文稿，可随时从阅读视图切换至其他的视图模式中。

8.1.2 掌握 PowerPoint 的制作流程

使用 PowerPoint 可以制作出宣传册、课件和产品展示等演示文稿，其制作方法也有一定的规律。具体操作如下。

第一步，在演示文稿中添加需要的多张幻灯片，套用幻灯片版式，并在占位符中输入文本内容。

第二步，完成文本的输入后，设置字体和段落格式，如字体颜色、文本对齐方式和段落间距等。

第三步，根据幻灯片版式的需要，在幻灯片中插入图片、声音、影片和表格等对象。

第四步，设置幻灯片放映动画和放映方式，如设置切换动画、对象动画效果和幻灯片放映方式等，并查看放映效果。

第五步，完成演示文稿的制作后，通过打印功能将其打印出来，或通过打包功能将其进行打包。

8.2 新建演示文稿

在 PowerPoint 中，存在演示文稿和幻灯片两个概念，使用 PowerPoint 制作出来的整个文件叫演示文稿。而演示文稿中的每一页叫做幻灯片，每张幻灯片都是演示文稿中既相互独立又相互联系的内容。使用 PowerPoint 2010 可以轻松地新建演示文稿，其强大的功能为用户提供了方便。

8.2.1 新建空白演示文稿

空演示文稿是一种形式最简单的演示文稿，没有应用模板设计、配色方案以及动画方案，可以自由设计。创建空演示文稿的方法主要有以下两种。

> 启动 PowerPoint 自动创建空演示文稿：无论是使用【开始】按钮启动 PowerPoint，还是通过桌面快捷图标或者通过现有演示文稿启动，都将自动打开空演示文稿。

> 使用【文件】按钮创建空演示文稿：单击【文件】按钮，在弹出的菜单中选择【新建】命令，打开 Microsoft Office Backstage 视图，在中间的【可用的模板和主题】列表框中选择【空白演示文稿】选项，单击【创建】按钮，即可新建一个空演示文稿。

8.2.2 根据模板新建演示文稿

PowerPoint 除了创建最简单的空演示文稿外，还可以根据自定义模板、现有内容和内置模板创建演示文稿。模板是一种以特殊格式保存的演示文稿，一旦应用了一种模板后，幻灯片的背景图形、配色方案等就都已经确定，所以套用模板可以提高新建演示文稿的效率。

1. 根据现有模板新建演示文稿

PowerPoint 2010 提供了许多美观的设计模板，这些设计模板将演示文稿的样式、风格，包括幻灯片的背景、装饰图案、文字布局及颜色、大小等均预先定义好。用户在设计演示文稿时可以先选择演示文稿的整体风格，然后再进行进一步的编辑和修改。

【例 8-1】根据现有模板【培训】，新建一个演示文稿。 视频

01 单击【开始】按钮，选择【所有程序】| Microsoft Office | Microsoft PowerPoint 2010 命令，启动 PowerPoint 2010。

02 单击【文件】按钮，从弹出的菜单中选择【新建】命令，打开 Microsoft Office Backstage 视图，在【可用的模板和主题】列

表框中选择【样本模板】选项。

03 自动打开【样本模板】窗格，在列表框中选择【培训】选项，单击【创建】按钮。

04 此时该模板将被应用在新建的演示文稿中。

2. 根据自定义模板新建演示文稿

用户可以将自定义演示文稿保存为【PowerPoint 模板】类型，使其成为一个自定义模板保存在【我的模板】中。当需要使用该模板时，在【我的模板】列表框中调用即可。

自定义模板可以由两种方法获得，如下所示。

- 在演示文稿中自行设计主题、版式、字体样式、背景图案和配色方案等基本要素，然后保存为模板。
- 由其他途径(如下载、共享、光盘等)获得的模板。

【例 8-2】将从其他途径获得的模板保存到【我的模板】列表框中，并调用该模板。

视频 + 素材 (实例源文件\第 08 章\例 8-2)

01 启动 PowerPoint 2010，双击打开预先设计好的模板，单击【文件】按钮，选择【另存为】命令。

02 在【文件名】文本框中输入模板名称，在【保存类型】下拉列表框中选择【PowerPoint 模板】选项。此时对话框中的【保存位置】下拉列表框将自动更改保存路径，单击【确定】按钮，将模板保存到 PowerPoint 默认模板存储路径下。

03 关闭保存后的模板。启动 PowerPoint 2010 应用程序，打开一个空白演示文稿。

04 单击【文件】按钮，从弹出的菜单中选择【新建】命令，在中间的【可用的模板和主题】列表框中选择【我的模板】选项。

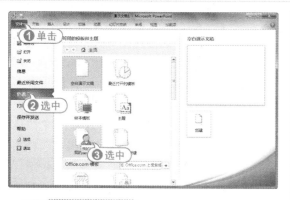

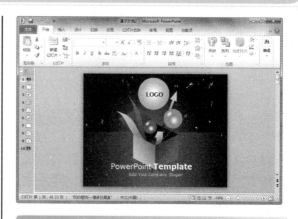

8.2.3 根据现有内容新建演示文稿

专家解读

PowerPoint 2010 的 Office.com 功能也提供大量免费的模板，用户可以直接在【Office.com 模板】列表框中使用 Office Online 功能。在【Office.com 模板】列表框中选择需要的模板，单击【下载】按钮即可下载模板，下载完成后 Office Online 中的模板自动应用到演示文稿中。

如果用户想使用现有演示文稿中的一些内容或风格来设计其他的演示文稿，就可以使用 PowerPoint 的【根据现有内容新建】功能。这样就能够得到一个和现有演示文稿具有相同内容和风格的新演示文稿，用户只需在原有的基础上进行适当修改即可。

要根据现有内容新建演示文稿，只需单击【文件】按钮，选择【新建】命令，在中间的【可用的模板和主题】列表框中选择【根据现有内容新建】命令，然后在打开的【根据现有演示文稿新建】对话框中选择需要应用的演示文稿文件，单击【打开】按钮即可。

⑤ 打开【新建演示文稿】对话框的【个人模板】选项卡，选择刚刚创建的自定义模板，单击【确定】按钮，此时该模板应用到当前演示文稿中。

⑥ 在快速访问工具栏中单击【保存】按钮，将其保存为【我的演示文稿】。

8.3 幻灯片的基本操作

使用模板新建的演示文稿虽然都有一定的内容，但这些内容要构成用于传播信息的演示文稿还远远不够，这就需要对其中的幻灯片进行编辑操作，如插入幻灯片、复制幻灯片、移动幻灯片和删除幻灯片等。在对幻灯片的编辑过程中，最为方便的视图模式是普通视图和幻灯片浏览视图，而备注页视图和阅读视图模式下则不适合对幻灯片进行编辑操作。

8.3.1 插入幻灯片

在启动 PowerPoint 2010 后，PowerPoint 会自动建立一张新的幻灯片，随着制作过程的推进，需要在演示文稿中添加更多的幻灯片。

要插入新幻灯片，可以按照下面的方法进行操作。打开【开始】选项卡，在【幻灯片】组中单击【新建幻灯片】按钮，即可添加一张默认版式的幻灯片。当需要应用其他版式时，单击【新建幻灯片】按钮右下方的下拉箭头，在弹出的下拉菜单中选择需要的版式，即可将其应用到当前幻灯片中。

专家解读

版式是指预先定义好的幻灯片内容在幻灯片中的排列方式，如文字的排列及方向、文字与图表的位置等。

专家解读

在幻灯片预览窗格中，选择一张幻灯片，按下 Enter 键，将在该幻灯片的下方添加新幻灯片。

8.3.2 选择幻灯片

在 PowerPoint 2010 中，可以一次选中一张幻灯片，也可以同时选中多张幻灯片，然后对选中的幻灯片进行操作。

- 选择单张幻灯片：无论是在普通视图下的【大纲】或【幻灯片】选项卡中，还是在幻灯片浏览视图中，只需单击

目标幻灯片，即可选中该张幻灯片。

- 选择连续的多张幻灯片：单击起始编号的幻灯片，然后按住 Shift 键，再单击结束编号的幻灯片，此时将有多张幻灯片被同时选中。
- 选择不连续的多张幻灯片：在按住 Ctrl 键的同时，依次单击需要选择的每张幻灯片，此时被单击的多张幻灯片同时选中。在按住 Ctrl 键的同时再次单击已被选中的幻灯片，则该幻灯片被取消选择。

经验谈

在幻灯片浏览视图中，除了可以使用上述的方法来选择幻灯片以外，还可以直接在幻灯片之间的空隙中按下鼠标左键并拖动，此时鼠标划过的幻灯片都将被选中。

8.3.3 移动和复制幻灯片

PowerPoint 支持以幻灯片为对象的移动和复制操作，可以将整张幻灯片及其内容进行移动或复制。

1. 移动幻灯片

在制作演示文稿时，如果需要重新排列幻灯片的顺序，就需要移动幻灯片。移动幻灯片的方法如下。

- 选中需要移动的幻灯片，在【开始】选项卡的【剪贴板】组中单击【剪切】按钮。
- 在需要移动的目标位置中单击，然后在【开始】选项卡的【剪贴板】组中单击【粘贴】按钮。

2. 复制幻灯片

在制作演示文稿时，有时会需要两张内容基本相同的幻灯片。此时，可以利用幻灯片的复制功能，复制出一张相同的幻灯片，然后对其进行适当的修改。复制幻灯片的方法如下。

- 选中需要复制的幻灯片，在【开始】

选项卡的【剪贴板】组中单击【复制】按钮 。

- 在需要插入幻灯片的位置单击，然后在【开始】选项卡的【剪贴板】组中单击【粘贴】按钮。

专家解读

在 PowerPoint 2010 中，Ctrl+X、Ctrl+C 和 Ctrl+V 快捷键同样适用于幻灯片的剪贴、复制和粘贴操作。

8.3.4 删除幻灯片

在演示文稿中删除多余幻灯片是清除大量冗余信息的有效方法。删除幻灯片的方法主要有以下几种。

- 选中需要删除的幻灯片，直接按下 Delete 键。
- 右击需要删除的幻灯片，从弹出的快捷菜单中选择【删除幻灯片】命令。
- 选中幻灯片，在【开始】选项卡的【剪贴板】组中单击【剪切】按钮。

8.4 编辑幻灯片文本

幻灯片文本是演示文稿中至关重要的部分，它对文稿中的主题、问题的说明与阐述具有其他方式不可替代的作用。无论是新建文稿时创建的空白幻灯片，还是使用模板创建的幻灯片都类似一张白纸，需要用户将表达的内容用文字表达出来。

8.4.1 输入文本

在 PowerPoint 中，不能直接在幻灯片中输入文字，只能通过占位符或文本框来添加。

1. 在占位符中输入文本

大多数幻灯片的版式中都提供了文本占位符，这种占位符中预设了文字的属性和样式，供用户添加标题文字、项目文字等。

在幻灯片中单击其边框，即可选中该占位符；在占位符中单击，进入文本编辑状态，此时即可直接输入文本。

【例 8-3】创建一个空白演示文稿，并在其中输入文本。

视频 + 素材 (实例源文件\第 08 章\例 8-3)

01 启动 PowerPoint 2010，创建一个空白演示文稿。

02 单击【单击此处添加标题】文本占位

符内部，此时占位符中将出现闪烁的光标。

03 切换至搜狗拼音输入法，输入文本"翔翔文化传媒有限公司"。

04 单击【单击此处添加副标题】文本占位符内部，当出现闪烁的光标时，输入文本"加入我们吧！"。

05 在快速工具栏中单击【保存】按钮 ，将演示文稿以【公司宣传片】为名保存。

2. 使用文本框

文本框是一种可移动、可调整大小的文字容器，它与文本占位符非常相似。使用文本框可以在幻灯片中放置多个文字块，使文字按照

不同的方向排列，也可以突破幻灯片版式的制约，实现在幻灯片中任意位置添加文字信息的目的。

PowerPoint 2010 提供了两种形式的文本框：横排文本框和垂直文本框。它们分别用来放置水平方向的文字和垂直方向的文字。

【例 8-4】在【公司宣传片】演示文稿中，插入一个横排文本框。

🎬视频 + 📁素材 (实例源文件\第 08 章\例 8-4)

01 启动 PowerPoint 2010，打开【公司宣传片】演示文稿。

02 打开【插入】选项卡，在【文本】组中单击【文本框】下拉按钮，在弹出的下拉菜单中选择【横排文本框】命令。

03 移动鼠标指针到幻灯片的编辑窗口，当指针形状变为↓形状时，在幻灯片编辑窗格中按住鼠标左键并拖动，鼠标指针变成十字形状十。当拖动到合适大小的矩形框后，释放鼠标完成横排文本框的插入。

04 此时光标自动位于文本框内，切换至搜狗拼音输入法，输入文本"翱翔文化信息部"。

05 在快速工具栏中单击【保存】按钮💾，将【公司宣传片】演示文稿保存。

8.4.2 设置文本格式

为了使演示文稿更加美观、清晰，通常需要对文本属性进行设置。文本的基本属性设置包括字体、字形、字号及字体颜色等设置。

在 PowerPoint 2010 中，当幻灯片应用了版式后，幻灯片中的文字也具有了预先定义的属性。但在很多情况下，用户仍然需要按照自己的要求对它们重新进行设置。

【例 8-5】在【公司宣传片】演示文稿中，设置文本格式，调节占位符或文本框的大小和位置。

🎬视频 + 📁素材 (实例源文件\第 08 章\例 8-5)

01 启动 PowerPoint 2010，打开【公司宣传片】演示文稿。

02 选中主标题占位符，在【开始】选项卡的【字体】组中，单击【字体】下拉按钮，从弹出的下拉列表框中选择【方正粗活意简体】选项(该字体非系统自带，需用户自行安装)。单击【字号】下拉按钮，从弹出的下拉列表框中选择 60 选项。

03 在【字体】组中单击【字体颜色】下拉按钮，从弹出的菜单中选择【深蓝，文字 2，深色 25%】选项。

04 使用同样的方法，设置副标题占位符中文本字体为【华文行楷】，字号为44；设置右下角文本框中文本字体为【楷体】，字号为28，效果如下图所示。

05 分别选中主标题和副标题文本占位符，拖动鼠标调节其大小和位置。

06 在快速访问工具栏中单击【保存】按钮，将【公司宣传片】演示文稿保存。

8.4.3 设置段落格式

为了使演示文稿更加美观、清晰，还可以在幻灯片中为文本设置段落格式，如缩进值、间距值和对齐方式。

要设置段落格式，可先选定要设定的段落文本，然后在【开始】选项卡的【段落】组中进行设置即可。

另外用户还可在【开始】选项卡的【段落】组中，单击对话框启动器按钮，打开【段落】对话框，在【段落】对话框中可对段落格式进行更加详细的设置。

8.4.4 使用项目符号和编号

在演示文稿中，为了使某些内容更为醒目，经常要用到项目符号和编号。这些项目符号和编号用于强调一些特别重要的观点或条目，从而使主题更加美观、突出和分明。

首先选中要添加项目符号或编号的文本，然后在【开始】选项卡的【段落】组中，单击【项目符号】下拉按钮，从弹出的下拉菜单中选择【项目符号和编号】命令，打开【项目符号和编号】对话框。在【项目符号】选项卡中可设置项目符号，在【编号】选项卡中可设置编号。

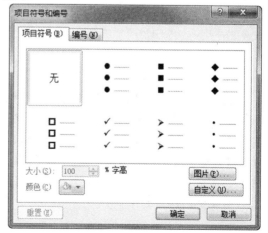

专家解读

PowerPoint 2010 中设置段落格式、添加项目符号和编号以及自定义项目符号和编号的方法和 Word 2010 中的方法非常相似，因此本节不再详细的举例介绍，用户可参考本书第4章中关于 Word 2010 的介绍。

8.5 插入图片

在演示文稿中插入图片，可以更生动形象地阐述其主题和要表达的思想。在插入图片时，要充分考虑幻灯片的主题，使图片和主题和谐一致。

8.5.1 插入剪贴画

PowerPoint 2010 附带的剪贴画库内容非常丰富，所有的图片都经过专业设计，它们能够表达不同的主题，适合于制作各种不同风格的演示文稿。

要插入剪贴画，可以在【插入】选项卡的【插图】组中，单击【剪贴画】按钮，打开【剪贴画】任务窗格，在剪贴画预览列表中单击剪贴画，即可将其添加到幻灯片中。

专家解读

在剪贴画窗格的【搜索文字】文本框中输入名称(字符"*"代替文件名中的多个字符;字符"?"代替文件名中的单个字符)后，单击【搜索】按钮可查找需要的剪贴画;在【结果类型】下拉列表框可以将搜索的结果限制为特定的媒体文件类型。

8.5.2 插入来自文件的图片

用户除了插入 PowerPoint 2010 附带的剪贴画之外，还可以插入磁盘中的图片。这些图片可以是 BMP 位图，也可以是由其他应用程序创建的图片，从因特网下载的或通过扫描仪及数码相机输入的图片等。

打开【插入】选项卡，在【图像】组中单击【图片】按钮，打开【插入图片】对话框，选择需要的图片后，单击【插入】按钮，即可在幻灯片中插入图片。

【例 8-6】在【公司宣传片】演示文稿中插入剪贴画和来自文件的图片。

📹视频 ＋ 📁素材 (实例源文件\第 08 章\例 8-6)

01 启动 PowerPoint 2010，打开【公司宣传片】演示文稿。

02 打开【插入】选项卡，在【图像】组中单击【剪贴画】按钮，打开【剪贴画】任务窗格。

03 在【搜索文字】文本框中输入文字"奋斗"，单击【搜索】按钮，此时与"奋斗"有关的剪贴画显示在预览列表中。单击所需的剪贴画，将其添加到幻灯片中。

04 使用鼠标调整插入的剪贴画的大小和位置，效果如下图所示。

05 在【插入】选项卡的【图像】组中单击【图片】按钮，打开【插入图片】对话框。

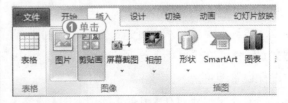

06 选择需要插入的图片，单击【插入】按钮，将该图片插入到幻灯片中。

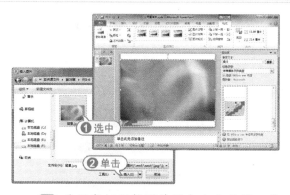

07 使用鼠标调整图片的大小和位置，使其和幻灯片一样大小。

08 打开图片的【格式】选项卡，在【排列】组中单击【下移一层】下拉按钮，选择【置于底层】命令，将图片置于底层。

09 在快速工具栏中单击【保存】按钮，保存【公司宣传片】演示文稿。

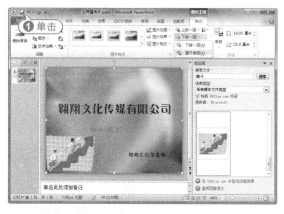

8.5.3 插入截图

和其他 Office 组件一样，PowerPoint 2010 也新增了屏幕截图功能。使用该功能可以在幻灯片中插入图片。

【例 8-7】在【公司宣传片】演示文稿中插入截取的图片。

视频 ＋ 素材 (实例源文件\第 08 章\例 8-7)

01 启动 PowerPoint 2010，打开【公司宣传片】演示文稿。

02 打开要截取的图片，该图片可以是用户电脑中的图片，也可以是网页中的图片。

03 切换到【公司宣传片】演示文稿窗口，

打开【插入】选项卡，在【图像】组中单击【屏幕截图】按钮，从弹出的菜单中选择【屏幕剪辑】命令。

04 此时将自动切换到图片视窗中，然后按住鼠标左键并拖动截取图片内容。

05 释放鼠标左键，完成截图操作，此时在幻灯片中将显示所截取的图片。

06 打开图片的【格式】选项卡，在【调整】组中单击【颜色】下拉按钮，选择【设置透明色】命令。

07 将光标移至图片中，当光标变为的形状时，在图片的蓝色背景中单击，可将其背景设置为透明色(该方法仅适合于设置纯色背景的图片)。

08 设置完成后，调整图片的大小、层叠方式和位置，然后在快速工具栏中单击【保存】

按钮![save],保存【公司宣传片】演示文稿。

8.6 插入艺术字

艺术字是一种特殊的图形文字,常被用来表现幻灯片的标题文字。用户既可以像对普通文字一样设置其字号、加粗和倾斜等效果,也可以像图形对象那样设置它的边框、填充等属性,还可以对其进行大小调整、旋转或添加阴影、三维效果等。

8.6.1 添加艺术字

打开【插入】选项卡,在功能区的【文本】组中单击【艺术字】按钮,打开艺术字样式列表。单击需要的样式,即可在幻灯片中插入艺术字。

【例8-8】新建【销售情况报告】演示文稿,并插入艺术字。

📹视频 + 📄素材 (实例源文件\第08章\例8-8)

01 启动 PowerPoint 2010,新建一个空白演示文稿并将其保存为【销售情况报告】。

02 打开【设计】选项卡,在【主题】组中,单击【其他】按钮▼,从弹出的【所有主题】列表框的【内置】选项区域中选择【平衡】主题选项,将该模板应用到当前演示文稿中。

03 删除幻灯片中默认的主标题文本占位符,然后打开【插入】选项卡,在【文本】组中单击【艺术字】按钮,打开艺术字样式列表选择第2行第4列中的艺术字样式,在幻灯片中插入该艺术字。

04 在【请在此处放置您的文字】占位符中输入文字。

05 使用鼠标调整艺术字的位置并设置其大小,效果如下图所示。

8.6.2 编辑艺术字

用户在插入艺术字后，如果对艺术字的效果不满意，可以对其进行编辑修改。选中艺术字后，在【绘图工具】的【格式】选项卡中进行编辑即可。

【例 8-9】在【销售情况报告】演示文稿中，编辑艺术字。

🎬视频 + 📄素材 (实例源文件\第 08 章\例 8-9)

01 启动 PowerPoint 2010，打开【销售情况报告】演示文稿。

02 选中艺术字，在打开的【格式】选项卡的【艺术字样式】组中单击【文本效果】按钮，在弹出的样式列表框中选择【阴影】|【透视】分类下的【左上对角透视】选项，为艺术字应用该样式。

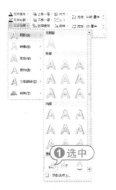

03 在副标题文本占位符中输入文本"2012 年上半年"。

04 选定副标题文本占位符，打开【绘图工具】的【格式】选项卡，在【艺术字样式】组中单击【其他】按钮，选择一种艺术字样式。

05 在【开始】选项卡的【字体】组中设置副标题文本占位符中的艺术字大小为 40 并调整其位置，效果如下图所示。

06 在快速工具栏中单击【保存】按钮 🖫，保存【销售情况报告】演示文稿。

8.7 使用图表

与文字数据相比，形象直观的图表更容易让人理解，它以简单易懂的方式反映了各种数据关系。PowerPoint 提供各种不同的图表来满足用户的需要，使得制作图表的过程简便而且自动化。

8.7.1 插入图表

插入图表的方法与插入图片的方法类似，在功能区打开【插入】选项卡，在【插图】组中单击【图表】按钮，将打开【插入图表】对话框，其中提供了 11 种图表类型，每种类型可以分别用来表示不同的数据关系。

【例8-10】在【销售情况报告】演示文稿中，插入图表。

📹视频 ＋ 📁素材 (实例源文件\第08章\例8-10)

01 启动 PowerPoint 2010，打开【销售情况报告】演示文稿。

02 在左侧窗格中选中第一张幻灯片，然后按下 Enter 键，添加一张幻灯片。

03 选中第二张幻灯片，打开【插入】选项卡，在【插图】组中单击【图表】按钮，打开【插入图表】对话框。在【折线图】选项卡中选择【带数据标记的折线图】选项，单击【确定】按钮。

04 此时打开 Excel 2010 应用程序，在其工作界面中修改类别值和系列值。

05 关闭 Excel 2010，此时折线图添加到幻灯片中，在主标题占位符中输入文本"上半年销售情况折线图"，效果如下图所示。

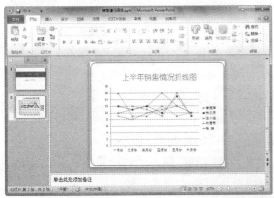

06 在快速工具栏中单击【保存】按钮 🖫，保存【销售情况报告】演示文稿。

8.7.2 编辑图表

在 PowerPoint 中，不仅可以对图表进行移动、调整大小，还可以设置图表的颜色、图表中某个元素的属性等。

【例8-11】在【销售情况报告】演示文稿中，编辑图表，为【王小涵】的销售趋势线应用发光效果，使其突出显示，然后设置图表的纵坐标刻度单位范围。

📹视频 ＋ 📁素材 (实例源文件\第08章\例8-11)

01 启动 PowerPoint 2010，打开【销售情况报告】演示文稿。

02 单击王小涵的销售趋势线，选定该趋势线。

03 打开【图表工具】的【格式】选项卡，在【形状样式】组中单击【形状效果】按钮，在打开的样式列表中选择【发光】|【发光变体】列表中的【橙色，11pt 发光，强调文字颜色1】选项，如下图所示。

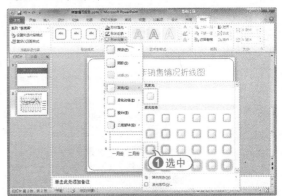

04 此时可为选定的趋势线应用发光效果，如下图所示。

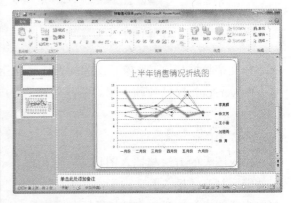

05 选定图表，打开【图表工具】的【布局】选项卡，在【坐标轴】组中单击【坐标轴】

按钮，在弹出的菜单中选择【主要纵坐标轴】|【其他主要纵坐标轴选项】命令，打开【设置坐标轴格式】对话框。

06 打开【坐标轴选项】选项卡，在【最小值】选项区域中选中【固定】单选按钮，并在其右侧的文本框中输入数字"7"；在【最大值】选项区域中选中【固定】单选按钮，并在其右侧的文本框中输入数字"17"；在【主要刻度单位】选项区域中选中【固定】单选按钮，并在其右侧的文本框中输入数字"1"，单击【关闭】按钮，完成设置。

07 在快速工具栏中单击【保存】按钮，保存【销售情况报告】演示文稿。

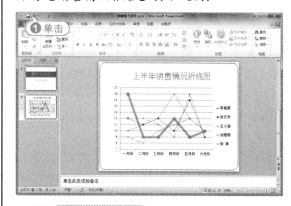

经验谈

打开【图表工具】的【格式】选项卡，在【形状样式】组中，可以为图表设置填充色、线条样式和效果等。单击【其他】按钮，可以在弹出的样式列表框中为图表应用预设的形状或线条的外观样式。

8.8 使用表格

使用 PowerPoint 制作一些专业型演示文稿时，通常需要使用表格，例如销售统计表、财务报表等。表格采用行列化的形式，它与幻灯片页面文字相比，更能体现出数据的对应性及内在的联系，本节来介绍如何插入和编辑表格。

8.8.1 插入表格

PowerPoint 支持多种插入表格的方式，例如可以在幻灯片中直接插入，也可以直接在幻灯片中绘制表格。

1. 直接插入表格

当需要在幻灯片中直接添加表格时，可以使用【插入】按钮插入或为该幻灯片选择含有内容的版式。

    使用【表格】按钮插入表格：当要插入表格的幻灯片没有应用包含内容的版式，那么可以首先在功能区打开【插入】选项卡，在【表格】组中单击【表格】按钮，从弹出的菜单的【插入表格】选取区域中拖动鼠标选择列数和行数，或者选择【插入表格】命令，打开【插入表格】对话框，设置表格列数和行数。

    新幻灯片自动带有包含内容的版式，此时在【单击此处添加文本】文本占位符中单击【插入表格】按钮，打开【插入表格】对话框，设置列数和行数。

CHAPTER 08

使用 PowerPoint 2010 的插入对象功能,可以在幻灯片中直接调用 Excel 应用程序,从而将表格以外部对象插入到 PowerPoint 中。其方法为:在【插入】选项卡的【文本】组中单击【对象】按钮,打开【插入对象】对话框,在【对象类型】列表框中选择【Microsoft Office Excel 工作表】选项,单击【确定】按钮即可。

2. 手动绘制表格

当插入的表格并不是完全规则时,也可以直接在幻灯片中绘制表格。绘制表格的方法很简单,打开【插入】选项卡,在【表格】组中单击【表格】按钮,从弹出的菜单中选择【绘制表格】命令。当鼠标指针变为 ⟋ 形状时,即可拖动鼠标在幻灯片中进行绘制。

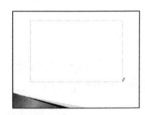

8.8.2 设置表格的格式

插入到幻灯片中的表格不仅可以像文本框和占位符一样被选中、移动、调整大小及删除,还可以为其添加底纹、设置边框样式和应用阴影效果等。

插入表格后,自动打开【表格工具】的【设计】和【格式】选项卡,使用功能组中的相应按钮来设置表格的对应属性。

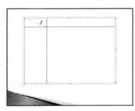

【例 8-12】在【销售情况报告】演示文稿中,插入表格,并设置表格样式。

📹视频 ＋ 📄素材　(实例源文件\第 08 章\例 8-12)

01 启动 PowerPoint 2010,打开【销售情况报告】演示文稿,选定第 2 张幻灯片,然后按下 Enter 键,添加第 3 张幻灯片。

02 选中第 3 张幻灯片,在主标题文本占位符中输入文本"销售情况明细表",然后打开【插入】选项卡,在【表格】组中单击【表格】按钮,从弹出的列表中移动鼠标,插入一个 7 行 6 列的表格。

03 调整表格的大小和位置,并输入文字,然后打开【表格工具】的【布局】选项卡,在【对齐方式】组中单击【居中】按钮 ≡ 和【垂直居中】按钮 ≡,设置文本对齐方式为居中。

04 选定表格,打开【表格工具】的【设计】选项卡,在【表格样式】组中单击【其他】按钮,在打开的表格样式列表中选择【中度样式 2-强调 2】选项,为表格设置样式。

05 在快速工具栏中单击【保存】按钮，保存【销售情况报告】演示文稿。

专家解读

　　用户还可以对表格中的单元格进行编辑，如拆分、合并、添加行、添加列、设置行高和列宽等，与在其他 Office 组件中编辑表格的方法一样。

8.9　实战演练

　　本章主要介绍了 PowerPoint 2010 的基本使用方法，通过本章的学习，用户应能够使用 PowerPoint 2010 制作简单的演示文稿。本次实战演练通过一个具体的实例，来使读者进一步巩固本章所学习的内容。

【例 8-13】创建一个【卖家经营报告】演示文稿，在其中添加内容并编辑。

视频 + 素材 （实例源文件\第 08 章\例 8-13）

01 启动 PowerPoint 2010，创建一个空白演示文稿并将其保存为【卖家经营报告】。

02 打开【设计】选项卡，在【主题】组中，单击【其他】按钮，从弹出的【所有主题】列表框的【内置】选项区域中选择【波形】主题选项，将该模板应用到当前演示文稿中。

03 删除默认的两个文本占位符，然后打开【插入】选项卡，在【文本】组中单击【艺术字】按钮，打开艺术字样式列表选择第 2 行第 2 列中的艺术字样式，插入该艺术字。

04 在【请在此处放置您的文字】占位符中输入文字。

05 使用鼠标调整艺术字的位置并设置其

大小。按照同样的方法，插入另一组艺术字，效果如下图所示。

06 选中第 1 张幻灯片，按下 Enter 键，插入第 2 张幻灯片，选中第 2 张幻灯片，在其主标题文本占位符中输入文本"季度销售情况报表"，并设置其字号为 60。

07 在【单击此处添加文本】区域单击【插

入表格】按钮，打开【插入表格】对话框，在【行数】和【列数】文本框中分别输入"6"和"4"，然后单击【确定】按钮，插入一个4行6列的表格。

08 在表格中输入文本并调整表格的大小、文本的对齐方式和字体的大小，如下图所示。

09 选中第2张幻灯片，按下 Enter 键，插入第3张幻灯片，选中第3张幻灯片，在其主标题文本占位符中输入文本"各类商品的销售份额"，并设置其字号为60。

10 在【单击此处添加文本】区域单击【插入图表】按钮，打开【插入图表】对话框，然后选择【饼图】分类下的【分离型三维饼图】选项。

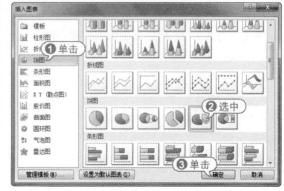

11 单击【确定】按钮，打开 Excel 2010，在其中输入相关数据，如下图所示。

12 输入完成后，关闭 Excel，在演示文稿中将看到新插入的饼图。用户可通过【图表工具】的【设计】、【布局】和【格式】选项卡对图表进行设计和美化。

13 美化完成后，在快速工具栏中单击【保存】按钮，保存【卖家经营报告】演示文稿。

8.10 专家指点

一问一答

问：如何在幻灯片中插入 **SmartArt** 图形？

答：在制作演示文稿时，经常需要制作流程图，用以说明各种概念性的内容。使用 PowerPoint 2010

中的 SmartArt 图形功能可以在幻灯片中快速地插入 SmartArt 图形。要插入 SmartArt 图形，可打开【插入】选项卡，在【插图】组中单击 SmartArt 按钮，打开【选择 SmartArt 图形】对话框，用户可根据需要选择合适的类型，单击【确定】按钮即可。

 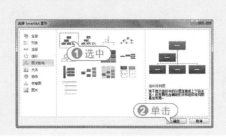 

一问一答

问：如何在幻灯片中插入相册？

答： 使用 PowerPoint 用户能轻松制作出漂亮的电子相册，另外在商务应用中，电子相册同样适用于介绍公司的产品目录，或者分享图像数据及研究成果等。要创建电子相册，只要在【插入】选项卡的【图像】组中单击【相册】按钮，打开【相册】对话框，从本地磁盘的文件夹中选择相关的图片文件，单击【创建】按钮即可。在插入相册的过程中可以更改图片的先后顺序、调整图片的色彩明暗对比与旋转角度，以及设置图片的版式和相框形状等。

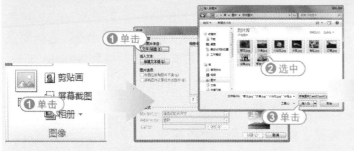 

一问一答

问：如何在幻灯片中插入声音？

答： 在制作幻灯片时，用户可以根据需要插入声音，以增加向观众传递信息的通道，增强演示文稿的感染力。插入声音的方法有以下 3 种。打开【插入】选项卡，在【媒体】组中单击【音频】下拉按钮，在弹出的下拉菜单中选择【文件中的音频】命令，可插入本地电脑中的声音文件；选择【剪辑画音频】命令可自动打开【剪贴画】任务窗格，该窗格显示了剪辑中所有的声音，单击某个声音文件，即可将该声音文件插入到幻灯片中；选择【录制音频】命令，可录制音频并可将录制的音频插入到幻灯片中。

  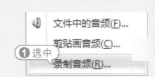 

【一问一答】

问： 如何在幻灯片中插入视频？

答： 打开【插入】选项卡，在【媒体】组中单击【视频】下拉按钮，在弹出的下拉菜单中选择【剪辑画视频】命令，PowerPoint 将自动打开【剪贴画】任务窗格，该窗格显示了剪辑中所有的视频或动画，单击某个动画文件，即可将该剪辑文件插入到幻灯片中。单击【视频】下拉按钮，在弹出的菜单中选择【文件中的视频】命令，打开【插入视频文件】对话框，选择需要的视频文件，单击【插入】按钮可插入本地磁盘中的视频。另外，如果电脑连接了互联网，那么单击【视频】下拉按钮，选择【来自网站的视频】命令，可插入网页中的视频。

【一问一答】

问： 如何快速提取演示文稿中的所有图片？

答： 要快速提取一个演示文稿中的所有图片，可使用 WinRAR 的解压缩功能(关于 WinRAR 可参考本书第 11 章中的介绍)。首先启动 WinRAR，选择【文件】|【打开压缩文件】命令，选择要提取图片的演示文稿，将其在 WinRAR 中打开，找到 PPT 文件夹并双击，之后找到 MEDIA 文件夹并双击，即可看到演示文稿中的所有媒体文件(包括音频、视频和图片)，然后将该文件夹解压出来，即可得到文件夹中的图片。

【一问一答】

问： 如何校准幻灯片中多个图片和文本框的位置？

答： 要校准幻灯片中多个图片和文本框的位置，可使用幻灯片的网格线功能。默认状态下网格线是隐藏的，用户可在功能区打开【视图】选项卡，选中【显示/隐藏】组中的【网格线】复选框，显示网格线。默认的网格线是每 2 厘米 1 个网格，用户可以根据需要设定网格的显示方式。另外，在【显示/隐藏】组中选中【参考线】复选框，即可在幻灯片中显示参考线。单击【显示/隐藏】对话框启动器按钮，打开【网格线和参考线】对话框，在该对话框中可以设置网格线和参考线。

第9章

PowerPoint 2010 高级应用

在制作幻灯片时，为幻灯片设置母版可使整个演示文稿保持一个统一的风格，为幻灯片添加动画效果，可使幻灯片更加生动形象，为幻灯片设置放映方式，可控制幻灯片的播放效果和播放模式等。本章就来介绍 PowerPoint 2010 的这些高级应用，使读者进一步掌握幻灯片的制作技巧。

对应光盘视频

例 9-1 设置幻灯片母版　　　　例 9-6 为对象添加动画

例 9-2 设置页脚　　　　　　　例 9-7 设置动画触发器

例 9-3 设置幻灯片背景　　　　例 9-8 设置动画计时选项

例 9-4 添加切换动画　　　　　例 9-9 添加超链接

例 9-5 设置切换动画计时选项　例 9-10 添加动作按钮

9.1 设置幻灯片母版

幻灯片母版决定着幻灯片的外观，用于设置幻灯片的标题、正文文字等样式，包括字体、字号、字体颜色和阴影等效果，也可以设置幻灯片的背景、页眉页脚等。也就是说，幻灯片母版可以为所有幻灯片设置默认的版式。

9.1.1 母版视图简介

PowerPoint 2010 中的母版类型分为幻灯片母版、讲义母版和备注母版 3 种类型，不同母版的作用和视图都是不相同的。

1. 幻灯片母版

幻灯片母版是存储模板信息的设计模板的一个元素。幻灯片母版中的信息包括字形、占位符大小和位置、背景设计和配色方案。用户通过更改这些信息，即可更改整个演示文稿中幻灯片的外观。

打开【视图】选项卡，在【母版视图】组中单击【幻灯片母版】按钮，打开幻灯片母版视图，此时自动打开【幻灯片母版】选项卡。

经验谈

在幻灯片母版视图下，用户可以看到诸如标题占位符、副标题占位符、页脚占位符等区域。这些占位符的位置及属性，决定了应用该母版的幻灯片的外观属性。当改变了母版占位符属性后，所有应用该母版的幻灯片的属性也将随之改变。

2. 讲义母版

讲义母版是为制作讲义而准备的，通常需要打印输出，因此讲义母版的设置大多和打印页面有关。它允许设置一页讲义中包含几张幻灯片，设置页眉、页脚、页码等基本信息。在讲义母版中插入新的对象或者更改版式时，新的页面效果不会反映在其他母版视图中。

打开【视图】选项卡，在【母版视图】组中单击【讲义母版】按钮，打开讲义母版视图。此时功能区自动打开【讲义母版】选项卡。

专家解读

在 PowerPoint 中可以打印的讲义版式有每页 1 张、2 张、3 张、4 张、6 张、9 张以及大纲版式等 7 种。单击【页面设置】组的【每页幻灯片数量】按钮，在弹出的菜单中选择讲义版式，即可切换至对应视图版

3. 备注页母版

备注母版主要用来设置幻灯片的备注格式，一般也是用来打印输出的，所以备注母版

的设置大多也和打印页面有关。打开【视图】选项卡，在【母版视图】组中单击【备注母版】按钮，打开备注母版视图。

专家解读

单击备注母版上方的幻灯片内容区，其周围将出现 8 个白色的控制点。此时可以使用鼠标拖动幻灯片内容区域设置它在备注页中的位置和大小。

在备注母版视图中，用户可以设置或修改幻灯片内容、备注内容及页眉页脚内容在页面中的位置、比例及外观等属性。当用户退出备注母版视图时，对备注母版所做的修改将应用到演示文稿中的所有备注页上。只有在备注视图下，对备注母版所做的修改才能表现出来。

经验谈

无论在幻灯片母版视图、讲义母版视图还是备注母版视图中，如果要返回到普通模式时，只需要在默认打开的视图选项卡中单击【关闭母版视图】按钮即可。

9.1.2 设置幻灯片母版版式

在 PowerPoint 2010 中创建的演示文稿都带有默认的版式，这些版式一方面决定了占位符、文本框、图片和图表等内容在幻灯片中的位置，另一方面决定了幻灯片中文本的样式。在幻灯片母版视图中，用户可以按照自己的需求设置母版版式。

【**例 9-1**】设置幻灯片母版中的字体格式，并调整母版中的背景图片样式。
📹视频 + 📁素材 (实例源文件\第 9 章\例 9-1)

01 启动 PowerPoint 2010 应用程序，新建一个空白演示文稿，并将其保存为【模板样式】。

02 选中第一张幻灯片，按 5 次 Enter 键，插入 5 张新幻灯片。

03 打开【视图】选项卡，在【母版视图】组中单击【幻灯片母版】按钮，切换到幻灯片母版视图。

04 选中【单击此处编辑母版标题样式】占位符，右击其边框，在打开的浮动工具栏中设置字体为【华文隶书】，字号为 60，字体颜色为【深蓝，文字 2，深色 25%】，字型为【加粗】。

05 选中【单击此处编辑母版标题样式】占位符，右击其边框，在打开的浮动工具栏中设置字体为【华文行楷】，字号为 40，字型为

【加粗】，并调节其大小。

06 在左侧预览窗格中选择第 3 张幻灯片，将该幻灯片母版显示在编辑区域。

07 打开【插入】选项卡，在【图像】组中单击【图片】按钮，打开【插入图片】对话框，选择要插入的图片，单击【插入】按钮。

08 此时在幻灯片中插入图片，并打开【图片工具】的【格式】选项卡，调整图片的大小，然后在【排列】组中单击【下移一层】下拉按钮，选择【置于底层】命令。

09 打开【幻灯片母版】选项卡，在【关

闭】组中单击【关闭母版视图】按钮，返回到普通视图模式。

10 此时除第 1 张幻灯片外，其他幻灯片中都自动带有添加的图片，在快速访问工具栏中单击【保存】按钮，保存演示文稿。

专家解读

在幻灯片母版设计视图中，第 1 张母版中的主题样式将应用到所有幻灯片中，第 2 张母版中的样式将仅由幻灯片 1 使用，第 3 张母版中的样式将由除幻灯片 1 以外的所有幻灯片使用。

9.1.3 设置页眉和页脚

在制作幻灯片时，使用 PowerPoint 提供的页眉页脚功能，可以为每张幻灯片添加相对固定的信息。要插入页眉和页脚，只需在【插入】选项卡的【文本】组中单击【页眉和页脚】按钮，打开【页眉和页脚】对话框，在其中进行相关操作即可。

插入页眉和页脚后，可以在幻灯片母版视图中对其格式进行统一设置。

【例 9-2】在【模板样式】演示文稿中插入页脚，并设置其格式。

视频 + 素材 (实例源文件\第 09 章\例 9-2)

01 启动 PowerPoint 2010 应用程序，打开【模板样式】演示文稿。

02 打开【插入】选项卡，在【文本】组中单击【页眉和页脚】按钮，打开【页眉和页脚】对话框。

03 选中【日期和时间】、【幻灯片编号】、【页脚】和【标题幻灯片中不显示】复选框，并在【页脚】文本框中输入"llhui 制作"，单击【全部应用】按钮，为除第 1 张幻灯片以外的幻灯片添加页脚。

04 打开【视图】选项卡，在【母版视图】组中单击【幻灯片母版】按钮，切换到幻灯片母版视图。

05 在左侧预览窗格中选择第 1 张幻灯片，将该幻灯片母版显示在编辑区域。

06 选中所有的页脚文本框，设置字体为【幼圆】，字型为【加粗】，字体颜色为【深蓝色，文字 2，深色 25%】。

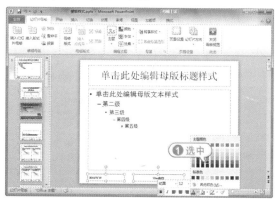

07 打开【幻灯片母版】选项卡，在【关闭】组中单击【关闭母版视图】按钮，返回到普通视图模式。在快速访问工具栏中单击【保存】按钮，保存【模板样式】演示文稿。

专家解读

如果想让第 1 张幻灯片中也显示页眉和页脚，可在【页眉和页脚】对话框中取消选中【标题幻灯片中不显示】复选框。

9.2 设置主题和背景

PowerPoint 2010 提供了多种主题颜色和背景样式，使用这些主题颜色和背景样式，可以使幻灯片具有丰富的色彩和良好的视觉效果。本节将介绍为幻灯片设置主题和背景的方法。

9.2.1 为幻灯片设置主题

PowerPoint 2010 为每种设计模板提供了几十种内置的主题颜色，用户可以根据需要选择不同的颜色来设计演示文稿。这些颜色是预先设置好的协调色，自动应用于幻灯片的背景、文本线条、阴影、标题文本、填充、强调和超链接。

应用设计模板后，打开【设计】选项卡，单击【主题】组中的【颜色】按钮 颜色 ，将打开主题颜色菜单。

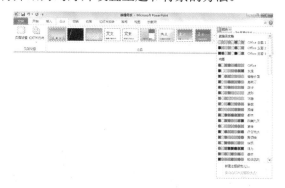

在该菜单中可以选择内置主题颜色，或者用户还可以自定义设置主题颜色。

在【主题】组中单击【颜色】按钮，从弹

出的菜单中选择【新建主题颜色】命令，打开【新建主题颜色】对话框，在该对话框中用户可对主题颜色进行自定义。

在【主题】组中单击【字体】按钮 ，在弹出的内置字体命令中选择一种字体类型，或选择【新建主题字体】命令，打开【新建主题字体】对话框，在该对话框中自定义幻灯片中文字的字体，并可将其应用到当前演示文稿中。单击【效果】按钮 ，在弹出的内置主题效果选择一种效果，为演示文稿更改当前主题效果。

9.2.2 为幻灯片设置背景

在设计演示文稿时，用户除了在应用模板或改变主题颜色时更改幻灯片的背景外，还可以根据需要任意更改幻灯片的背景颜色和背景设计，如添加底纹、图案、纹理或图片等。

要应用 PowerPoint 自带的背景样式，可以打开【设计】选项卡，在【背景】组中单击【背景样式】按钮 ，在弹出的菜单中选择需要的背景样式即可。当用户不满足于 PowerPoint 提供的背景样式时，可以在背景样式列表中选择【设置背景格式】命令，打开【设置背景格式】对话框，在该对话框中可以设置背景的填充样式、渐变以及纹理格式等。

【例 9-3】新建演示文稿，并为其设置幻灯片背景颜色，插入背景图片。

视频 + 素材 (实例源文件\第 09 章\例 9-3)

01 启动 PowerPoint 2010 应用程序，新建一个演示文稿，并添加 3 张幻灯片。

02 选中第 1 张幻灯片，打开【设计】选项卡，在【背景】组中单击【背景样式】按钮，从弹出的背景样式列表框中选择【设置背景格式】命令，打开【设置背景格式】对话框。

03 打开【填充】选项卡，选中【图片或纹理填充】单选按钮，单击【纹理】下拉按钮，从弹出的样式列表框中选择【纸莎草纸】选项。

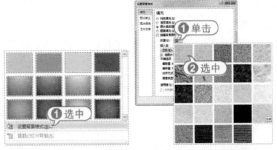

04 单击【全部应用】按钮，将该纹理样式应用到演示文稿中的每张幻灯片中，在【插入自】选项区域单击【文件】按钮，打开【插入图片】对话框。

经验谈

在【设置背景格式】对话框中，选中【纯色】单选按钮，可以设置纯色背景；选中【渐变填充】单选按钮，可以设置渐变色背景效果；选中【图案】单选按钮，可以设置图案样式背景，还可以自定义前景色和背景色。

05 选择一张图片后，单击【插入】按钮，将图片插入到选中的幻灯片中。

06 返回至【设置背景格式】对话框，单击【关闭】按钮，图片将设置为幻灯片的背景。

07 单击【文件】按钮，从弹出的菜单中选择【另存为】命令，打开【另存为】对话框，将演示文稿以【古典诗词赏析】为名保存。

专家解读

如果要忽略其中的背景图形，可以在【设计】选项卡的【背景】组中选中【隐藏背景图形】复选框。另外，在【设计】选项卡的【背景】组中单击【背景样式】按钮，从弹出的菜单中选择【重置幻灯片背景】命令，可以重新设置幻灯片背景。

9.3 设置幻灯片切换动画

幻灯片切换效果是指一张幻灯片如何从屏幕上消失，以及另一张幻灯片如何显示在屏幕上的方式。幻灯片切换方式可以是简单地以一个幻灯片代替另一个幻灯片，也可以使幻灯片以特殊的效果出现在屏幕上。在 PowerPoint 2010 中，可以为一组幻灯片设置同一种切换方式，也可以为每张幻灯片设置不同的切换方式。

9.3.1 为幻灯片添加切换动画

要为幻灯片添加切换动画，可以打开【切换】选项卡，在【切换到此幻灯片】组中进行设置。在该组中单击▼按钮，将打开幻灯片动画效果列表。

当鼠标指针指向某个选项时，幻灯片将应用该效果，供用户预览。

下面以具体实例来介绍在 PowerPoint 2010 中为幻灯片设置切换动画的方法。

【例 9-4】在【古典诗词赏析】演示文稿中，为幻灯片添加切换动画。

视频 + 素材 (实例源文件\第 09 章\例 9-4)

01 启动 PowerPoint 2010，打开【古典诗词赏析】演示文稿，然后在演示文稿中添加文本并设置其格式。

02 选中第一张幻灯片，打开【切换】选项卡，在【切换到此幻灯片】组中单击【其他】

按钮，从弹出的切换效果列表框中选择【库】选项，将该切换动画应用到第 1 张幻灯片中，并可预览切换动画效果。

03 在【切换到此幻灯片】组中单击【效果选项】按钮，从弹出的菜单中选择【自左侧】选项。

04 此时即可在幻灯片中预览第 1 张幻灯片的切换动画效果。

05 在幻灯片缩略图中选中第 2~4 张幻灯片，使用同样的方法，为其他幻灯片添加【自左侧】的【库】效果切换动画。

专家解读

为第 1 张幻灯片设置切换动画时，打开【切换】选项卡，在【计时】组中单击【全部应用】按钮，即可将该切换动画应用在每张幻灯片中。

9.3.2 设置切换动画计时选项

添加切换动画后，还可以对切换动画进行设置，如设置切换动画时出现的声音效果、持续时间和换片方式等，从而使幻灯片的切换效果更为逼真。

【例 9-5】在【古典诗词赏析】演示文稿中，设置切换声音、切换速度和换片方式。

📹视频 ＋ 📁素材 (实例源文件\第 09 章\例 9-5)

01 启动 PowerPoint 2010，打开【古典诗词赏析】演示文稿。

02 打开【切换】选项卡，在【计时】组中单击【声音】下拉按钮，选择【风铃】选项，为幻灯片应用该效果的声音。

03 在【计时】组的【持续时间】微调框中输入"01.50"，为幻灯片设置动画切换效果的持续时间，其目的是控制幻灯片的切换速度，以方便观看者观看。

04 在【计时】组的【换片方式】区域中取消选中【单击鼠标时】复选框，选中【设置自动换片时间】复选框，并在其后的微调框中输入"00:01.00"。

05 单击【全部应用】按钮，将设置好的计时选项应用到每张幻灯片中。

06 在快速访问工具栏中单击【保存】按钮，保存设置切换动画计时后的【古典诗词赏析】演示文稿。

经验谈

在【切换】选项卡的【计时】组的【换片方式】区域中，选中【单击鼠标时】复选框，表示在播放幻灯片时，需要在幻灯片中单击鼠标左键来换片；而取消选中该复选框，选中【设置自动换片时间】复选框，表示在播放幻灯片时，会根据设置自动切换至下一张幻灯片，无须单击鼠标。另外，在【预览】组中单击【预览】按钮，可在幻灯片编辑窗格中查看当前选中的幻灯片的动画切换效果。

9.4 为对象添加动画效果

在 PowerPoint 中，除了幻灯片切换动画外，还包括幻灯片的动画效果。所谓动画效果，是指为幻灯片内部各个对象设置的动画效果。用户可以对幻灯片中的文本、图形和表格等对象添加不同的动画效果，如进入动画、强调动画、退出动画和动作路径动画等。

9.4.1 添加进入动画效果

进入动画是为了设置文本或其他对象以多种动画效果进入放映屏幕。在添加该动画效果之前需要先选中对象。对于占位符或文本框来说，选中占位符、文本框，以及进入其文本编辑状态时，都可以为它们添加该动画效果。

选中对象后，打开【动画】选项卡，单击【动画】组中的【其他】按钮 ，在弹出的【进入】列表框选择一种进入效果，即可为对象添加该动画效果。选择【更多进入效果】命令，将打开【更改进入效果】对话框，在该对话框中可以选择更多的进入动画效果。

另外，在【高级动画】组中单击【添加动画】按钮，同样可以在弹出的【进入】列表框中选择内置的进入动画效果。若选择【更多进入效果】命令，则打开【添加进入效果】对话框，在该对话框中同样可以选择更多的进入动画效果。

【更改进入效果】或【添加进入效果】对

话框的动画按风格分为【基本型】、【细微型】、【温和型】和【华丽型】，选中对话框最下方的【预览效果】复选框时，则在对话框中单击一种动画时，都能在幻灯片编辑窗口中看到该动画的预览效果。

9.4.2 添加强调动画效果

强调动画是为了突出幻灯片中的某部分内容而设置的特殊动画效果。添加强调动画的过程和添加进入效果大体相同，选择对象后，在【动画】组中单击【其他】按钮 ，在弹出的【强调】列表框选择一种强调效果，即可为对象添加该动画效果。选择【更多强调效果】命令，将打开【更改强调效果】对话框，在该

对话框中可以选择更多的强调动画效果。

另外，在【高级动画】组中单击【添加动画】按钮，同样可以在弹出的【强调】列表框中选择一种强调动画效果。若选择【更多强调效果】命令，则打开【添加强调效果】对话框，在该对话框中同样可以选择更多的强调动画效果。

9.4.3 添加退出动画效果

退出动画是为了设置幻灯片中的对象退出屏幕的效果。添加退出动画的过程和添加进入、强调动画的效果大体相同。

在幻灯片中选中需要添加退出效果的对象，在【高级动画】组中单击【添加动画】按钮，在弹出的【退出】列表框中选择一种强调动画效果。若选择【更多退出效果】命令，则打开【添加退出效果】对话框，在该对话框中可以选择更多的退出动画效果。退出动画名称有很大一部分与进入动画名称相同，所不同的是，它们的运动方向存在差异。

9.4.4 添加动作路径动画效果

动作路径动画又称为路径动画，可以指定

文本等对象沿预定的路径运动。PowerPoint 中的动作路径动画不仅提供了大量预设路径效果，还可以由用户自定义路径动画。

添加动作路径效果的步骤与添加进入动画的步骤基本相同，在【动画】组中单击【其他】按钮 ，在弹出的【动作路径】列表框中选择一种动作路径效果，即可为对象添加该动画效果。若选择【其他动作路径】命令，打开【更改动作路径】对话框，可以选择其他的动作路径效果。

另外，单击【添加动画】按钮，在弹出的【动作路径】列表框中同样可以选择一种动作路径效果；选择【其他动作路径】命令，打开【添加动作路径】对话框，同样可以选择更多的动作路径。

专家解读

在【动作路径】列表框选择【自定义路径】动画效果后，就可以在幻灯片中拖动鼠标绘制出需要的图形。当双击鼠标时，结束绘制，动作路径即出现在幻灯片中。

【例 9-6】为【古典诗词赏析】演示文稿中的对象添加动画效果。
视频 + 素材 (实例源文件\第 09 章\例 9-6)

01 启动 PowerPoint 2010，打开【古典诗词赏析】演示文稿。

02 在第 1 张幻灯片中选中标题占位符，打开【动画】选项卡，在【动画】组中单击【其他】按钮 ，从弹出的列表框中选择【随机线条】选项，为该占位符应用该进入动画效果。

专家解读

当幻灯片中的对象被添加动画效果后，在每个对象的左上角都会显示一个带有数字的矩形标记。这个矩形表示已经对该对象添加了动画效果，中间的数字表示该动画在当前幻灯片中的播放次序。在添加动画效果时，添加的第 1 个对象动画次序为 1，即它在幻灯片放映时是出现最早的动画。

03 选中副标题占位符，在【高级动画】组中单击【添加动画】按钮，从弹出的列表框中选择【翻转式由远及近】选项，为该占位符应用强调动画效果。

专家解读

在使用【添加动画】按钮添加动画效果时，可以为单个对象添加多个动画效果，单击多次该按钮，选择不同的动画效果即可。

04 在第 1 张幻灯片中插入一张剪贴画，并调整其大小，然后选中该剪贴画，在【动画】组中单击【其他】按钮，从弹出的列表框中选择【动作路径】组中的【自定义路径】选项。

05 将光标移至幻灯片中，按下鼠标左键，拖动鼠标，绘制一个路径。双击鼠标结束绘制

后，可预览图片的路径动画效果。

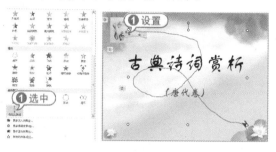

06 在幻灯片预览窗口中选择第 2 张幻灯片缩略图，将其显示在幻灯片编辑窗口中。

07 选中主标题占位符，在【动画】组中单击【其他】按钮，从弹出的列表框中选择【更多进入效果】命令，打开【更改进入效果】对话框，在【温和型】选项区域中选择【基本缩放】选项，应用该进入动画效果。

08 选中诗歌正文，在【高级动画】组中单击【添加动画】按钮，从弹出的列表框中选择【更多进入效果】命令，打开【添加进入效果】对话框，在【华丽型】选项区域中选择【下拉】选项，应用该强调动画效果。

09 使用同样的方法，为第3张和第4张幻灯片中的文本添加动画效果。

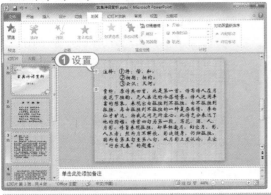

10 在快速访问工具栏中单击【保存】按钮 ，保存添加动画效果后的演示文稿。

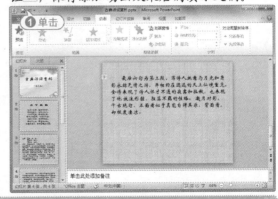

9.5 对象动画效果高级设置

PowerPoint 2010 新增了动画效果高级设置功能，如设置动画触发器、使用动画刷复制动画、设置动画计时选项和重新排序动画等。使用该功能，可以使整个演示文稿更为美观。

9.5.1 设置动画触发器

在幻灯片放映时，使用触发器功能，可以在单击幻灯片中的对象后显示动画效果。下面将介绍设置动画触发器的方法。

【例9-7】在【古典诗词赏析】演示文稿中设置动画触发器。

视频 + 素材 (实例源文件\第09章\例9-7)

01 启动 PowerPoint 2010，打开【古典诗词赏析】演示文稿，自动显示第1张幻灯片。

02 打开【动画】选项卡，在【高级动画】组中单击【动画窗格】按钮 动画窗格，打开【动画窗格】任务窗格。

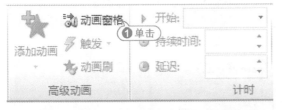

03 在【动画窗格】任务窗格中选择第3个动画效果，在【高级动画】组中单击【触发】按钮 触发 ，从弹出的菜单中选择【单击】选项，然后从弹出的子菜单中选择Picture2对象。

04 此时 Picture2 对象上产生动画的触发器，并在任务窗格中显示所设置的触发器。当播放幻灯片时，将鼠标指针指向该触发器并单击，将显示既定的动画效果。

05 在快速访问工具栏中单击【保存】按钮 ，保存【古典诗词赏析】演示文稿。

专家解读

单击【动画窗格】中第3个动画效果右侧的下拉箭头，选择【计时】选项，在【触发器】区域，可对触发器进行设置。

9.5.2 设置动画计时选项

为对象添加了动画效果后，还需要设置动画计时选项，如开始时间、持续时间和延迟时间等。

【例9-8】在【古典诗词赏析】演示文稿中设置动画计时选项。

📹视频 + 📁素材 (实例源文件\第09章\例9-8)

01 启动 PowerPoint 2010，打开【古典诗词赏析】演示文稿。

02 在第 1 张幻灯片中，打开【动画】选项卡，在【高级动画】组中单击【动画窗格】按钮，打开【动画窗格】任务窗格。

03 在【动画窗格】任务窗格中选中第 2 个动画，在【计时】组中单击【开始】下拉按钮，从弹出的快捷菜单中选择【从上一项之后开始】选项。

04 此时第 2 个动画将在第 1 个动画播放完后自动开始播放，无须单击鼠标。

05 在【动画窗格】任务窗格中选中第 3 个动画效果，在【计时】组中单击【开始】下拉按钮，从弹出的快捷菜单中选择【与上一动画同时】选项，此时第 2 和第 3 这两个动画将合为一个动画。

06 在快速访问工具栏中单击【保存】按钮💾，保存【古典诗词赏析】演示文稿。

9.5.3 重新排序动画

当一张幻灯片中设置了多个动画对象时，用户可以根据自己的需求重新排序动画，即调整各动画出现的顺序。

要重新排序动画，可打开【动画窗格】任务窗格，单击选中要调整顺序的动画选项，然后在【动画】选项卡的【计时】组中单击【向前移动】按钮，可向前移动；单击【向后移动】按钮，可向后移动。

另外，在【动画窗格】任务窗格中选中动画，单击最下面的⬇按钮，即可将该动画向后移动一位，单击⬆按钮，可将该动画向前移动一位。

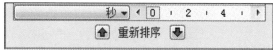

> **经验谈**
>
> 在【动画窗格】任务窗格中，右击动画，从弹出的快捷菜单中选择【效果选项】命令，打开动画对象对话框的【效果】选项卡，在其中可以设置效果声音；选择【计时】命令，打开动画对象对话框的【计时】选项卡，在其中除了可以设置动画播放的开始时间、持续时间和延迟时间，还可以设置动画播放的重复次数；选择【删除】命令，即可快速删除该动画效果。

9.6 放映幻灯片

幻灯片制作完成后，就可以放映了，在放映幻灯片之前可对放映方式进行设置，PowerPoint 2010 提供了多种演示文稿的放映方式，用户可选用不同的放映方式以满足放映的需要。

9.6.1 设置放映方式

在【设置放映方式】对话框的【放映类型】选项区域中可以设置幻灯片的放映模式。

- 【演讲者放映】模式(全屏幕)：该模式是系统默认的放映类型，也是最常见的全屏放映方式。在这种放映方式下，演讲者现场控制演示节奏，具有放映的完全控制权。用户可以根据观众的反应随时调整放映速度或节奏，还可以暂停下来进行讨论或记录观众即席反应，甚至可以在放映过程中录制旁白。一般用于召开会议时的大屏幕放映、联机会议或网络广播等。

- 【观众自行浏览】模式(窗口)：观众自行浏览是在标准 Windows 窗口中显示的放映形式，放映时的 PowerPoint 窗口具有菜单栏、Web 工具栏，类似于浏览网页的效果，便于观众自行浏览。

- 【展台浏览】模式(全屏幕)：采用该放映类型，最主要的特点是不需要专人控制就可以自动运行，在使用该放映类型时，如超链接等控制方法都失效。当播放完最后一张幻灯片后，会自动从第一张重新开始播放，直至用户按下 Esc 键才会停止播放。该放映类型主要用于展览会的展台或会议中的某部分需要自动演示等场合。

专家解读

使用【展台浏览】模式放映演示文稿时，用户不能对其放映过程进行干预，必须预先设置好每张幻灯片的放映时间，否则可能会长时间停留在某张幻灯片上。

9.6.2 开始放映幻灯片

完成放映前的准备工作后就可以开始放映幻灯片了。常用的放映方法为从头开始放映和从当前幻灯片开始放映。

- 从头开始放映：按下 F5 键，或者在【幻灯片放映】选项卡的【开始放映幻灯片】组中单击【从头开始】按钮。

- 从当前幻灯片开始放映：在状态栏的幻灯片视图切换按钮区域中单击【幻灯片放映】按钮，或者在【幻灯片放映】选项卡的【开始放映幻灯片】组中单击【从当前幻灯片开始】按钮。

9.6.3 控制幻灯片的放映过程

在放映演示文稿的过程中，用户可以根据需要按放映次序依次放映、快速定位幻灯片、为重点内容做上标记、使屏幕出现黑屏或白屏和结束放映等。

1. 按放映次序依次放映

如果需要按放映次序依次放映，则可以进行如下操作。

- 单击鼠标左键。
- 在放映屏幕的左下角单击 按钮。
- 在放映屏幕的左下角单击 按钮，在弹出的菜单中选择【下一张】命令。
- 单击鼠标右键，在弹出的快捷菜单中选择【下一张】命令。

2. 快速定位幻灯片

如果不需要按照指定的顺序进行放映，则可以快速定位幻灯片。在放映屏幕的左下角单击 按钮，从弹出的菜单中使用【定位至幻灯片】命令进行切换。

另外，单击鼠标右键，在弹出的快捷菜单中选择【定位至幻灯片】命令，从弹出的子菜单中选择要播放的幻灯片，同样可以实现快速定位幻灯片操作。

3. 为重点内容做上标记

使用 PowerPoint 2010 提供的绘图笔可以为重点内容做上标记。绘图笔的作用类似于板书笔，常用于强调或添加注释。用户可以选择绘图笔的形状和颜色，也可以随时擦除绘制的笔迹。

放映幻灯片时，在屏幕中右击鼠标，在弹出的快捷菜单中选择【指针选项】|【荧光笔】选项，将绘图笔设置为荧光笔样式，然后按住鼠标左键拖动鼠标即可绘制标记。

经验谈

当用户在绘制注释的过程中出现错误时，可以在右键菜单中选择【指针选项】|【橡皮擦】命令，单击墨迹将其擦除；也可以选择【擦除幻灯片上的所有墨迹】命令，将所有墨迹擦除。

另外，在屏幕中右击鼠标，在弹出的快捷菜单中选择【指针选项】|【墨迹颜色】命令，可在其下级菜单中设置绘图笔的颜色。

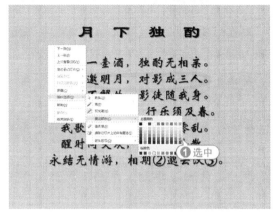

4. 使屏幕出现黑屏或白屏

在幻灯片放映的过程中，有时为了避免引起观众的注意，可以将幻灯片进行黑屏或白屏显示。具体方法为，在右键菜单中选择【屏幕】|【黑屏】命令或【屏幕】|【白屏】命令即可。

专家解读

除了选择右键菜单命令外，还可以直接使用快捷键。按下 B 键，将出现黑屏；按下 W 键，将出现白屏。

5. 结束放映

在幻灯片放映的过程中，有时需要快速结束放映操作，可以按 Esc 键，或者单击 按钮(或在幻灯片中右击鼠标)，从弹出的菜单中选择【结束放映】命令。此时演示文稿将退出放映状态。

> **专家解读**
>
> 在幻灯片放映的过程中，还可以暂停放映幻灯片，具体操作为，在右键快捷菜单中选择【暂停】命令。

9.7 实战演练

本章主要介绍了 PowerPoint 2010 的高级应用，包括设置幻灯片母版，为幻灯片设置切换效果以及为幻灯片中的对象设置动画效果等。本次实战演练通过一个具体实例来向读者介绍如何创建一个交互式的演示文稿。

9.7.1 添加超链接

超链接是指向特定位置或文件的一种连接方式，可以利用它指定程序的跳转位置。超链接只有在幻灯片放映时才有效，当鼠标移至超链接文本时，鼠标将变为手形指针。在 PowerPoint 中，超链接可以跳转到当前演示文稿中的特定幻灯片、其他演示文稿中特定的幻灯片、自定义放映、电子邮件地址、文件或 Web 页上。

> **经验谈**
>
> 只有幻灯片中的对象才能添加超链接，备注、讲义等内容不能添加超链接。幻灯片中可以显示的对象几乎都可以作为超链接的载体。添加或修改超链接的操作一般在普通视图中的幻灯片编辑窗口中进行，在幻灯片预览窗口的大纲选项卡中，只能对文字添加或修改超链接。

【例 9-9】在【古典诗词赏析】演示文稿中使用超链接。

📹视频 + 素材 (实例源文件\第 09 章\例 9-9)

01 启动 PowerPoint 2010，打开【古典诗词赏析】演示文稿。

02 在打开的第 2 张幻灯片中选中文本

"将①"，然后打开【插入】选项卡，在【链接】组中单击【超链接】按钮，打开【插入超链接】对话框。

03 在【链接到】列表中单击【本文档中的位置】按钮，在【请选择文档中的位置】列表框中单击【幻灯片标题】展开列表，并选中【幻灯片 3】选项。

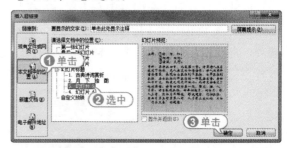

04 单击【确定】按钮，此时该文字变为不同于原来的颜色，且文字下方出现下划线。在放映幻灯片时，单击该超链接可直接切换到第 3 张幻灯片。

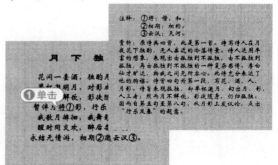

专家解读

当用户在添加了超链接的文字、图片等对象上右击时，将弹出快捷菜单。在其中选择【取消超链接】命令，即可删除该超链接。

9.7.2 添加动作按钮

动作按钮是 PowerPoint 中预先设置好的一组带有特定动作的图形按钮，这些按钮被预先设置为指向前一张、后一张、第一张、最后一张幻灯片，或播放声音及播放电影等链接。应用这些预置好的按钮，可以实现在放映幻灯片时跳转的目的。

动作按钮与超链接有很多相似之处，几乎包括了超链接可以指向的所有位置，动作还可以设置其他属性，比如设置当鼠标移过某一对象上方时的动作。设置动作与设置超链接是相互影响的，在【设置动作】对话框中所作的设置，可以在【编辑超链接】对话框中表现出来。

【例 9-10】在【古典诗词赏析】演示文稿中添加动作按钮。

视频 + 素材 (实例源文件\第 09 章\例 9-10)

01 启动 PowerPoint 2010，打开【古典诗词赏析】演示文稿。

02 在幻灯片预览窗口中选择第 2 张幻灯片缩略图，将其显示在幻灯片编辑窗口中。

03 在功能区打开【插入】选项卡，在【插图】组中单击【形状】按钮，在打开菜单的【动作按钮】选项区域中选择【动作按钮：前进或下一项】命令▷，在幻灯片的右下角拖动鼠标绘制形状。

04 释放鼠标时，系统将自动打开【动作设置】对话框，在【单击鼠标时的动作】选项

区域中选中【超链接到】单选按钮。

05 在【超链接到】下拉列表框中选择【幻灯片】选项，打开【超链接到幻灯片】对话框，选择【幻灯片 4】选项，单击【确定】按钮，返回【动作设置】对话框。

06 打开【鼠标移过】选项卡，在选项卡中选中【播放声音】复选框，并在其下方的下拉列表框中选择【照相机】选项，单击【确定】按钮，完成该动作的设置。

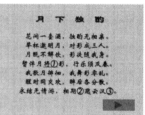

经验谈

如果在【鼠标移过】选项卡中选中【超链接到】单选按钮，在其下拉列表框中选择【幻灯片 4】选项，那么在放映演示文稿的过程中，当鼠标移过该动作按钮(无须单击)时，演示文稿将直接跳转到幻灯片 4。

07 此时在放映演示文稿的过程中，当鼠标移至按钮上时，将播放【照相机】声音，单击鼠标可直接跳转到第 4 张幻灯片。

08 在快速访问工具栏中单击【保存】按钮，将修改后的演示文稿保存。

专家解读

选中插入的按钮，将自动打开【绘图工具】的【格式】选项卡，在该选项卡中，用户可对按钮的样式进行修改和美化。

9.8 专家指点

━ 一问一答 ━

问：如何将幻灯片输出为视频文件？

答：使用 PowerPoint 可以方便地将极富动感的演示文稿输出为视频文件，从而与其他用户共享该视频。输出方法如下。打开演示文稿，单击【文件】按钮，选择【保存并发送】命令，在右侧窗格的【文件类型】选项区域中选择【创建视频】选项，在【创建视频】选项区域中设置显示选项和放映时间。然后单击【创建视频】按钮，打开【另存为】对话框，设置视频文件的名称和保存路径。单击【保存】按钮，此时 PowerPoint 2010 窗口任务栏中将显示制作视频的进度。制作完毕后，打开视频存放路径，双击视频文件，即可使用计算机中的视频播放器来播放该视频。

━ 一问一答 ━

问：如何打印幻灯片？如何进行打印设置？

答：在打印演示文稿前，可以根据自己的需要对打印页面进行设置，使打印的形式和效果更符合实际需要。打开【设计】选项卡，在【页面设置】组中单击【页面设置】按钮，在打开的【页面设置】对话框中可对幻灯片的大小、编号和方向进行设置。设置完成后可以使用打印预览功能先预览一下打印的效果，预览的效果与实际打印出来的效果非常相近，可以令用户避免不必要的损失。单击【文件】按钮，从弹出的菜单中选择【打印】命令，打开 Microsoft Office Backstage 视图，在最右侧的窗格中可以查看幻灯片的打印效果，单击预览页中的【下一页】按钮▶，可查看每一张幻灯片效果。对当前的打印设置及预览效果满意后，单击【文件】按钮，从弹出的菜单中选择【打印】命令，打开 Microsoft Office Backstage 视图，在中间的【打印】窗格中进行相关设置后，单击左上角的【打印】按钮，即可开始打印幻灯片。

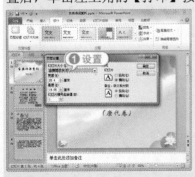

第 **10** 章

网络化办公基础

在日常办公中，网络可以给办公人员带来很大的方便，如在局域网中可以共享文件、共享打印机，使用 Internet 可以下载办公资料、发送与接收电子邮件、发送和接收文件以及与其他用户在网上进行即时聊天等。

10.1 创建办公局域网

局域网，又称 LAN(Local Area Network)，是在一个局部的地理范围内，将多台电脑、外围设备互相连接起来组成的通信网络，其用途主要在于数据通信与资源共享。局域网与日常生活中所使用的互联网极其相似，只是范围缩小到了办公室而已。把办公室里的电脑连接成一个局域网，电脑间共享资源，可以极大提高办公效率。

10.1.1 局域网的接入方式

在将电脑接入局域网中时，应先选择接入局域网的方式。根据网络中电脑的数量，用户可选择以下 3 种接入方式。

- 如果网络中只有两台电脑，只需要在每台电脑上安装一块网卡，然后使用交叉双绞线的方式将两台电脑的网卡连接起来即可。

- 如果网络中只有 3 台电脑，可在其中一台电脑上安装两块网卡，另外两台电脑各安装一块网卡，然后用交叉双绞线进行连接。

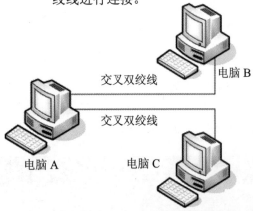

- 对于具有 3 台以上电脑的对等网，则可以使用集线器/路由器进行连接，使用直通双绞线组成星型网络。这种接入方式是目前使用最为广泛的局域网连接方式，它可以实现多台电脑共享上网，并且安全性能比较高，不会

因其中的某台电脑瘫痪而使整个网络崩溃。

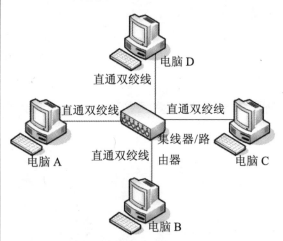

10.1.2 双绞线的接线标准

双绞线(Twisted Pairwire，TP)是最常见的一种电缆传输介质，它使用一对或多对按规则缠绕在一起的绝缘铜芯电线来传输信号。

在局域网中最为常见的是下图所示的由 4 对、8 股不同颜色的铜线缠绕在一起的双绞线。

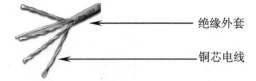

双绞线的接法有以下两种标准。

568B 标准，即正线：橙白，橙，绿白，蓝，蓝白，绿，棕白，棕。

568A 标准，即反线：绿白，绿，橙白，蓝，蓝白，橙，棕白，棕。

根据网线两端连接设备的不同，双绞线的制作方法分为两种：直通线和交叉线。

1. 直通线两端的线序

- A 端从左到右依次为：橙白，橙，绿

白，蓝，蓝白，绿，棕白，棕。

- B 端从左到右依次为：橙白，橙，绿白，蓝，蓝白，绿，棕白，棕。

从以上可以看出，直通线两端的线序是相同的，即都是采用 568B 标准。

2. 交叉线两端的线序

- A 端从左到右依次为：橙白，橙，绿白，蓝，蓝白，绿，棕白，棕。
- B 端从左到右依次为：绿白，绿，橙白，蓝，蓝白，橙，棕白，棕。

从以上可以看出，交叉线的一端采用 568B 标准，另一端采用 568A 标准。

10.1.3 双绞线的制作

在制作双绞线之前，首先需要准备好相应的工具，制作双绞线时使用的工具有斜口钳、剥线钳、压线钳和网络测试仪等。下面通过实例介绍双绞线的制作步骤。

【例 10-1】制作双绞线。

01 使用斜口钳剪去所需长度的双绞线，然后在其两端套上护套。

02 使用剥线钳剥去一定长度的护套，露出相互缠绕的 4 对芯线。

03 将 4 对芯线呈扇形拨开，然后将每一对芯线分开。

04 将 8 根芯线拨直，按照顺序排列好后，用线钳剪齐，然后将其插入到 RJ-45 水晶头中，注意一定要插入到水晶头的顶端。

05 将 RJ-45 接头放入压线钳的压接槽，将水晶头顶紧后，用力将其压紧，然后将护套推向接头，将其套住。

10.1.4 连接集线器/路由器

集线器的英文名称就是常说的 Hub，英文 Hub 是"中心"的意思，集线器是网络集中管理的最基本单元。

随着路由器价格的不断下降，越来越多的用户在组建局域网时会选择路由器，如下图所示。与集线器相比，路由器拥有更加强大的数据通道功能和控制功能。

————路由器

连接集线器与连接路由器的方法相同，将网线一端插入集线器/路由器上的接口，另一端插入电脑网卡接口中即可，如下图所示。

10.1.5 配置 IP 地址

IP 地址是电脑在网络中的身份识别码，只有为电脑配置了正确的 IP 地址，电脑才能够接入到网络。

【例 10-2】在 Windows 7 系统中配置电脑的 IP 地址。●视频

01 单击任务栏右方的网络按钮，在打开的面板中单击【打开网络和共享中心】链接，

打开【网络和共享中心】窗口。

02 单击【本地连接】链接，打开【本地连接 状态】对话框。

03 单击【属性】按钮，打开下图(右)所示的对话框。

04 双击其中的【Internet 协议版本4(TCP/IPv4)】选项，打开【Internet 协议版本4(TCP/IPv4)属性】对话框。

05 在【IP 地址】文本框中输入本机的 IP 地址，按下 Tab 键会自动填写子网掩码，然后分别在【默认网关】、【首选 DNS 服务器】和【备用 DNS 服务器】中设置相应的地址。

06 设置完成后，单击【确定】按钮，返回下图(右)所示的对话框，单击【确定】按钮，完成 IP 地址的设置。

10.1.6 设置网络位置

在 Windows 7 操作系统中第一次连接到

网络时，必须选择网络位置。因为这样可以为所连接网络的类型自动进行适当的防火墙设置。当用户在不同的位置(例如，家庭、本地咖啡店或办公室)连接到网络时，选择一个合适的网络位置将会有助于用户始终确保将自己的电脑设置为适当的安全级别。

【例 10-3】在 Windows 7 系统中选择电脑所处的网络位置。 视频

01 单击任务栏右方的网络按钮，在打开的面板中单击【打开网络和共享中心】链接，打开【网络和共享中心】窗口。

02 单击【家庭网络】链接，打开【设置网络位置】对话框。(注意，如果电脑的默认设置是工作网络，那么此处应该单击【工作网络】链接。)

03 在该对话框中设置电脑所处的网络，例如本例选择【工作网络】选项，打开下图(右)所示的对话框，向用户说明现在正处于工作网络中。单击【关闭】按钮，完成网络位置设置。

10.1.7 测试网络的连通性

配置完网络协议后，还需要使用 Ping 命令来测试网络连通性，查看电脑是否已经成功接入局域网当中。

【例 10-4】在 Windows 7 系统中使用 Ping 命令测试网络的连通性。 视频

01 单击【开始】按钮，在搜索框中输入命令"cmd"，然后按下 Enter 键，打开下图所示的窗口。

02 如果网络中有一台电脑(非本机)的 IP 地址是 192.168.1.50，可在该窗口中输入命令"ping 192.168.1.50"，然后按下 Enter 键，如果显示下图所示的测试结果，则说明网络已经正常连通。

03 如果显示下图所示的测试结果，则说明网络未正常连通。

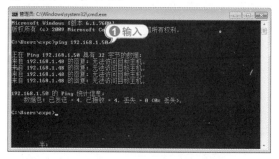

10.1.8 设置电脑的名称

配置完网络协议后，若想要局域网中的其他用户能够方便地访问自己的电脑，可以为电脑设置一个简单易记的名称。若网络中已经有和自己电脑名称相同的电脑时，则还需要修改自己电脑的名称。

【例 10-5】在 Windows 7 系统中设置电脑在网络中的名称。 📹视频

01 在桌面上右击【计算机】图标，选择【属性】命令，打开【系统】窗口。

02 单击计算机名后面的【更改设置】链接，打开【系统属性】对话框。

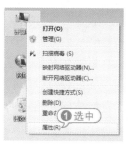

03 单击【更改】按钮，打开【计算机名/域更改】对话框。在【计算机名】文本框中输入计算机的新名称。

04 单击【确定】按钮，打开下图所示的提示对话框，提示用户要重新启动电脑才能使设置生效。

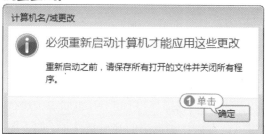

05 当试图关闭所有的对话框时，将打开下图所示的对话框，单击【立即重新启动】按钮，即可立即重新启动电脑。

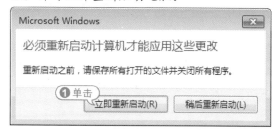

 专家解读

单击【稍后重新启动】按钮，可在完成当前正在进行的工作后，再重新启动电脑。

209

电脑办公无师自通

10.2 访问网络中的计算机

局域网组建完成后，就可以实现资源共享了。实现资源共享的第一步就是要访问 Windows 局域网，Windows 7 中访问 Windows 局域网的方法通常有 3 种：通过【网络】按钮访问网络中的计算机、通过计算机名称直接访问网络中的计算机和搜索网络中的计算机。

10.2.1 通过【网络】按钮访问

【网络】是指向共享计算机、打印机和网络上其他资源的快捷方式。用户可以通过【网络】访问网上资源、访问网络中的计算机。

双击桌面上的【网络】图标，打开【网络】窗口。在【网络】窗口会显示当前局域网中的计算机的名称，如下图所示。

双击其中的计算机名称，如果用户有足够的权限，并且目标计算机处于开机状态，那么就可以查看该计算机中的共享文件了。如下图所示，正在查看名称为 CXS 的计算机中的共享文件。

10.2.2 通过计算机名称直接访问

网络中的计算机及其文件都拥有自己的

路径，这个路径指明了网络计算机和文件所在的位置以及它们在网络中的共享名称。Windows 中的所有计算机都使用统一命名约定(UNC)以指定文件的位置。UNC 的格式是：\\计算机名\共享名。例如，要访问在名为 cx 的计算机里的名为【公司大型软件备份】的共享文件夹，则可以在地址栏中输入"\\cx\公司大型软件备份"，然后按下 Enter 键，即可访问该文件夹。

专家解读

通过计算机名称访问计算机时，英文字母可不区分大小写。

10.2.3 通过【网络】窗口访问

Windows 7 提供了搜索网络中的计算机功能，如果用户知道自己要访问的共享资源所在计算机的名称，可直接在整个网络中进行搜索，不必按照上面的步骤访问共享资源。

首先打开【网络】窗口，在右上角的【搜索】文本框中输入想要查找的计算机的名称，例如输入"llhui"，系统即开始搜索，搜索完成后将自动显示搜索结果。

CHAPTER 10

210

双击搜索出的计算机的名称，即可查看该计算机中的内容。

10.3 共享网络资源

共享是网络最重要的功能之一，网络资源包括驱动器(软盘驱动器和光盘驱动器、硬盘)、驱动器中的文件与文件夹、打印机等。共享网络资源为用户提供了极大的方便。在设置共享资源时，既要照顾到其他用户的使用，又要注意本机资源的安全。

10.3.1 共享文件和文件夹

在局域网中，用户可将自己的文件设置为共享，以方便其他用户访问和使用。

【例10-6】将E盘的【办公资料】文件夹设置为共享。 视频

01 单击任务栏右方的网络按钮，在打开的面板中单击【打开网络和共享中心】链接，打开【网络和共享中心】窗口。

02 单击窗口左边的【更改高级共享设置】超链接，打开【高级共享设置】窗口。

03 在【文件和打印机共享】选项区域中选中【启用文件和打印机共享】单选按钮。

04 在【密码保护的共享】选项区域中选中【关闭密码保护共享】单选按钮。

05 设置完成后，单击【保存修改】按钮，保存修改，返回【网络和共享中心】窗口，单击右上角的【关闭】按钮，关闭【网络】窗口。

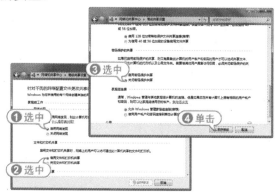

06 打开【本地磁盘E:】窗口，右击【办公资料】文件夹，选择【属性】命令。

07 打开【办公资料 属性】对话框，切换至【共享】选项卡，然后单击【网络文件和文件夹共享】区域的【共享】按钮。

08 打开【文件共享】对话框，在上方的下拉列表中选择Everyone选项，然后单击【添加】按钮，Everyone即被添加到中间的列表中。

电脑办公无师自通

09 选中列表中刚刚添加的 Everyone 选项，然后单击【共享】按钮，系统即可开始共享设置，稍后即可打开【您的文件夹已共享】对话框。

10 单击【完成】按钮，完成共享操作，返回【办公资料 属性】对话框，单击【关闭】按钮，完成设置。

10.3.2 取消文件和文件夹共享

如果用户不想再继续共享文件或文件夹，可将其共享属性取消，取消共享后，他人就不能再访问该文件或文件夹了。

【例 10-7】将 E 盘的【办公资料】文件夹取消共享。 视频

01 打开【本地磁盘 E:】窗口，右击【办公资料】文件夹，选择【属性】命令。

02 打开【办公资料 属性】对话框，切换至【共享】选项卡，单击【高级共享】区域的

【高级共享】按钮，打开【高级共享】对话框。

03 取消选中其中的【共享此文件夹】复选框，然后单击【确定】按钮，完成设置。

10.3.3 共享网络打印机

在 Windows 7 操作系统中，除了可以共享文件和文件夹等资源外，还可以共享其他网络计算机上的打印机。通过共享局域网中的其他打印机来完成打印工作，这样不但使用方便，而且还可以节省很多资源。

【例 10-8】在 Windows 7 中添加网络共享打印机。 视频

01 单击【开始】按钮，选择【设备和打印机】选项，打开【设备和打印机】窗口。

02 单击【添加打印机】按钮，打开【添加打印机】对话框，在该对话框中单击【添加网络、无线或 Bluetooth 打印机】选项，系统开始搜索网络中可用的打印机。

03 稍后会显示搜索到的打印机列表，用户可选中要添加的打印机的名称，然后单击【下一步】按钮。

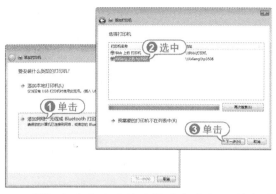

04 此时系统开始连接该打印机，并自动查找驱动程序。

05 稍后打开【打印机】提示窗口，提示用户需要从目标主机上下载打印机驱动程序。

06 单击【安装驱动程序】按钮，开始自动下载并安装打印机驱动程序。

07 成功下载驱动程序并安装完成后将打开下图(左)所示的对话框，提示用户已成功添加打印机。

08 单击【下一步】按钮，打开下图(右)所示的对话框，选中其中的【设置为默认打印机】复选框，然后单击【完成】按钮，完成网络共享打印机的添加。

09 此时在【设备和打印机】窗口中将会看到已添加的打印机，如下图所示。

10.4 在 Internet 上查找资源

如果电脑连接了 Internet，用户就可以上网查找办公资源了，对于查找到的有用资源，用户还可将其保存下来，以方便日后使用。

10.4.1 认识 IE 浏览器

IE 浏览器是 Windows 系统自带的浏览器，也是目前使用最为普遍的浏览器，其他不少主流浏览器都是基于 IE 内核，因此本节首先介绍 IE 浏览器的使用方法。目前 IE 浏览器的最新版本为 IE 8.0。

单击任务栏上的 IE 浏览器图标，即可打开 IE 浏览，其操作界面如下图所示。它主要由标题栏、地址栏、搜索栏、菜单栏、选项

卡、状态栏和滚动条几个部分组成。

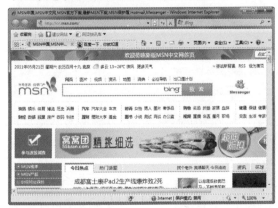

1. 标题栏

标题栏位于 IE 浏览器的最上方，用于显示当前访问网页的标题。

2. 地址栏

地址栏用于输入要访问网页的网址，此外在地址栏附近还提供了一些 IE 浏览器常用功能按钮，例如【前进】、【后退】和【刷新】等。

- 【后退】按钮和【前进】按钮：可以按浏览网页进程返回或前进。
- 【停止】按钮：可以暂停当前访问的网页。
- 【刷新】按钮：可以刷新当前访问的网页。
- 【兼容性视图】按钮：当用户访问专门为旧版本浏览器创建的网页时，切换到兼容性视图模式，可以解决网页中菜单、图像以及文本位置出错的问题。

3. 搜索栏

IE 8.0 浏览器集成了微软公司推出的搜索引擎 Bing，在浏览器的搜索栏中输入要搜索网页的关键字，然后使用 Alt+Enter 键或者单击放大镜按钮即可方便地进行查询操作。

4. 菜单栏

IE 8.0 浏览器将工具栏与菜单栏整合成一个全新的菜单栏，在其中显示一些常用工具与命令，包括【收藏夹】、【主页】和【安全】等。按 Alt 键可以在 IE 8.0 浏览器中重新显示传统的菜单栏。

5. 选项卡

IE 8.0 浏览器支持多页面功能，用户可以在一个操作界面中的不同选项卡中打开多个网页，单击选项卡标签即可轻松切换网页页面。

6. 状态栏

状态栏用于显示 IE 浏览器的一些状态信息，例如隐私报告，安全设置等。此外，用户还能在状态栏的右侧调整浏览器中内容的显示比例。

7. 滚动条

若访问网页的内容过多，无法在浏览器的一个窗口中完全显示，则可以通过拖动滚动条来查看网页的其他内容。

10.4.2 浏览网页

认识了浏览器之后，就可以使用浏览器来浏览网页了。通过浏览网页，可以查阅办公资料和各种相关信息。在 IE 浏览器的地址栏中直接输入网址即可浏览网页。

【例 10-9】使用 IE 浏览器访问百度首页。 视频

01 启动 IE 浏览器，在地址栏中输入要访问的网站网址 "www.baidu.com"。

02 按下 Enter 键，即可打开百度首页。

03 单击页面上的链接，可以继续访问对应的网页，例如在百度首页单击【新闻】超链接，在 IE 浏览器会自动打开百度的新闻页面。

04 在打开的网页中，用户可以通过单击新闻的标题超链接，打开对应的新闻页面，查看新闻的具体内容。

经验谈

用户在使用 IE 浏览器浏览网页时，当光标移动至网页上某处变为手指形状时，表示该处有超链接，单击该处可以打开对应的网页。

10.4.3 使用搜索引擎

Internet 是知识和信息的海洋，几乎可以找到所需的任何资源，那么如何才能找到自己需要的信息呢？这就要使用到搜索引擎。目前常见的搜索引擎有百度和 Google 等，使用它们可以帮助用户从海量网络信息中，快速、准确地找出需要的信息，提高用户的上网效率。

1. 常见搜索引擎

搜索引擎是一个能够对 Internet 中资源进行搜索整理，然后提供给用户查询的网站系统，它可以在一个简单的网页页面中帮助用户实现对网页、网站、图像、音乐和电影等众多资源的搜索和定位。目前网上最常用的搜索引擎如下表所示。

网站名称	网址
Google	www.google.com
百度	www.baidu.com
雅虎	www.yahoo.com.cn
搜狗	www.sogou.com
爱问	www.iask.com

2. 使用百度搜索引擎

百度是全球最大的搜索引擎网站，通过百度几乎可以查到所有需要的信息。"有问题，百度一下"，已经成为广大网络用户的习惯。

为了满足用户上网时的更多需求，百度也推出了越来越丰富的功能，例如搜网页、搜新

电脑办公无师自通

闻、搜图片、搜歌、查地图、百度知道以及百度百科等。

其中搜索网页是百度最基本，也是用户最常用的功能。百度拥有全球最大的中文网页库，收录中文网页已超过 20 亿，这些网页的数量每天正以千万计的速度在增长；同时，百度在中国各地分布的服务器，能直接从最近的服务器上，把所搜索的信息返回给当地用户，使用户享受极快的搜索传输速度。

【例 10-10】使用百度搜索关于【汽车】方面的网页。

01 启动 IE 浏览器，在地址栏中输入百度地址"www.baidu.com"，访问百度页面。

02 在页面中间的文本框中输入要搜索网页的关键字，本例中输入"汽车"，然后单击【百度一下】按钮。

03 百度会根据搜索关键字自动查找相关网页，查找完成后在新页面中以列表形式显示相关网页。

04 在列表中单击超链接，即可打开对应

网页。例如本例单击【汽车之家_我的汽车网站……】超链接，可以在浏览器中访问对应的网页。

经验谈

使用百度搜索时，若一个关键字无法准确描述要搜索的信息，则可以同时输入多个关键字，之间以空格隔开。此外，百度对于一些常见的错别字输入，在搜索结果上方有纠错提示。

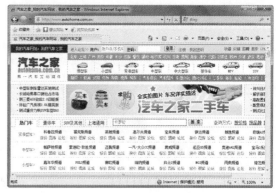

3. 使用 Google 搜索引擎

Google 是目前全球规模最大的搜索引擎之一，它提供了简单易用的免费服务，用户可以在瞬间得到相关的搜索结果。与百度一样，Google 也提供了全方位的搜索服务，可以快速搜索到需要的网页、新闻、歌曲和图片等。除了搜索功能以外，Google 还提供了更多附加功能，例如 Gmail 电子邮箱、Chrome 谷歌浏览器、Google 工具栏、Google Earth 地图、Google Talk 聊天软件等。

百度与 Google 这两种搜索引擎都拥有非常快的搜索速度。搜索范围方面，百度仅仅面向中文搜索，而 Google 的中文搜索只占其服务的 1/4，所以如果要搜索中文网站百度会快一点，如果要搜索包括英文网页在内的内容则使用 Google 比较好些。

4. 使用网址大全

网站大全是一个集合较多网址的网站，并按照一定条件进行分类的一种网站。网站大全方便上网用户快速找到自己需要的网站，而不用去记住各类网站的网址，单击网站链接就可以直接进到所需的网站。现在的网站大全一般还自身提供常用查询工具，以及邮箱登录、搜索引擎入口，有的还有热点新闻、天气预报等功能。

hao123 网址之家(http://www.hao123.com/)是目前使用最为频繁的网站大全类网站，及时收录包括音乐、视频、小说、游戏等热门分类的优秀网站，并与搜索完美结合，提供最简单便捷的网上导航服务。对于一些年龄较大的网络用户而言，将 hao123 网址之家设为浏览器首页是一个非常不错的选择。

10.5 下载网络资源

网上具有丰富的资源，包括文本、图片、音频和视频以及软件等。用户可将自己需要的资源下载下来并存储到自己的电脑中将其"据为己有"，以方便以后随时查看和使用。

10.5.1 保存网页中的文本

在网上查找资料时，如果碰到自己比较喜欢的文章或者是对自己比较有用的文字信息，可将这些信息保存下来以供日后使用。要保存网页中的文本，最简单的方法就是选定该文本，然后右击鼠标，在弹出的快捷菜单中选择【复制】命令，然后再打开文档编辑软件(记事本、Word 等)，将其粘贴并保存即可。

另外用户还可通过以下方法来保存网页

中的文本。

【例 10-11】保存网页中的文本信息。 📹视频

01 在要保存的网页中选择【页面】|【另存为】命令，打开【保存网页】对话框。

02 在该对话框中选定网页的保存位置，然后在【保存类型】下拉列表中选择【文本文件】选项。选择完成后，单击【保存】按钮，即可将该网页保存为文本文件的形式。

03 双击保存后的文本文件，即可查看已经保存的网页内容。

10.5.2 保存网页中的图片

网页中具有大量的图片信息，用户可将自己需要的图片保存在自己的电脑中，以备不时之需。

要保存网页中的图片，用户可在该图片上右击鼠标，在弹出的快捷菜单中选择【图片另存为】命令，打开【保存图片】对话框。

在该对话框中设置图片的保存位置和保存名称，然后单击【保存】按钮，即可将图片保存在电脑中。

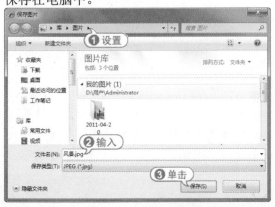

10.5.3 保存整个网页

如果用户想要在网络断开的情况下也能浏览某个网页，可将该网页整个保存下来。这样即使在没有网络的情况下，用户也可对该网页进行浏览。

【例 10-12】保存整个网页。 📹视频

01 在 IE 浏览器中选择【页面】|【另存为】命令，打开【保存网页】对话框。

02 在该对话框中选定网页的保存位置，然后在【保存类型】下拉列表中选择【网页，全部】选项。选择完成后，单击【保存】按钮，即可将整个网页保存下来。

03 找到网页的保存位置，双击网页保存的文件，即可打开保存的网页。需要注意的是使用该种方法仅保存了当前网页中的内容，而网页中的超链接则未被保存。

10.5.4 使用IE下载网络资源

IE 浏览器自身就提供了一个文件下载的功能。当用户单击网页中有下载功能的超链接时，IE 浏览器即可自动开始下载文件。下面来介绍如何使用 IE 浏览器下载音乐播放软件【千千静听】，在工作的闲暇之余听一首歌曲，放松一下心情，也是一个不错的选择。

【例 10-13】使用 IE 浏览器下载。视频

01 打开 IE 浏览器，在地址栏中输入网址 "http://ttplayer.qianqian.com/"，然后按下 Enter 键，打开该网页。

02 单击【立即下载最新版】按钮，系统即可自动打开【文件下载-安全警告】对话框。

03 单击【保存】按钮，打开【另存为】对话框，在该对话框中用户可设置软件在电脑中保存的位置和名称。

04 设置完成后，单击【保存】按钮，即可开始下载文件，并显示下载进度和下载完成所需用的时间。

05 下载完成后，弹出【下载完毕】对话框，单击【运行】按钮，可直接运行该安装程序，单击【打开文件夹】按钮可打开软件所在的文件夹，单击【关闭】按钮，关闭该对话框。

06 用户若在上图的对话框中选中【下载完成后关闭此对话框】复选框，则文件下载完成后，将会自动关闭【下载完毕】对话框。

10.5.5 使用迅雷下载网络资源

迅雷是一款比较出色的下载工具，它使用多资源超线程技术，能够将网络上存在的服务器和计算机资源进行有效的整合，构成独特的迅雷网络，通过迅雷网络各种数据文件能够以最快速度进行传递。

1. 使用迅雷下载文件

迅雷下载并安装后，就可以使用迅雷来下载网络资源了。下面来介绍如何使用迅雷下载聊天软件【腾讯QQ】。关于 QQ 的使用方法，将在 10.7.1 节中介绍。

【例 10-14】使用迅雷下载聊天软件【腾讯QQ】。视频

01 启动 IE 浏览器并访问 QQ 的下载页面，网址为 http://im.qq.com/qq/2010/standard/。

02 右击 QQ 下载链接，在弹出的菜单中选择【使用迅雷下载】命令。

03 打开【新建任务】对话框，单击对话框右侧的 📁 按钮。

04 打开【浏览文件夹】对话框，在其中选择下载文件的保存位置，然后单击【确定】按钮。

05 返回【新建任务】对话框，单击【立即下载】按钮。

06 即可开始下载文件，在迅雷界面中可以查看下载相关信息与下载进度。

07 右击下载项，在弹出的快捷菜单中可以选择【暂停任务】、【删除任务】命令来暂停下载项或删除下载项。

08 下载完成后，可以单击【迅雷】程序左侧的【任务管理】列表框中的【已下载】选项，显示已经下载的项。

经验谈

如果迅雷是系统默认的下载工具，则直接使用单击具有下载功能的超链接，即可自动启动迅雷程序，无须右击。

10.6 收发电子邮件

电子邮件又叫 E-mail，是指通过网络发送的邮件，和传统的邮件相比，电子邮件具有方便、快捷和廉价的优点。在各种商务往来和社交活动中，电子邮件起着举足轻重的作用。

10.6.1 申请电子邮箱

要发送电子邮件，首先要有电子邮箱，目前国内的很多网站都提供了各有特色的免费邮箱服务。它们的共同特点是免费的，并能够提供一定容量的存储空间。对于不同的网站来说，申请免费电子邮箱的步骤基本上是一样的。本节以 126 免费邮箱为例，说明申请电子邮箱的方法和步骤。

【例 10-15】申请 126 免费电子邮箱。 🎬视频

01 打开 IE 浏览器，在地址栏中输入网址 "http://www.126.com"，然后按下 Enter 键，进入 126 电子邮箱的首页。

02 单击主页下方的【立即注册】按钮，打开【用户注册】页面。

03 在【用户名】文本框中输入想要使用的用户名，然后单击【检测】按钮，在弹出的邮箱地址列表中选择一个喜欢的邮箱地址。

04 在【密码】和【再次输入密码】文本框中输入邮箱的登录密码，在【密码保护问题】下拉列表框中选择一个问题，在【密码保护问题答案】文本框中设置问题的答案，然后选择用户的性别。

05 接下来在【出生日期】文本框中输入自己的出生年月日，在【手机号】文本框中输入自己的手机号码，在【请输入上边的字符】文本框中输入正确的字符，然后选中【我已阅读并接受"服务条款"和"隐私权保护和个人信息利用政策"】复选框。

06 填写完成后，单击【创建账号】按钮，如果资料填写无误，即可打开【您的网易邮箱 llhui1688@126.com 注册成功】的页面。

07 在该页面中显示了用户的电子邮箱地址和一些注册时的重要信息，用户应牢记这些信息，以备日后使用。

专家解读

电子邮件地址的格式为：用户名@主机域名。主机域名指的是 POP3 服务器的域名，用户名指的是用户在该 POP3 服务器上申请的电子邮件账号。例如，用户在 126 网站上申请了用户名为 llhui1688 的电子邮箱，那么该邮箱的地址就是 llhui1688@126.com。

10.6.2 登录电子邮箱

要使用电子邮箱发送电子邮件，首先要登录电子邮箱。用户只需输入用户名和密码，然后按下 Enter 键即可登入电子邮箱。

【例 10-16】登录电子邮箱。视频

01 打开 IE 浏览器，在地址栏中输入网址"http://www.126.com"，然后按下 Enter 键，进入 126 电子邮箱的首页。

02 在【用户名】文本框中输入"llhui1688"，在【密码】文本框中输入邮箱的密码。

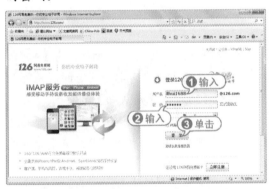

03 输入完成后，按下 Enter 键或者单击【登录】按钮，即可登入邮箱。

10.6.3 阅读与回复电子邮件

登录电子邮箱后，如果邮箱中有邮件，就可以阅读电子邮件了。如果想要给发信人回复邮件，直接单击【回复】按钮就可以了。

电子邮箱第一次登录时，邮箱里会有一封系统发送的欢迎使用的邮件，下面就以该邮件为例来说明如何阅读和回复电子邮件。

【例 10-17】阅读电子邮件并回复。视频

01 电子邮箱登录成功后，如果邮箱中有新邮件，则系统会在邮箱的主界面中给予用户提示，同时在界面左侧的【收件箱】按钮后面会显示新邮件的数量。

02 单击【收件箱】按钮，将打开邮件列表，在该列表中单击新邮件的名称，即可打开并阅读新邮件。

经验谈

通常在收件箱中，阅读过的邮件和新邮件的主题文本将以不同的颜色或字体显示，用户应注意区分。

03 单击邮件上方的【回复】按钮，可打开回复邮件的页面，系统会自动在【收件人】和【主题】文本框中添加收件人的地址和邮件的主题。

04 在写信区域输入要回复的内容，然后单击【发送】按钮。

05 此时系统弹出【您还没设置姓名】的提示框，这是因为新注册的邮箱资料还不完善，没有设置自己的真实姓名。

06 在下图所示的文本框中输入自己的姓名，然后单击【保存并发送】按钮，即可发送电子邮件，稍后会打开【邮件发送成功】的提示页面，完成邮件的回复。

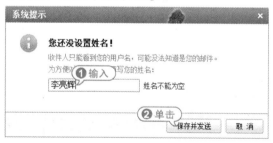

10.6.4 撰写与发送电子邮件

登录电子邮箱后，用户就可以给其他人发送电子邮件了，电子邮件分为普通的电子邮件和带有附件的电子邮件两种，本节来介绍如何发送普通的电子邮件。

【例 10-18】给用户 llhui2003@163.com 发送一封电子邮件。 视频

01 登录电子邮箱，然后单击邮箱主界面左侧的【写信】按钮，打开写信的页面。

02 在【收件人】文本框中输入收件人的电子邮件地址"llhui2003@163.com"，在【主题】文本框中输入邮件的主题，例如输入"朋友你好！"，然后在邮件内容区域输入邮件的正文，如下图所示。

专家解读

在书写邮件正文时，用户可通过正文区域上方的工具栏设置正文文本的字体。

---

03 输入完成后，单击【发送】按钮，即可发送电子邮件，稍后系统会弹出【邮件发送

成功】的提示页面。

10.6.5 发送带有附件的电子邮件

用户不仅可以发送纯文本形式的电子邮件，还可以发送带有附件的电子邮件。这个附件可以是图片、音频、视频或文件等。

【例 10-19】给用户 llhui2003@163.com 发送一份【合同】文档。🎬视频

01 登录电子邮箱，然后单击邮箱主界面左侧的【写信】按钮，打开写信的页面。

02 在【收件人】文本框中输入收件人的电子邮件地址"llhui2003@163.com"，在【主题】文本框中输入邮件的主题"产品订购合同"，在邮件内容区域输入邮件的正文。

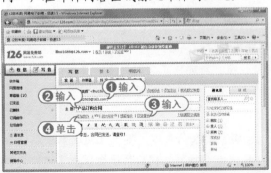

03 输入完成后，单击【添加附件】链接，打开【选择要上载的文件……】对话框。在该对话框中选择要给目标用户发送的【合同】文档，然后单击【打开】按钮，即可将该文档以附件的形式自动上传。

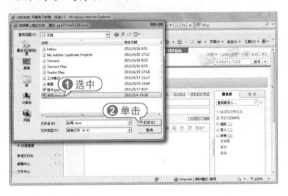

04 上传完成后，单击【发送】按钮，即可发送带有附件的电子邮件。稍后系统会弹出【邮件发送成功】的页面。

10.6.6 转发与删除电子邮件

1. 转发电子邮件

如果用户想将别人发给自己的邮件再发给别人，只需使用电子邮件的转发功能即可。

要转发电子邮件,用户可先打开该邮件,然后单击邮件上方的【转发】按钮,即可打开转发邮件的页面。

在转发页面中,邮件的主题和正文系统已自动添加,用户可根据需要对其进行修改。

修改完成后,在【收件人】文本框中输入收件人的地址,然后单击【发送】按钮,即可转发电子邮件。

2. 删除电子邮件

如果邮箱中的邮件过多,用户可将一些不重要的邮件删除,方法是在收件箱列表中,选中要删除的邮件前方的复选框,然后单击【删除】按钮即可。

使用此方法,用户可一次删除一封邮件,也可一次删除多封邮件。

10.7　即时网络通信

即时网络通信指的是通过 QQ、MSN 等即时聊天软件在互联网上和联系人进行交流的通信方式。在网络化办公中,通过这些软件可以即时地和联系人进行沟通、发送文件、发送图片以及进行语音和视频通话等。

10.7.1　使用腾讯 QQ

腾讯 QQ 是当前众多聊天软件中比较出色的一款。它支持在线聊天、视频电话、点对点断点续传文件、共享文件、网络硬盘、自定义面板和 QQ 邮箱等多种功能,是目前使用最为广泛的聊天软件之一。

1. 申请 QQ 号码

打电话需要一个电话号码,同样,要使用 QQ 聊天,首先要有一个 QQ 号,这是用户在网上聊天时对个人身份的特别标识。本节来介绍如何免费申请 QQ 号码。

【例 10-20】免费申请 QQ 号码。 📹视频

01 打开 IE 浏览器,在地址栏中输入网址 "http://zc.qq.com",然后按下 Enter 键,打开申请 QQ 号码的首页。

02 单击【网页免费申请】区域的【立即申请】按钮，打开选择账号类型的页面。

03 在该页面中单击【QQ 号码】选项，打开填写基本信息的页面。

04 在填写基本信息页面中根据提示输入自己的个人信息，在【验证码】文本框中输入页面上显示的验证码(验证码不分大小写)。

05 填写完成后，单击【确定并同意以下条款】按钮，如果申请成功，将打开【申请成功】的页面，该页面中显示的号码 1559521482 既是刚刚申请成功的 QQ 号码，单击【立即获取保护】按钮，可设置密码保护。

経験談

在申请 QQ 号码时，不一定一次就能申请成功，这是因为申请的用户比较多的缘故，因此当申请失败时，用户应多进行尝试。

2. 登录 QQ

QQ 号码申请成功后，就可以使用 QQ 了，在使用 QQ 前首先要登录 QQ。

【例 10-21】登录 QQ 号码。视频

01 双击 QQ 的启动图标，打开 QQ 的登录界面，在【账号】文本框中输入刚刚申请成功的 QQ 号码，在【密码】文本框中输入申请 QQ 时填写的密码。

02 输入完成后，按下 Enter 键或单击【登录】按钮，即可开始登录 QQ，登录成功后将显示 QQ 的主界面。

3. 设置个人资料

QQ 在申请的过程中，用户已经填写了部分资料，为了能使好友更加地了解自己，用户可在登录 QQ 后，对个人资料进行更加详细的设置。

【例 10-22】设置个人资料。视频

01 QQ 登录成功后，在 QQ 的主界面中，单击其左上角的【头像】图标，可打开【我的资料】对话框。

多资料】选项,可打开下图所示的界面,在该界面中用户可按照提示填写更多的个人资料。

02 单击【我的资料】对话框左上角的【更换头像】按钮,打开【更换头像】对话框并切换至【系统头像】选项卡,在该选项卡中用户可选择一个自己喜欢的头像。另外,用户还可在【自定义头像】选项卡中,选择一张自己电脑上的图片来作为自己的头像。

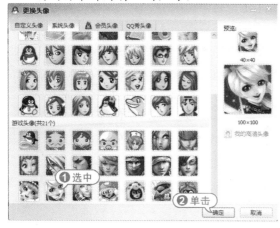

05 设置完成后,单击【确定】按钮,完成个人资料的设置。

4. 查找与添加好友

QQ 首次登录后还没有好友。要与他人聊天,需要先来添加好友。如果用户知道要添加好友的 QQ 号码,可使用精确查找的方法来查找并添加好友。

【例 10-23】添加 QQ 号码为 116381166 的用户为好友。 📹视频

01 QQ 登录成功后,单击其主界面最下方的【查找】按钮,打开【查找联系人/群/企业】对话框。

02 在【查找方式】区域选择【精确查找】单选按钮,在【账号】文本框中输入"116381166"。

03 选择完成后,单击【确定】按钮,完成头像的更改,在【我的资料】对话框的其他选项区域中,用户可根据提示设置自己的昵称、个性签名、生肖和血型等具体信息。

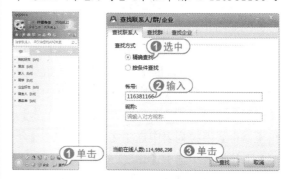

03 单击【查找】按钮,系统即可查找出账号为 116381166 的用户。

04 设置完成后,单击其左侧列表中的【更

04 选定该用户，然后单击【添加好友】按钮，弹出【添加好友】对话框，要求用户输入验证信息，输入完成后，单击【确定】按钮，即可发出添加好友的申请。

05 等对方同意验证后，就可以成功地将其加为自己的好友了。

📖 经验谈

用户还可通过昵称来查找用户，但由于QQ允许昵称重复，因此使用昵称查找并不一定能找到用户指定要找的好友。

如果用户想要添加一个陌生人，结识新朋友，可使用QQ的高级查找功能。

例如用户想要查找"江苏省南京市，年龄在16-22岁之间的女性"用户，可在【查找联系人/群/企业】对话框中选中【按条件查找】单选按钮，然后在【国家】下拉列表框中选择【中国】，在【省份】下拉列表中选中【江苏】，在【城市】下拉列表中选中【南京】，在【年龄】下拉列表中选中【16-22岁】，在【性别】下拉列表中选中【女】。

设置完成后，单击【查找】按钮，系统即可开始自动搜索符合条件的用户，并显示搜索

到的结果。

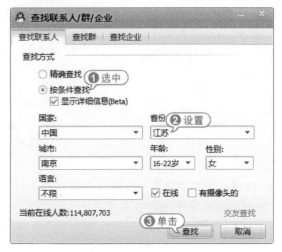

选中搜索结果中一个比较感兴趣的用户，然后单击其后面的【加为好友】超链接，在打开的【添加好友】对话框中输入验证信息，然后单击【确定】按钮，即可发送验证信息给对方。等对方通过验证后，即可将其加为好友。

📖 专家解读

另外，在添加好友时，如果对方没有设置验证信息，则可以直接将其加为好友，而无须等待验证。

5. 与好友进行文字聊天

QQ中有了好友后，就可以与好友进行聊天了。用户可在好友列表中双击对方的头像，打开聊天窗口。

在聊天窗口下方的文本区域中输入聊天的内容，然后按下Ctrl+Enter键或者单击【发送】按钮，即可将消息发送给对方，同时该消息以聊天记录的形式出现在聊天窗口上方的区域中。

对方接到消息后，若进行了回复，则回复的内容会出现在聊天窗口上方的区域中。

如果用户关闭了聊天窗口，则对方再次发来信息时，任务栏通知区域中的 QQ 图标会变成对方的头像并不断闪动，单击该头像即可打开聊天窗口并查看信息。

6. 与好友进行视频聊天

QQ 不仅支持文字聊天，还支持视频聊天，要与好友进行视频聊天，电脑必须要安装摄像头，摄像头与电脑正确的连接后，就可以与好友进行视频聊天了。

【例 10-24】 使用 QQ 与好友进行视频和语音聊天。

01 登录 QQ，然后双击好友的头像，打开聊天窗口，单击上方的【开始视频会话】按钮，给好友发送视频聊天的请求。

02 等对方接受后，双方就可以进行视频聊天了。在视频聊天的过程中，如果电脑安装了耳麦，还可同时进行语音聊天。

专家解读

默认情况下，大窗口中显示的是对方摄像头中的画面，小窗口中显示的是自己摄像头中的画面，用户可单击 按钮进行双方画面的切换。

7. 使用 QQ 传送文件

QQ 不仅可以聊天，还可以传输文件。用户可通过 QQ 把本地电脑中的资料发送给好友。

【例 10-25】通过 QQ 给好友发送一个压缩文件。📹视频

01 双击好友的头像，打开聊天窗口，单击上方的【传送文件】按钮，打开【打开】对话框。

02 在【打开】对话框中选中要传送的文件，然后单击【打开】按钮，向对方发送文件传送的请求，等待对方回应。

03 当对方接受发送文件的请求后，即可开始发送文件。

10.7.2 使用 MSN

MSN 是微软公司推出的即时消息软件，可以与亲人、朋友或工作伙伴进行文字聊天、语音对话和视频会议等即时交流。MSN 的功能与 QQ 相似，不过 MSN 与微软推出的各项网络应用结合紧密，此外国外的网络用户使用MSN 也更多些。

1. 申请 MSN 账号

与 QQ 一样，使用 MSN 前必须拥有一个属于自己的账号。

【例 10-26】申请一个专属的 MSN 账号。📹视频

01 在 IE 浏览器中访问 MSN 下载网站，网址为 www.windowslive.cn/get。下载安装后启动 MSN，单击【注册】超链接。

02 打开 MSN 账号注册页面，在其中填写相关注册信息，完成后单击页面下方的【我

接受】按钮。

03 注册完成后会自动打开该 MSN 账户的管理页面。

2. 与 MSN 好友聊天

使用新注册的账户登录 MSN，即可添加好友并与好友进行网络聊天。

【例 10-27】登录 MSN 并添加 MSN 好友，与其网络聊天。📹视频

01 打开 MSN 客户端，在其中输入 MSN账号和密码，然后单击【登录】按钮，开始登录 MSN。

02 登录 MSN 后，单击主界面右侧的【添加联系人】超链接。

　　03 在打开的对话框的文本框中，输入好友的电子邮件地址，然后单击【下一步】按钮。

　　04 在打开的对话框中选中【将此联系人添加到常用联系人】复选框。

　　05 单击【下一步】按钮，开始发送好友邀请。发送完成后，单击【关闭】按钮，等待好友接受邀请。

　　06 当好友接受邀请后，在 MSN 好友列

表中将显示好友。

　　07 在好友列表中双击好友，即可打开聊天窗口。在该窗口中用户可以和 MSN 好友进行聊天。

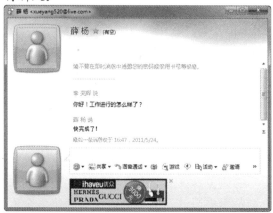

专家解读

　　在主界面中，单击自己的名字，选择【切换至紧凑模式】命令，可将 MSN 的主界面切换至旧版本的简洁模式界面。

10.8　实战演练

　　本章主要介绍了网络化办公的基础知识，包括组建办公局域网、局域网内共享资源、在 Internet 上查找和下载资源、收发电子邮件以及网络即时通信等内容。本次实战演练通过几个具体的实例来使读者巩固本章所学习的内容。

10.8.1 网络故障自动修复

　　Windows 7 系统中的网络设置与连接非常简单，在正确安装网卡并连接网线后，如果出现网络连接故障，系统会自动进行诊断并修复

出现的问题。

　　【例 10-28】使用网络故障自动修复功能修复网络故障。　视频

　　01 单击任务栏右方的网络按钮，在打开的面板中单击【打开网络和共享中心】链接，

打开【网络和共享中心】窗口。

02 如果网络连接不正常，该窗口的显示状态如下图(右)所示，单击图中的叉号，将自动进行网络诊断。

03 诊断完成后，如果能自动修复系统将会自动将故障修复，否则会打开下图(右)所示的对话框，提示用户故障的原因。

10.8.2 使用 IE 选项卡浏览网页

IE 浏览器自带了选项卡功能，可以在同一个浏览器中通过不同的选项卡来浏览多个网页，从而可以避免启动多个浏览器，节省内存占用率。

【例 10-29】使用 IE 选项卡，在浏览器中同时打开多个网页。 视频

01 启动 IE 浏览器，并访问百度首页，然后单击网站标签右侧的【新选项卡】按钮。

02 IE 浏览器即可打开一个新的选项卡，

如下图所示。

03 在新选项卡的地址栏中输入网址，按下 Enter 键，即可在该选项卡中打开网页。例如这里输入"www.sina.com.cn"，然后按 Enter 键即可在该选项卡中访问新浪首页。

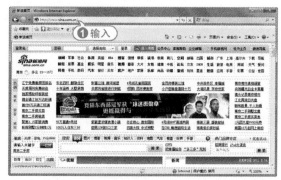

04 单击不同的选项卡，可以打开不同的网页，另外右击超链接，在弹出的快捷菜单中选择【在新选项卡中打开】命令，即可打开一个新选项卡并且打开该链接网页。

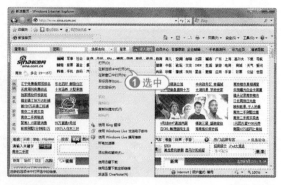

 专家解读

　　用户可将常用网站设置为 IE 游览器的主页，以方便浏览。

10.9 专家指点

一问一答

问：如何通过网络查询天气情况？

答：天气情况是人们日常生活和工作中比较关心的信息之一，用户可以通过互联网轻松地查询天气情况。打开 IE 浏览器，在地址栏中输入"weather.news.sina.com.cn"，访问新浪天气预报的首页，新浪天气会根据用户所在城市，自动显示该城市当天的天气情况，在页面下方，还将显示未来 4 天该城市的天气预报。若要查询其他城市的天气情况，则在新浪天气预报页面的左上角文本框中输入城市名称，例如这里输入"北京"，然后单击【搜索】按钮，即可在打开的页面中查看北京当天的天气情况，以及未来 4 天的天气预报。

一问一答

问：如何通过互联网招聘人才？

答：网上招聘是目前大多数企业招聘人才的重要方式之一，它的最大优点为方便快捷。招聘人员足不出户，只需通过互联网，便可发出人才需求，然后坐等有志之士前来应聘即可。目前网上的招聘网站很多，以"智联招聘"(www.zhaopin.com)为例，要发布招聘信息，需先注册一个企业用户，注册完成后，即可发布职位信息。注意，发布招聘信息是收费服务，因此在发布前要备好网上支付工具。

一问一答

问：如何通过互联网预订酒店和机票？

答：由于工作和生活的需要，有些人经常需要出差，而预订酒店和机票成为了一个大问题。随着

互联网的发展,在网上预订酒店和机票不仅可以得到较大的实惠,还可避免很多来回奔波的麻烦。"携程网"是中国领先的在线旅行服务公司,它向用户提供近千条出行和度假线路,覆盖海内外众多目的地,而且还提供酒店预订、机票预订、度假预订、商旅管理、特惠商户以及旅游资讯在内等全方位旅行服务,是用户出差旅行的好帮手。访问携程旅行网 www.ctrip.com,在其首页的【开始您的旅程】区域单击【酒店】标签,在该标签中填入要预定的酒店的基本条件,单击【搜索】按钮,可搜索出符合条件的酒店的信息,然后按照提示进行逐步预订即可。要预订机票可在携程旅行网的首页【开始您的旅程】区域单击【机票】标签,设置预订的机票信息,单击【搜索】按钮,可搜索出符合条件的机票信息,然后可按照提示逐步进行预订。

一问一答

问: 我平时的电子邮件往来比较频繁,如何能方便快捷地管理这些邮件?

答: 用户在收发电子邮件时,除了可以直接登录自己的电子邮箱外,还可以使用专业的电子邮件管理程序。Foxmail 就是一款出色的电子邮件管理软件,它不仅支持电子邮件的全部功能,而且可以同时管理多个不用电子邮箱中的邮件。要使用 Foxmail,可到网站 fox.foxmail.com.cn 下载其安装程序。下载并安装完成后,首次运行 Foxmail 时系统会提示用户建立一个新的电子邮件账户,建立完成后自动转向 Foxmail 的主界面,选中左侧列表中的电子邮件账户,然后单击【收取】按钮,即可同步电子邮箱中的邮件。单击邮件的标题,即可在 Foxmail 的主界面下方查看邮件的正文内容。双击邮件的标题,可在打开的新窗口中查看邮件的正文内容。另外,选择【邮箱】|【新建邮箱账户】命令,可添加一个新的邮箱账户。

第11章

常用办公软件

在日常办公中经常要用到一些工具软件，以满足各种不同的需求，例如要压缩或解压缩文件就要使用到 WinRAR，要查看图片就要使用图片查看软件，要截取屏幕就要使用到截图软件等。本章就来介绍这些常用的办公软件的基本使用方法。

11.1 压缩与解压缩软件——WinRAR

在使用电脑办公的过程中，经常会碰到一些体积比较大的文件或者是比较零碎的文件，这些文件放在电脑中会占据比较大的空间，也不利于电脑中文件的整理。此时用户可以使用 WinRAR 将这些文件压缩，以方便管理和查看。

11.1.1 安装 WinRAR

WinRAR 是目前最流行的一款文件压缩软件，其界面友好，使用方便，能够创建自释放文件，修复损坏的压缩文件，支持加密功能。目前网上下载的大部分软件都是使用 WinRAR 压缩过的文件。

要想使用 WinRAR，就先要安装该软件，WinRAR 的安装文件，用户可到网上下载，下载地址为 http://www.skycn.com/soft/3475.html。

【例 11-1】在 Windows 7 操作系统中安装压缩与解压缩软件 WinRAR。📹视频

01 双击 WinRAR 的安装文件图标📁，打开下图(右)所示的界面，在【目标文件夹】下拉列表框中，可设置软件的安装路径(本例保持默认设置)。

02 设置完成后，单击【安装】按钮，开始安装 WinRAR。

03 安装完成后，弹出【WinRAR 简体中文版安装】对话框，要求用户对 WinRAR 做一些基本设置。如果用户对这些设置不熟悉，保持默认选项并单击【确定】按钮即可。

04 随后打开安装成功的对话框，单击【完成】按钮，完成 WinRAR 的安装。

05 WinRAR 安装完成后，就可以使用它来压缩或解压缩文件了。

11.1.2 压缩文件

使用 WinRAR 压缩软件有两种方法，一种是通过 WinRAR 的主界面来压缩，另一种是直接使用右键快捷菜单来压缩。

1. 通过 WinRAR 的主界面压缩文件

【例 11-2】使用 WinRAR 将多个文件压缩成一个。📹视频

01 选择【开始】|【所有程序】|WinRAR|WinRAR 命令，打开 WinRAR 程序的主界面，如下图所示。

02 单击【路径】文本框最右侧的 ∨ 按钮，选择要压缩的文件夹的路径，然后在下面的列表中选中要压缩的多个文件。

03 单击工具栏中的【添加】按钮，打开【压缩文件名和参数】对话框。在【压缩文件名】文本框中输入"我的创意"，然后单击【确定】按钮，即可开始压缩文件。

04 压缩完成后，压缩后的文件将默认和源文件存放在同一目录下。

专家解读

在【压缩文件名和参数】对话框的【常规】选项卡中有【压缩文件名】、【压缩方式】、【压缩分卷大小、字节】、【更新方式】和【压缩选项】几个选项区域，它们的含义分别如下。

【压缩文件名】：单击【浏览】按钮，可选择一个已经存在的压缩文件，此时WinRAR会将新添加的文件压缩到这个已经存在的压缩文件中，另外，用户还可输入新的压缩文件名。

【压缩文件格式】：选择 RAR 格式可得到较大的压缩率，选择 ZIP 格式可得到较快压缩速度。

【压缩方式】：选择标准选项即可。

【压缩分卷大小、字节】：当把一个较大的文件分成几部分来压缩时，可在这里指定每一部分文件的大小。

【更新方式】：选择压缩文件的更新方式。

【压缩选项】：可进行多项选择，例如压缩完成后是否删除源文件等。

2. 通过右键快捷菜单压缩文件

WinRAR 成功安装后，系统会自动在右键快捷菜单中添加压缩和解压缩文件的命令，以

方便用户使用。

【例 11-3】使用右键快捷菜单将多幅图片压缩为一个压缩文件，并命名为【精美图片】。

01 打开要压缩的图片所在的文件夹，按下 Ctrl+A 键选中这些图片，然后在选中的图片上右击，选择【添加到压缩文件】命令。

02 在打开的【压缩文件名和参数】对话框中输入"精美图片"，然后单击【确定】按钮，即可开始压缩文件。

03 文件压缩完成后，仍然默认和源文件存放在同一目录中。

11.1.3 解压文件

压缩文件必须要解压才能查看，要解压文件，用户可采用以下几种方法。

1. 通过 WinRAR 的主界面解压文件

启动 WinRAR，选择【文件】|【打开压缩文件】命令，打开【查找压缩文件】对话框。

选择要解压的文件，然后单击【打开】按钮，即可将选定的文件解压，并将解压的结果显示在 WinRAR 主界面的文件列表中。

另外，通过 WinRAR 的主界面还可将压缩文件解压到指定的文件夹中。方法是单击【路径】文本框最右侧的 ∨ 按钮，选择压缩文件的路径，并在下面的列表中选中要解压的文件。然后单击【解压到】按钮，打开【解压路径和选项】对话框，在【目标路径】下拉列表框中进行适当的设置后，单击【确定】按钮，即可将该压缩文件解压到指定的文件夹中。

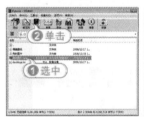

2. 直接双击压缩文件进行解压

直接双击压缩文件，可打开 WinRAR 的主界面，同时该压缩文件会被自动解压，并将解压后的文件显示在 WinRAR 主界面的文件列表中。

3. 使用右键快捷菜单解压文件

直接右击要解压的文件，在弹出的快捷菜单中有【解压文件】、【解压到当前文件夹】

和【解压到……】3 个相关命令可供选择，它们的具体功能如下。

- 选择【解压文件】命令，可打开【解压路径和选项】对话框，在该对话框中，用户可对解压后文件的具体参数进行设置，例如【目标路径】、【更新方式】等。设置完成后，单击【确定】按钮，即可开始解压文件。

- 选择【解压到当前文件夹】命令，系统将按照默认设置，将该压缩文件解压到当前目录中。

- 选择【解压到……】命令，可将压缩文件解压到当前目录中，并将解压后的文件保存在和压缩文件同名的文件夹中。

11.1.4 管理压缩文件

在创建压缩文件时，用户可能会遗漏所要压缩的文件或添加无须压缩的文件，这时可以使用 WinRAR 管理文件，无须重新进行压缩操作，只需要在原有的已压缩好的文件里添加或删除即可。

【例 11-4】在创建好的压缩文件中添加新的文件。

视频

01 双击压缩文件，打开 WinRAR 窗口，单击【添加】按钮。

02 打开【请选择要添加的文件】对话框，选择所需添加到压缩文件中的图片，然后单击【确定】按钮，打开【压缩文件名和参数】对话框。

03 继续单击【确定】按钮，即可将文件添加到压缩文件中。

04 如果要删除压缩文件中的文件，在WinRAR 窗口中选中要删除的文件，单击【删除】按钮，即可删除。

11.2 看图软件——ACDSee

用户要查看电脑中的图片，就要使用图片查看软件。ACDSee 是一款非常好用的图像查看处理软件，它被广泛地应用在图像获取、管理以及优化等各个方面。另外，使用软件内置的图片编辑工具可以轻松处理各类数码图片。

11.2.1 浏览图片

ACDSee 提供了多种查看方式供用户浏览图片，用户在安装 ACDSee 软件后，双击桌面上的软件图标启动软件，即可启动 ACDSee，如下图所示为 ACDSee 的主界面。

专家解读

目前 ACDSee 的最新版本为 ACDSee Photo Manager 12，简称 ACDSee 12。它完全采用了最新兼容 Windows 7 的架构，在Windows 7 下的显示效果非常令人满意，无论是窗口还是对话框，都表现得非常协调。

在界面左侧的【文件夹】列表中选择图片的存放位置，然后双击某幅图片的缩略图，即可查看该图片。

【例 11-5】使用 ACDSee 浏览图片库中【精美图片】文件夹中的【汽车】图片。 🎬视频

01 启动 ACDSee，在其主界面左侧的【文件夹】列表中依次展开【桌面】|【库】|【图片】|【我的图片】|【精美图片】选项。

02 此时在软件主界面中间的文件区域，将显示【精美图片】文件夹中的所有图片，如下图所示。

03 双击其中的【汽车】图片，即可放大查看该图片。

11.2.2 编辑图片

使用 ACDSee 不仅能够浏览图片，还可以对图片进行简单的编辑，本节通过具体实例来介绍使用 ACDSee 编辑图片的方法。

【例 11-6】使用 ACDSee 对 D 盘【壁纸】文件夹中的【雪景】图片进行编辑。📹视频

01 启动 ACDSee，在其主界面左侧的【文件夹】列表中依次展开【桌面】|【计算机】|【本地磁盘(D:)】|【壁纸】选项。

02 双击名为【雪景】的图片，打开图片查看窗口。

03 单击图片查看窗口右上方的【编辑】按钮，打开图片编辑面板。

04 单击左侧的【曝光】选项，打开【曝光】的参数设置面板

05 在【预设值】下拉列表框中选择【提高对比度】选项，然后拖动其下方的【曝光】、【对比度】和【填充光线】滑块，可调整曝光的各项参数值。

06 设置完成后，单击【完成】按钮，返回图片管理器窗口。

07 单击左侧工具条中的【裁剪】按钮，可打开【裁剪】面板。

08 在该窗口的右侧，用户可拖动图片显示区域的 8 个控制点来选择图像的裁剪范围。选择完成后，单击【完成】按钮，完成图片的裁剪，如下图所示。

09 图片编辑完成后，单击【保存】按钮，即可对图片进行保存。

11.2.3 批量重命名图片

如果用户需要一次对大量的图片进行统一的命名,可以使用 ACDSee 的批量重命名功能快速重命名一个系列图片的名称。

【例 11-7】使用 ACDSee 对图片库中【精美图片】文件夹中的所有图片进行统一的命名。🎬视频

01 启动 ACDSee,在其主界面左侧的【文件夹】列表中依次展开【桌面】|【库】|【图片】|【我的图片】|【精美图片】选项。

02 此时在软件主界面中间的文件区域,将显示【精美图片】文件夹中的所有图片。

03 按 Ctrl+A 组合键,选定该文件夹中的所有图片,然后选择【工具】|【批处理】|【重命名】命令,打开【批量重命名】对话框。

04 选中【使用模板重命名文件】复选框,在【模板】文本框中输入新图片的名称"我的壁纸###";选中【使用数字替换#】单选按钮,在【定值】微调框中设置数值为 1,此时在【预览】列表框中将会显示重命名前后的图片名称,如下图所示。

05 设置完成后,单击【开始重命名】命

令,系统开始批量重命名图片。

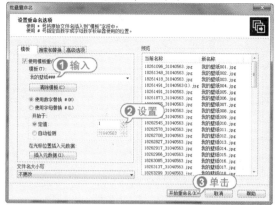

06 命名完成后打开【正在重命名文件】对话框,单击【完成】按钮,完成图片的批量重命名。

07 重命名后图片的效果如下图所示,其中系统自动以序号代替【模板】文本框中的"###"。

11.3 截图软件——HyperSnap

在日常办公中,经常需要截取电脑屏幕上显示的图片,并且将其放入到文档中。这时,使用专业的 HyperSnap 截图软件,可以非常方便地截取图片。

11.3.1 认识 HyperSnap

HyperSnap 是一个屏幕截图工具,它不仅

能截标准的桌面程序,还能截取 DirectX、3Dfx Glide 游戏和视频或 DVD 屏幕图,另外它还能以 20 多种图形格式(包括 BMP、GIF、JPEG、

TIFF 和 PCX)保存图片。要使用 HyperSnap 截图，需要先下载和安装 HyperSnap。

HyperSnap 下载并安装完成后，启动软件，其界面如下图所示。

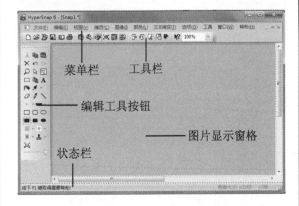

菜单栏　　工具栏

编辑工具按钮

图片显示窗格

状态栏

- 菜单和工具栏：集成了软件的常用命令和截图时的常用按钮。
- 图片显示窗格：用于显示所截取的图片效果。
- 编辑工具按钮：用于编辑、选择和修改图片。
- 状态栏：显示帮助信息以及所截取的图片的大小。

11.3.2 设置截图热键

在使用 HyperSnap 截图之前，用户首先需要配置屏幕捕捉热键，通过热键可以方便地调用 HyperSnap 的各种截图功能，从而更有效地进行截图。

【例 11-8】配置 HyperSnap 中的屏幕捕捉热键。
　📹视频

01 启动 HyperSnap，然后选择【捕捉】|【配置热键】命令。

02 打开【屏幕捕捉热键】对话框，在【捕捉窗口】功能左侧的文本框中单击鼠标，然后直接按下 F2 键，设置该功能的捕捉热键为 F2，如右上图所示。

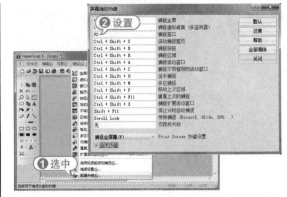

①选中

②设置

03 使用同样的方法，设置【捕捉按钮】功能的热键为 F3，【捕捉区域】的热键为 F6，然后选中底部的【启用热键】复选框。

04 单击【关闭】按钮，完成热键的设置。在配置热键的过程中，如果想恢复到初始热键配置，可以单击右侧的【默认】按钮，即可快速恢复为默认热键配置。

①设置

②单击

📖 专家解读

热键配置完成后，需单击【关闭】按钮，方可保存设置并使设置生效，如果直接单击【屏幕捕捉热键】对话框右上角的关闭按钮 ✖️，将可能会使设置失效。

11.3.3 截取图片

热键设置完成后，就可以使用 HyperSnap 来截图了。使用 HyperSnap 的各种截图功能，用户可以轻松地截取屏幕上的不同部分，例如截取全屏、截取窗口、截取对话框、截取某个按钮或截取某个区域等。

【例 11-9】使用 HyperSnap 截取【资源管理器】窗口。 ▷视频

⬛①① 启动 HyperSnap，并将其最小化，然后单击快速启动栏中的【Windows 资源管理器】图标，启动资源管理器。

⬛②② 按下【捕捉窗口】功能对应的热键 F2，然后将光标移动至【资源管理器】窗口的边缘，当整个窗口四周显示闪烁的黑色边框时，按下鼠标左键，即可截取该窗口。

⬛③③ 截取成功后，截取的图片显示在

HyperSnap 中，如下图所示，单击工具栏中的复制按钮，可复制图片。

11.4 PDF 文档阅读——Adobe Reader

PDF 全称 Portable Document Format，译为可移植文档格式，是一种电子文件格式。要阅读该种格式的文档，需要特有的阅读工具，即 Adobe Reader。Adobe Reader(也称为 Acrobat Reader)是美国 Adobe 公司开发的一款优秀的 PDF 文档阅读软件，除了可以完成电子书的阅读外，还增加了朗读、阅读 eBook 及管理 PDF 文档等多种功能。

11.4.1 认识 Adobe Reader

在 Adobe Reader 中选择【文件】|【打开】命令，然后双击要打开的 PDF 文档，可打开并阅读该 PDF 文档。文档打开后，在窗口顶部的工具按钮变为可用状态，如下图所示，其中常用按钮的作用如下。

打印按钮 翻页按钮 放大或缩小倍数按钮

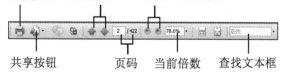

共享按钮　　页码　当前倍数　查找文本框

- 打印按钮：单击此按钮，可在打开的对话框中设置打印的内容所包括的

范围。

- 翻页按钮：单击向上的箭头，向上翻一页，单击向下的箭头，向下翻一页。
- 页码：左边显示当前文档的页码，右边显示当前文档的总页码。
- 放大或缩小倍数按钮：单击减号按钮，缩小 PDF 文档的显示倍数；单击加号按钮，增加 PDF 文档的显示倍数。
- 当前倍数：文档当前显示的倍数。
- 查找文本框：类似于 Word 中的查找功能，可查找文档中特定的内容。

11.4.2 阅读 PDF 电子书

安装 Adobe Reader 后，PDF 格式的文档

会自动通过 Adobe Reader 打开。另外，用户还可通过【文件】菜单来打开和阅读 PDF 文档。

启动 Adobe Reader，选择【文件】|【打开】命令，打开【打开】对话框。

在【打开】对话框中选择一个 PDF 文档，如下图所示。

单击【打开】按钮，即可打开该文档。用户可在文档中右击，选择【手形工具】命令，使用手形工具拖动和阅读文档。

11.4.3 选择和复制文档中的文字

PDF 中的文字用户可将其复制下来，以方便用作其他用途。要复制 PDF 中的文字，用户可在文档中右击，选择【选择工具】，然后拖动鼠标选中要复制的文字，再在选定的文字上右击，然后选择【复制】命令，即可将选定

文字复制到剪贴板中，如下图所示。

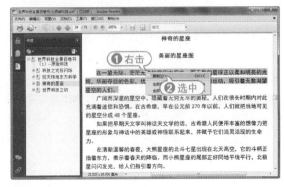

某些 PDF 文档被作者加密，其中的文字无法使用本节介绍的方法来复制，此时用户可使用专门的 PDF 转换工具。

11.4.4 选择和复制文档中的图片

许多 PDF 文档中都包含有精美的图片，如果想要得到这些图片，可在 Adobe Reader 中直接复制出来。首先在文档中右击鼠标，选择【选择工具】。

然后单击选中要保存的图片，再在该图片中右击，选择【复制图像】命令，即可将图片复制到剪贴板中。此时用户可打开另一程序 (例如 Windows 7 自带的【画图】程序)，使用【粘贴】命令，即可将复制的图像保存在新的文档中。

另外，使用 11.3 节中介绍的截图软件 HyperSnap 的【捕捉区域】功能，也可轻松地截取 PDF 文档中的图片并将其保存。

11.5 翻译软件——金山词霸

在实际办公中，为了准确理解外文资料的含义或者将文件中的语言翻译成为需要的语言，就需要借助于专业的翻译软件。金山词霸是目前最流行的英语翻译软件之一，该软件可以实现中英文互译、单词发声、屏幕取词、定时更新词库以及生词本提供辅助学习等功能，是电脑用户不可多得的实用软件。

11.5.1 查询中英文单词

金山词霸的主界面，如下图所示。在窗口上方的【查一下】文本框中输入要查询的英文单词，例如 apple，系统即可自动显示 apple 的汉语意思和与 apple 相关的词语。

若在【查一下】文本框中输入汉字"文件"，则系统会自动显示"文件"的英文单词和与"文件"相关的汉语词组，如下图所示。单击【查一下】按钮，可显示更为详细的词语释义。

单击【句库】按钮，可显示与查询的单词相关的中英文例句；单击【翻译】按钮，可打开翻译界面，在该界面中，用户可进行中英文互译。

11.5.2 使用屏幕取词功能

金山词霸的屏幕取词功能是非常人性化的一个附加功能，只要将鼠标光标指向屏幕中任何中、英字词时，金山词霸会出现浮动的取词条，用户可以方便地看到单词的音标、注释等相关内容。屏幕取词窗口如下图所示。

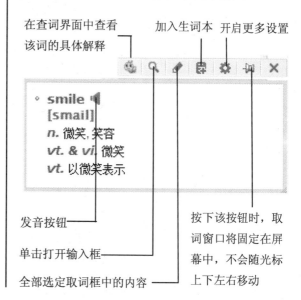

在查词界面中查看该词的具体解释　加入生词本　开启更多设置

发音按钮

单击打开输入框

全部选定取词框中的内容

按下该按钮时，取词窗口将固定在屏幕中，不会随光标上下左右移动

其中，单击【发音】按钮，金山词霸会自动读出当前显示的单词；单击铅笔形状的按钮，可以全部选定取词框中的内容，以方便拷贝；单击 按钮，可将取词框固定在某个位置，不随光标的移动而移动。

如果用户不小心关闭了屏幕取词功能，可在软件主界面的右下角单击【取词】按钮，可重新开启屏幕取词功能，如右图所示分别显示

了取词功能处于关闭和打开状态时，任务栏中金山词霸图标的显示方式。

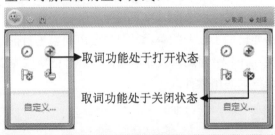

11.6 光盘刻录软件——Nero

在日常工作中经常需要将一些重要资料刻录成光盘，以方便保存或者邮寄，此时就需要用到光盘刻录软件。Nero Burning ROM 是一款非常实用的光盘刻录软件，可以实现在 CD 或 DVD 上存储数据、音乐和视频文件等功能，是刻录光盘的好帮手。

要刻录光盘，首先要有刻录机，将一张可读写的空白光盘放入刻录机后，启动 Nero 软件，就可以开始刻录光盘了。

【例 11-10】使用 Nero 将 E 盘【网站资料】文件夹中的内容刻录到光盘中。 视频

01 启动 Nero，将自动打开【新编辑】对话框，或者用户可在打开的 Nero 主界面中单击【新建】按钮，打开【新编辑】对话框。

02 在【新编辑】对话框左上角的下拉列表框中选中 DVD 选项，其余保持默认。

03 单击【标签】标签，打开【标签】选项卡，在【自动】区域的【光盘名称】文本框中输入光盘的名称"网站资料"。

04 单击【添加日期】按钮，打开【日期】对话框，然后选中【使用当前日期】单选按钮。

05 单击【确定】按钮，关闭【日期】对

话框，完成日期的添加。

06 返回【新编辑】对话框，然后单击对话框下方的【新建】按钮，返回 Nero Burning ROM 的主界面。在右侧的浏览框中选中需要刻录的文件，然后将选中的文件拖至界面中间的【名称】选项组中，如下图所示。

07 文件全部拖动完成后，单击【刻录】按钮，打开【刻录编译】对话框，在【写入方式】下拉列表框中选择刻录方式。

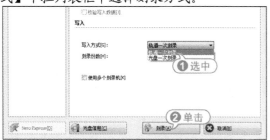

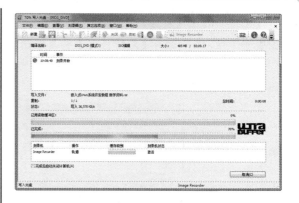

08 设置完成后，单击【刻录】按钮，开始刻录，同时在窗口中显示了刻录进度。

09 刻录完成后，打开【刻录完毕】对话框，单击【确定】按钮，完成刻录。

经验谈

使用 Nero 还可以创建各种类型的音乐 CD、DVD 影碟光盘，可包含多种音频格式。

11.7 虚拟光驱软件——Daemon Tools

许多用户都有这样的经历，在网上辛辛苦苦下载下来的软件或游戏，由于发布者将其制成了 ISO 或者 CCD 等镜像格式，而无法打开。其实用户只要安装了虚拟光驱软件，就可以轻松地解决这个问题了。本章来介绍一款好用的虚拟光驱软件——精灵虚拟光驱。

11.7.1 下载和安装精灵虚拟光驱

打开 IE 浏览器，访问网址 www.skycn.com/soft/2345.html。拖动右方的滚动条，找到下载链接，然后选择一个合适的站点，单击即可开始下载。

下载完成后，双击其安装程序，即可开始安装精灵虚拟光驱。

【例 11-11】安装精灵虚拟光驱。视频

01 双击精灵虚拟光驱的安装程序，打开欢迎使用界面。

02 单击【下一步】按钮，打开【许可协议】对话框。

247

03 单击【我同意】按钮，打开【许可类型】对话框，本例选择【免费许可】单选按钮。

04 单击【下一步】按钮，打开【选择组件】对话框，在该对话框中保持默认设置。

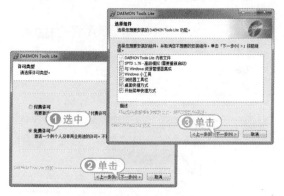

05 单击【下一步】按钮，打开【选择安装位置】对话框，单击【浏览】按钮，可以选择文件安装的位置，本例保持默认设置。

06 单击【安装】按钮，开始安装软件并显示安装进度。

07 安装进度结束后，提示用户是否安装精灵虚拟光驱的桌面小工具，用户可根据自身喜好进行选择，本例选择【不安装】。

08 在接下来打开的对话框中单击【完成】按钮，完成精灵虚拟光驱的安装。

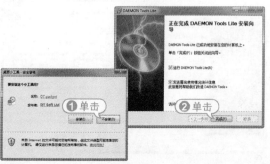

11.7.2 装载光盘映像

精灵虚拟光驱安装完成后，就可以使用它来打开 ISO 类型的文件了。

【例 11-12】装载光盘映像。　　视频

01 双击精灵虚拟光驱的启动文件，启动精灵虚拟光驱。

02 单击【添加】按钮，打开【打开】对话框，选择一个光盘映像文件，然后单击【打开】按钮，将该文件添加到精灵虚拟光驱主界面的【映像目录】中。

03 选择刚刚添加的文件，然后单击【载入】按钮，即可开始读取该映像文件。

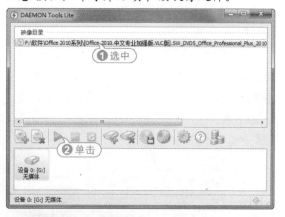

专家解读

双击【设备 0 无媒体】按钮，选择虚拟光盘文件后，可直接装载和读取该文件。

04 单击打开的【自动播放】对话框中的

EXE 文件，即可打开虚拟光驱文件。

11.8 文件夹加密超级大师

有些机密的文件，如果不想被别人看到，可是使用数据加密技术将其加密。数据加密是对信息及数据进行加密并保护，可以提高数据的安全性和保密性，从而防止数据被外部窃取。使用数据加密软件不仅可对文件和文件夹加密，还能防止文件和文件夹被删除。

11.8.1 启动文件夹加密超级大师

文件夹加密超级大师是一款专业的文件及文件夹加密软件。对于电脑中的一些机密文件，可以使用该软件加密文件或文件夹，避免其他用户查看这些文件夹。文件夹加密超级大师可以加密任何文件，它采用独特的加密算法，使被加密的文件难以破解。

安装文件夹加密超级大师软件后，选择【开始】|【所有程序】|【文件夹加密超级大师】|【文件夹超级加密大师】命令，启动软件。

文件夹加密超级大师界面主要由标题栏、工具栏和任务列表框组成。用户可以通过单击工具栏中的按钮，进行文件和文件夹的加密、

解密等操作。

11.8.2 加密文件

文件夹加密超级大师采用了独特的加密算法，根据用户输入的密码，对数据加密，输入的密码不同，被加密的文件也会不同，这样使得被加密的文件难以破解。

【例 11-13】使用文件夹加密超级大师加密文件。 视频

01 启动【文件夹加密超级大师】应用程序。单击工具栏上的【文件加密】按钮，打开【打开】对话框。

02 选择要加密的文件，然后单击【打开】

按钮。

03 打开【提示】对话框，然后单击【我知道了】按钮。

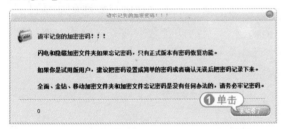

04 打开【加密】对话框，输入加密密码，并选中【金钻加密】选项，然后单击【加密】按钮。

05 此时软件开始对文件进行加密，并且显示加密进度。

06 加密完成后，在主界面中显示加密文

件的名称及路径。打开文件所在的路径，用户可看到已经加密的文件。

11.8.3 解密文件

如果要查看加密后的文件或文件夹，必须对其进行解密操作。使用文件夹加密超级大师解密文件和文件夹的方法与加密文件的方法相似。

【例 11-14】使用文件夹加密超级大师进行解密文件操作。 视频

01 打开加密文件所在路径，双击【员工信息表】文件。

02 打开【请输入密码】对话框，输入密码，然后单击【解密】按钮。

03 此时即可对文件进行解密操作，并显示解密进度，解密成功后，双击该文件，即可打开并查看文件内容。

11.9 实战演练

本章主要介绍了在日常办公中常见的办公软件的使用方法，本次实战演练通过几个具体的实

例来使读者巩固本章所学的内容。

11.9.1 为压缩文件添加密码

对于一些不想让别人看到的文件，用户可将其压缩并进行加密，其他用户要想查看必须要输入正确的密码才行。下面以加密【客户资料】文件夹为例来介绍压缩文件的加密方法。

【例 11-15】将【客户资料】文件夹压缩为同名文件，并进行加密。 视频

01 右击【客户资料】文件夹，在弹出的快捷菜单中选择【添加到压缩文件】命令，打开【压缩文件名和参数】对话框。

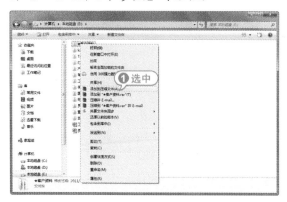

02 切换至【高级】选项卡，然后单击【设置密码】按钮，打开【带密码压缩】对话框。

03 在相应的文本框中输入两次密码，然后选中【加密文件名】复选框。单击【确定】按钮，返回【压缩文件名和参数】对话框，再次单击【确定】按钮，开始压缩文件。

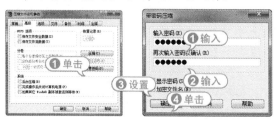

04 文件压缩完成后，当要查看此压缩文件时，系统会弹出【输入密码】对话框，用户必须输入正确的密码，才能查看文件。

11.9.2 使用光影魔术手裁剪图片

光影魔术手是一款非常好用的照片画质改善和个性化处理的软件，它不需要用户具有非常专业的知识，只要懂得操作电脑，就能够将一张普通的照片轻松 DIY 出具有专业水准的效果。本次实战演练来介绍如何裁剪图片。

【例 11-16】使用光影魔术手裁剪图片。 视频

01 启动光影魔术手，选择【文件】|【打开】命令，打开【打开】对话框，选择所需裁剪的图片，单击【打开】按钮，打开图片。

02 单击菜单栏下方工具栏中的【裁剪】按钮，打开【裁剪】对话框。

03 选中【自由裁减】单选按钮，单击【矩形选择工具】按钮。

04 将鼠标移至照片上，当光标显示为十字形状时，按下鼠标左键在图片上拖动出一个矩形选框，框选需要截取的部分，然后松开鼠标左键，此时被截取的部分周围将有虚线显示，而其他部分将会以羽化状态显示。

05 单击【确定】按钮，裁剪照片，返回主界面，显示裁剪后的图像。

06 选择【文件】|【另存】命令，保存文件为【梦幻小屋】。

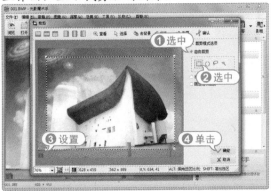

11.10 专家指点

┨ 一问一答 ┠

问： 文件夹中的图片有很多重复，如何能快速找到并清除这些多余的图片呢？

答： ACDSee 提供了强大的查找重复图片的功能，在其主界面中选择【工具】|【查找重复】命令，可打开【重复查找器】对话框，在该对话框中添加要查找重复图片的文件夹，然后按照提示逐步操作，即可找到重复的图片，并能将这些重复的图片一起删除。

┨ 一问一答 ┠

问： 有时候需要计算一些数据，在电脑上可以计算吗？

答： Windows 7 操作系统自带了一个非常强大的计算器软件，使用它不仅可以进行常规的加减乘除运算，还能进行复杂的科学计算。选择【开始】|【所有程序】|【附件】|【计算器】命令，即可启动默认的标准型计算器，在标准型计算器中选择【查看】|【科学型】命令，可将计算器切换为科学型。单击计算器上的按钮，即可进行运算。

03 单击【扫描】按钮右侧的倒三角按钮，会弹出 3 个选项供用户选择，分别是【快速扫描】、【完全扫描】和【自定义扫描】。

这 3 种扫描方式的含义如下。

- 【快速扫描】：仅针对所在的分区进行扫描。

- 【完整扫描】：对所有的硬盘分区和当前与计算机连接的移动存储设备进行扫描，该种方式扫描速度较慢。

- 【自定义扫描】：用户可自定义扫描的磁盘分区和文件夹。

04 这里选择【自定义扫描】选项，打开【扫描选项】对话框，单击【选择】按钮打开 Windows Defender 对话框。

05 在该对话框中选择要进行扫描的磁盘分区或文件夹。

06 选择完成后，单击【确定】按钮返回【扫描选项】对话框，单击【立即扫描】按钮，开始对自定义的位置进行扫描。

12.3 维护上网安全——360 安全卫士

用户在上网查资料时，经常会遭到一些流氓软件和恶意插件的威胁。360 安全卫士是目前国内比较受欢迎的一款免费的上网安全软件，它具有木马查杀、恶意软件清理、漏洞补丁修复、电脑全面体检、垃圾和痕迹清理等多种功能，是保护用户上网安全的好帮手。

12.3.1 对电脑进行体检

当启动 360 安全卫士时，软件会自动对系统进行检测，包括系统漏洞、软件漏洞和软件的新版本等内容，如下图所示。

检测完成后将显示检测的结果，其中显示了检测到的不安全因素，如下图所示。

正在对电脑进行体检

用户若想对某个不安全选项进行处理，可

257

单击该选项后面对应的按钮，然后按照提示逐步操作即可。

12.3.2 查杀流行木马

木马(Trojan house)这个名称来源于古希腊传说，它指的是一段特定的程序(即木马程序)，控制者可以使用该程序来控制另一台电脑，从而窃取被控制计算机的重要数据信息。360 安全卫士采用了新的木马查杀引擎，应用了云安全技术，能够更有效查杀木马，保护系统安全。

【例 12-4】使用 360 安全卫士查杀流行木马。

视频

01 启动 360 安全卫士，在其主界面中单击【查杀木马】标签，打开【查杀木马】界面。

02 在该界面中单击【全盘扫描】命令，软件开始对系统进行全面的扫描。

03 在扫描的过程中，软件会显示扫描的文件数和检测到的木马。其中检测到木马的选项，将以红色字体显示。

04 对于扫描到的木马，要想删除的话，可先将其选中，然后单击【立即处理】按钮，360 安全卫士即可开始删除这些木马程序。删除完成

后，按照提示重新启动电脑即可。

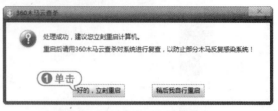

12.3.3 清理恶评插件

恶评插件又叫"流氓软件"，是介于电脑病毒与正规软件之间的软件，这种软件主要包括通过 Internet 发布的一些广告软件、间谍软件、浏览器劫持软件、行为记录软件和恶意共享软件等。流氓软件虽然不会像电脑病毒一样影响电脑系统的稳定和安全，但也不会像正常软件一样为用户使用电脑工作和娱乐提供方便，它会在用户上网时偷偷安装在用户的电脑上，然后在电脑中强制运行一些它所指定的命令，例如频繁地打开一些广告网页，在 IE 浏览器的工具栏上安装与浏览器功能不符的广告图标，或者对用户的浏览器设置进行篡改，使用户在使用浏览器上网时被强行引导访问一些商业网站。

【例 12-5】使用 360 安全卫士清理恶评插件。

视频

01 启动 360 安全卫士，单击其主界面中的【清理插件】标签，打开【清理插件】选项卡，单击【开始扫描】按钮，软件开始自动扫描电脑中的插件。

02 扫描结束后，将显示扫描的结果，如果用户想要删除某个插件，可选定该插件前方的复

选框，然后单击【立即清理】按钮，即可将其删除，如下图所示。删除完成后，按照提示重新启动电脑即可。

12.3.4　清理垃圾文件

Windows 系统运行一段时间后，在系统和应用程序运行过程中，会产生许多垃圾文件，它包括应用程序在运行过程中产生的临时文件，安装各种各样的程序时产生的安装文件等。电脑使用得越久，垃圾文件就会越多，如果长时间不清理，垃圾文件数量越来越庞大，就会产生大量的磁盘碎片，这不仅会使文件的读写速度变慢，还会影响硬盘的使用寿命。所以用户需要定期清理磁盘中的垃圾文件。

【例 12-6】使用 360 安全卫士清理垃圾文件。
视频

01 启动 360 安全卫士，单击其主界面中的【清理垃圾】按钮，打开【清理垃圾】界面。

02 在该界面中用户可设置要清理的垃圾文件的类型，然后单击【开始扫描】按钮，软件开始自动扫描系统中指定类型的垃圾文件。

03 扫描结束后，将显示扫描结果，单击【立即清除】按钮，即可将这些垃圾文件全部删除。

12.3.5　清理使用痕迹

360 安全卫士具有清理电脑使用痕迹的功能，包括用户的上网记录、开始菜单中的文档记录、Windows 的搜索记录以及影音播放记录等，可有效保护用户的隐私。

【例 12-7】使用 360 安全卫士清理使用痕迹。
视频

01 启动 360 安全卫士，单击其主界面中的【清理痕迹】标签，切换到【清理痕迹】界面，如下图所示。

02 在该界面中用户可选择要清理的使用痕迹所属的类型，例如【Internet Explorer 上网历史痕迹】、【系统历史痕迹】等。

03 设置完成后，单击【开始扫描】按钮，开始扫描这些使用痕迹。

04 扫描完成后，显示扫描的结果。单击【立即清理】按钮，即可开始清理指定的使用痕迹，清理完成后，弹出清理报告窗口，显示清理的结

果，单击【确定】按钮，完成清理。

12.4 管理应用软件——软件管家

360安全卫士中附带了一个非常有用的功能，那就是360的【软件管家】。它能够自动检测用户电脑中已安装的应用软件的版本并提醒用户对软件进行升级，还能帮助用户对软件进行智能卸载，是用户管理软件的好帮手。

12.4.1 使用软件管家升级软件

【例12-8】使用软件管家升级软件。 视频

01 启动360安全卫士，单击其主界面中的【软件管家】按钮，打开【360软件管家】的主界面。

02 在【360软件管家】界面中，单击【软件升级】标签，软件会自动对系统中已安装的应用软件进行检测，并在检测结果中显示出需要更新的软件的名称。

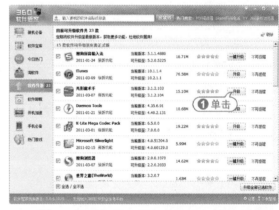

03 例如用户要升级【光影魔术手】，可在列表中单击【光影魔术手】后面的【升级】按钮，下载最新的安装文件。

04 下载完成后，将自动打开安装程序进行安装，用户按照提示逐步操作即可。

12.4.2 使用软件管家卸载软件

用户除了可以使用 Windows 自带的【添加或删除程序】对话框来卸载软件外,还可以使用 360 的【软件管家】来卸载软件。

【例 12-9】使用软件管家卸载软件。 视频

01 打开【360 软件管家】界面,单击【软件卸载】按钮,打开【软件卸载】界面,该界面中显示了电脑中所有安装的应用软件

02 例如用户想要卸载【QQ 游戏】,可单击【QQ 游戏】后面的【卸载】按钮,系统开始对软件进行分析。

03 稍后打开软件的标准卸载界面,此时用户按照提示逐步进行操作即可。

04 卸载完成后,软件开始检测【QQ 游戏】在安装时写入到注册表中的信息,然后弹出下图所示的对话框。

05 单击【强力清扫】按钮,显示检测到的注册表信息。选中这些信息,然后单击【删除所选项目】按钮,即可将这些信息删除。删除成功

后完成对【QQ 游戏】的卸载。

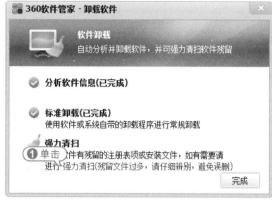

12.4.3 管理开机启动项

某些应用软件在安装完成后,会自动将自己的启动程序加入到开机启动项中,从而随着系统的自动启动而自动运行。这无疑会占用系统的资源,并影响到系统的启动速度。用户可以使用软件管家将这些程序从启动项中删除,以禁止这些软件的自动运行。

【例 12-10】使用软件管家管理启动项。 视频

01 打开【360 软件管家】界面,单击【开机加速】按钮,打开【开机加速】界面。

02 单击【开始优化】按钮，打开下图所示的界面，单击【股城模拟炒股】选项后面的【禁止启动】按钮，可禁止该程序自动启动。

03 单击【计划任务】链接，然后单击【Windows 侧边栏程序启动任务】选项后面的【禁止启动】按钮。

04 单击【服务】标签，然后在【应用软件服务】选项卡中，单击【财付通安全控件服务】选项后面的【禁止启动】按钮。

05 单击【系统关键服务】链接，然后在该选项卡中禁止不需要启动的项目。

> **专家解读**
>
> 软件管家会根据启动项的性质，给出一个客观的建议(建议禁止、建议开启和维持现状等)。如果用户对这些启动项不太了解，参考红色的建议文字即可。

12.5 查杀电脑病毒——卡巴斯基

卡巴斯基是一款比较出色的杀毒软件，它可以保护电脑免受病毒、蠕虫、木马和其他恶意程序的危害，并能实时监控文件、网页、邮件或 ICQ/MSN 协议中的恶意对象，扫描操作系统和已安装程序的漏洞，阻止指向恶意网站的链接等。其强大的主动防御功能，可保护用户的电脑免受病毒的侵害。

12.5.1 防护电脑病毒的小常识

在使用电脑上网的过程中，如果用户能够掌握一些预防电脑病毒的小技巧，那么就可以有效地降低电脑感染病毒的几率。

- 最好禁止可移动磁盘和光盘的自动运行功能，因为很多病毒会通过可移动存储设备进行传播。

- 最好不要在一些不知名的网站上下载软件，很有可能病毒会随着软件一同下载到电脑上。
- 尽量使用正版杀毒软件。
- 定期更新并升级补丁，因为据统计显示 80%的病毒是通过系统的安全漏洞进行传播的。
- 对于游戏爱好者，尽量不要登录一些外挂类的网站，很有可能在用户登录的过程中，病毒已经悄悄地侵入了用户的电脑系统。
- 如果病毒已经进入电脑，应该及时将其清除，防止其进一步扩散。
- 共享文件要设置密码，共享结束后应及时关闭。
- 对重要文件应形成习惯性的备份，以防遭遇病毒的破坏造成意外损失。
- 定期使用杀毒软件扫描电脑中的病毒，并及时升级杀毒软件。

12.5.2 配置病毒库更新方式

因为病毒库几乎每天都有更新，因此卡巴斯基安装完成后，其病毒库往往不是最新的，这时就需要对病毒库进行更新，以有效地防范新型病毒。

【例 12-11】设置按照计划更新卡巴斯基的病毒库。视频

01 在默认设置下，卡巴斯基会自动对病毒库进行更新，另外用户还可手动更新病毒库或按照计划更新病毒库。

02 启动卡巴斯基，单击软件右上角的【设置】按钮，打开【设置】对话框，单击按钮打开【更新设置】选项卡。

03 单击【运行模式】按钮，打开【更新设置】对话框的【运行模式】选项卡。

04 选中【根据计划】单选按钮，在【频率】下拉列表中选择【每周】选项，然后选中【周五】复选框。

05 在【运行时间】微调框中设置时间为8点，然后单击【确定】按钮，完成设置。

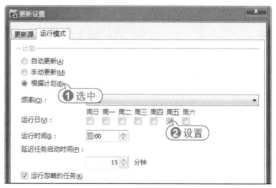

06 实现自动更新。在每周的星期五早上8点，卡巴斯基将自动启动更新程序，进行更新。

12.5.3 查杀电脑病毒

如果用户怀疑系统中了病毒，可以使用卡巴斯基来手动查杀电脑病毒。

【例 12-12】使用卡巴斯基手动查杀电脑病毒。视频

01 启动卡巴斯基，单击【智能查杀】标

签，打开【智能查杀】选项卡，在其中单击【开始全盘扫描】按钮。

02 卡巴斯基将开始对系统进行全盘扫描，清除电脑感染的病毒。

03 另外用户如果想要快速对系统进行扫描，可单击【开始关键区域扫描】按钮，软件开始对系统的关键区域进行扫描。

04 若要指定扫描的对象，则单击【浏览】超链接，打开【选择扫描对象】对话框，在其中选择那个要扫描的对象。

12.6 数据的备份与还原

电脑中对用户最重要的就是硬盘中的数据了，如果电脑一旦感染上了病毒，就很有可能造成硬盘数据的丢失，因此做好对硬盘数据的备份非常重要。做好了硬盘的数据备份，一旦发生数据丢失现象，用户就可通过数据还原功能，找回丢失的数据。

12.6.1 硬盘数据的备份

要备份硬盘的数据，最好的方法就是使用移动硬盘或者是可读写的光盘，将电脑中的重要资料另外存储起来，这样就不怕因电脑硬盘的损坏而丢失数据了。

另外，Windows 7 系统给用户提供了一个很好的数据备份功能，使用该功能用户可将硬盘中的重要数据存储为一个备份文件，当需要找回这些数据时，只需将备份文件恢复即可。

【例 12-13】使用 Windows 7 的数据备份功能，备份电脑中的数据。

01 单击【开始】按钮，选择【控制面板】命令，打开【控制面板】窗口。

02 单击【操作中心】图标，打开【操作中心】窗口，然后单击窗口左下角的【备份和还原】选项，打开【备份和还原】窗口。

03 单击【设置备份】按钮，Windows 开始启动备份程序。

04 稍后打开【设置备份】对话框，在该对话框中选择备份文件存储的位置，本例选择【本地磁盘(D:)】。

05 单击【下一步】按钮，打开【您希望备份哪些内容？】窗口，选中【让我选择】单选按钮。

06 单击【下一步】按钮，在打开的窗口中选择要备份的内容。

07 单击【下一步】按钮，打开【查看备份设置】对话框，在该对话框中显示了备份的相关信息。

08 单击【更改计划】选项，打开【您希望多久备份一次？】对话框，用户可设置备份文件执行的频率。

09 设置完成后，单击【确定】按钮，返回【查看备份设置】对话框，然后单击【保存设置并退出】按钮，系统开始对设定的数据进行备份。

10 单击其中的【查看详细信息】按钮，可查看当前正在备份的进程。

12.6.2 硬盘数据的还原

如果用户的硬盘数据被损坏或者被不小心删除，此时可以通过备份文件的还原功能或者是其他修复软件来找回损坏或丢失的文件。要使用系统提供的数据还原功能来还原数据，前提必须是要有数据的备份文件。下面通过具体实例来说明如何还原数据。

【例 12-14】使用 Windows 7 的数据还原功能，还原备份的数据。📹视频

01 双击备份文件，打开【Windows 备份】对话框，单击其中的【从此备份还原文件】选项，打开【浏览或搜索要还原的文件和文件夹的备份】对话框。

02 单击【浏览文件夹】按钮，打开【浏览文件夹或驱动器的备份】对话框，在该对话框中选择要还原的文件夹。

03 选择完成后，单击【添加文件夹】按钮，返回【浏览或搜索要还原的文件和文件夹的备份】对话框。

04 单击【下一步】按钮，打开【您想在何处还原文件？】对话框，如果用户想在文件原来的位置还原文件，可选中【在原始位置】单选按钮。

05 本例中选择【在以下位置】单选按钮，

然后单击【浏览】按钮，打开【浏览文件夹】对话框，在该对话框中选择 D 盘。

06 单击【确定】按钮，返回【您想在何处还原文件？】对话框，单击【还原】按钮，开始还原文件。

07 还原完成后，打开【已还原文件】对话框，单击【关闭】按钮，完成还原。此时在 D 盘的【还原的文件夹】文件夹中即可看到已还原的文件。

12.7 备份与还原操作系统

　　系统在运行的过程中难免会出现故障，Windows 7 系统自带了系统还原功能，当系统出现问题时，该功能可以将系统还原到过去的某个状态，同时还不会丢失个人的数据文件。

12.7.1 创建系统还原点

　　要使用 Windows 7 的系统还原功能，首先系统要有一个可靠的还原点。在默认设置下，Windows 7 每天都会自动创建还原点，另外用户还可手工创建还原点。

【例 12-15】在 Windows 7 中手工创建一个系统还原点。 📹视频

01 在桌面上右击【计算机】图标，选择【属性】命令，打开【系统】窗口。

02 单击【系统】窗口左侧的【系统保护】选项，打开【系统属性】对话框。

03 在【系统保护】选项卡中，单击【创建】按钮，打开【创建还原点】对话框。在该对话框中输入一个还原点的名称。

04 输入完成后，单击【创建】按钮，开始创建系统还原点。

05 创建完成后，打开下图所示的对话框，单击【关闭】按钮，完成系统还原点的创建。

12.7.2 还原系统

有了系统还原点后，当系统出现故障时，就可以利用 Windows 7 的系统还原功能，将系统恢复到还原点的状态。该操作仅恢复系统的基本设置，而不会删除用户存放在非系统盘中的资料。

【例 12-16】使用 Windows 7 的系统还原功能，还原系统。

01 单击【开始】按钮，选择【控制面板】命令，打开【控制面板】窗口，然后单击【操作中心】图标，打开【操作中心】窗口。

02 单击【恢复】选项，打开【恢复】窗口，单击【打开系统还原】按钮，打开【还原系统文件和设置】对话框。

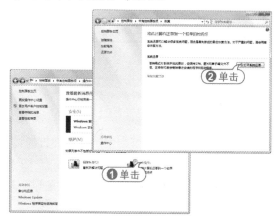

03 单击【下一步】按钮，打开【将计算机还原到所选事件之前的状态】对话框，在该对话框中选中一个还原点。

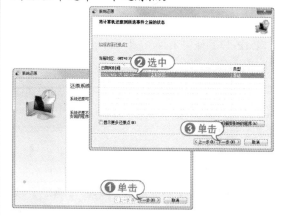

04 单击【下一步】按钮,打开【确认还原点】对话框,要求用户确认所选的还原点。

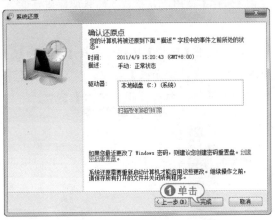

05 单击【完成】按钮,打开下图所示的对话框,仔细阅读对话框中的内容,单击【是】按钮,开始准备还原系统。

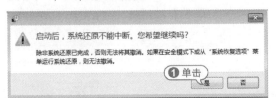

06 稍后系统自动重新启动,并开始进行还原操作。

07 当电脑重新启动后,如果还原成功,将打开下图所示的对话框,单击【关闭】按钮,完成系统还原操作。

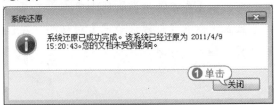

专家解读

在进行还原操作前,务必要保存正在进行的工作,以免因系统重启而丢失文件。

12.8 数据恢复技术

用户在使用电脑的过程中,由于种种原因,经常会导致数据丢失、文件出错和硬盘数据破坏等故障。EasyRecovery 是一款功能非常强大的硬盘数据恢复工具,该软件的主要功能包括磁盘诊断、数据恢复、文件修复和 E-mail 修复等,能够帮用户恢复丢失的数据以及重建文件系统。

12.8.1 恢复被删除的文件

在使用电脑的过程中,用户若是不小心将有用的文件删除了,则可以使用 EasyRecovery 软件来恢复系统中被删除的文件。

【例 12-17】使用 EasyRecovery 恢复系统中被删除的文件。视频

01 启动 EasyRecovery,在 EasyRecovery 主界面中单击【数据恢复】选项,显示【数据恢复】选项区域。

02 在【数据恢复】选项区域中单击【删除恢复】按钮,打开【目标文件警告】对话框。在【目的地警告】对话框中,单击【确定】按

钮,打开【删除恢复】对话框。

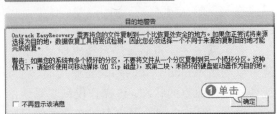

03 在【删除恢复】对话框左侧的列表框中，选择需要执行删除文件恢复的驱动器后，单击【下一步】按钮开始扫描文件，稍后打开【选择恢复的文件】对话框。

04 在【选择恢复的文件】对话框的左侧列表中，选择需要恢复的目录，然后在对话框右侧的列表框中选择需要恢复的文件。完成恢复文件的选择后，单击【下一步】按钮。

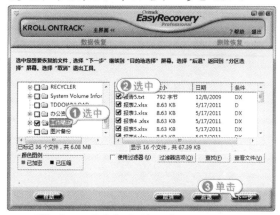

05 打开【选择文件恢复后的位置】对话框，在【恢复目的地选项】下拉列表框中选择【本地驱动器】选项，然后单击【浏览】按钮，打开【浏览文件夹】对话框。

06 在【浏览文件夹】对话框中，选择一个用于保存恢复后文件的文件夹(本例选择【桌面】)，然后单击【确定】按钮，返回【选择文件恢复后的位置】对话框。

07 在【选择文件恢复后的位置】对话框中，单击【下一步】按钮即可开始恢复磁盘中被删除的文件。

08 完成文件的恢复后，在打开的对话框中单击【完成】按钮即可。

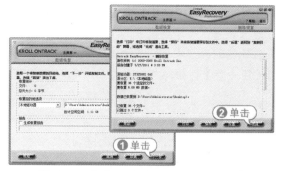

09 此时在桌面上即可看到刚刚恢复的文件，如下图所示。

12.8.2 恢复被格式化的文件

使用 EasyRecovery 软件可以从被格式化的磁盘分区中恢复文件。

【例 12-18】使用 EasyRecovery 恢复系统中被格式化的文件。视频

01 启动 EasyRecovery，在【数据恢复】选项区域中单击【格式化恢复】按钮。打开【目的地警告】对话框，单击【确定】按钮，打开【格式化恢复】对话框。

02 在【格式化恢复】对话框左侧的列表框中选择需要恢复的磁盘分区后，单击【下一步】按钮开始扫描文件系统。

03 完成文件系统的扫描后，打开【选择要恢复的文件】对话框。

  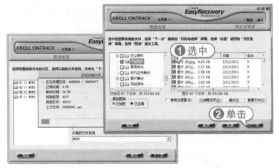

文件。

04 在【选择要恢复的文件】对话框左侧的列表框中，选择要恢复的文件夹后，在对话框右侧的列表框中选择要恢复的文件，然后单击【下一步】按钮即可恢复在该对话框所选的

12.9 实战演练

本章主要介绍了电脑软硬件的日常维护方法，本次实战演练通过几个具体的实例来使读者进一步掌握电脑的日常维护技巧。

12.9.1 整理磁盘碎片

电脑在使用过程中不免会有很多文件操作，这些操作会在硬盘内部产生许多磁盘碎片，影响系统往硬盘写入或读取数据的速度，而且由于写入和读取数据不在连续的磁道上，也加快了磁头和盘片的磨损速度，所以定期对磁盘碎片进行整理，对维护系统的运行和硬盘保护都具有很大实际意义。

【例 12-19】 在 Windows 7 操作系统中，整理磁盘碎片。

01 单击【开始】按钮，在菜单中选择【所有程序】|【附件】|【系统工具】|【磁盘碎片整理程序】命令。

02 打开【磁盘碎片整理程序】对话框，

选择一个磁盘，然后单击【分析磁盘】按钮。

03 系统即会对选中的磁盘自动进行分析。分析完成后，系统会显示分析结果。

04 如果需要对磁盘碎片进行整理，可单击【磁盘碎片整理】按钮，系统即可自动进行磁盘碎片整理。

05 另外，为了省去手动进行磁盘碎片整理的麻烦，用户可设置让系统自动整理磁盘碎片。在【磁盘碎片整理程序】对话框中单击【配置计划】按钮。

06 单击【配置计划】按钮，打开【磁盘碎片整理程序：修改计划】对话框，在该对话框中用户可预设磁盘碎片整理的时间，例如可设置为每周星期三的中午12点进行整理。

07 设置完成后单击【确定】按钮，即可设置电脑按照指定计划来整理磁盘碎片。

12.9.2 更改 IE 临时文件的路径

用户在使用 IE 浏览器上网时，必须要将涉及到的文件下载到本地，浏览器才能对文件进行组织和渲染，进而显示页面。这样就会频繁地读取磁盘，容易产生磁盘碎片，并且 IE 的默认临时文件路径位于系统分区中，会给系统分区造成很大的压力。因此建议将 IE 的临时文件目录更改到其他分区，以减轻系统分区的磁盘碎片压力。

【例 12-20】将 IE 临时文件夹的路径设定为 D 盘的【IE 缓存】文件夹中。 视频

01 启动 IE 浏览器，单击【工具】按钮，选择【Internet 选项】命令。

02 单击【Internet 选项】对话框中【浏览历史记录】区域的【设置】按钮，打开【Internet 临时文件和历史记录设置】对话框。

03 单击【移动文件夹】按钮，打开【浏览文件夹】对话框。在对话框中选择 D 盘的【IE 缓存】文件夹。

04 单击【确定】按钮，返回【Internet 临时文件和历史记录设置】对话框，用户可以看到路径已经改变。

框，提示用户要重新启动 Windows，单击【是】按钮，重新启动电脑，即可完成设置。

05 单击【确定】按钮，打开【注销】对话

12.10 专家指点

一问一答

问：我的办公电脑不想被别人随便更改设置，如何禁用控制面板？

答： 单击【开始】按钮，在搜索框中输入命令"gpedit.msc"，然后按下 Enter 键，打开【本地组策略编辑器】窗口。在左侧的列表中依次展开【用户配置】|【管理模板】|【控制面板】选项。在右侧的列表中双击【禁止访问"控制面板"】选项，打开【禁止访问"控制面板"】对话框。在该对话框中选中【已启用】单选按钮，然后单击【确定】按钮，完成设置。此时，用户再次试图打开【控制面板】时，将会弹出提示对话框，提示【控制面板】已被管理员禁用，同时该设置还将【控制面板】选项从【开始】菜单中删除。

一问一答

问：如何修复损坏的 Word 文档和 Excel 表格？

答： EasyRecovery 不仅可以恢复被删除和被格式化的文件，还能修复被损坏的 Word 文档和 Excel 电子表格。具体操作如下。启动 EasyRecovery，在其主界面中单击【文件修复】选项，显示【文件修复】选项区域。单击【Word 修复】选项，在打开的界面中单击【浏览文件】按钮，选择要修复的 Word 文档。然后单击【下一步】按钮，按照提示操作即可。同理，用户也可修复 Excel 电子表格。